全国水利行业规划教材　高职高专水利水电类
中国水利教育协会策划组织

水利工程合同管理

（第2版）

主　编　王胜源　张身壮　赵旭升
副主编　刘宏丽　马竹青　石玉东
主　审　杨道富

黄河水利出版社
·郑州·

内容提要

本书是全国水利行业规划教材，是根据中国水利教育协会全国水利水电高职教研会制定的水利工程合同管理课程教学大纲编写完成的。本书以《中华人民共和国合同法》、《中华人民共和国标准施工招标文件》(2007 年版)、《水利水电工程标准施工招标资格预审文件》(2009 年版)、《水利水电工程标准施工招标文件》(2009 年版)、《水利水电工程标准施工招标文件技术标准和要求(合同技术条款)》(2009 年版)、水利工程建设其他相关法规为依据，结合水利工程招标投标、合同管理实际，介绍水利工程招标投标及合同管理的基本理论和方法。主要内容有：水利工程合同管理基础、水利工程施工招标与投标、水利工程施工合同管理、水利工程变更与索赔的管理、水利工程施工合同纠纷的处理、水利工程担保与保险、国际工程施工承包合同的管理等。本书编写注重理论与实践的结合，具有较强的理论性和可操作性。

本书可作为高职高专院校水利工程类专业的教材或教学参考书，也可作为水利工程管理人员的培训用书或参考书。

图书在版编目(CIP)数据

水利工程合同管理/王胜源，张身壮，赵旭升主编. —2 版. —郑州：黄河水利出版社，2011.10

全国水利行业规划教材

ISBN 978-7-5509-0131-5

Ⅰ.①水… Ⅱ.①王… ②张… ③赵… Ⅲ.①水利工程-经济合同-管理-高等职业教育-教材 Ⅳ.①TV512

中国版本图书馆 CIP 数据核字(2011)第 209144 号

组稿编辑：王路平　电话：0371-66022212　E-mail: hhslwlp@163.com

出 版 社：黄河水利出版社

地址：河南省郑州市顺河路黄委会综合楼14层　邮政编码：450003

发行单位：黄河水利出版社

发行部电话：0371-66026940、66020550、66028024、66022620(传真)

E-mail: hhslcbs@126.com

承印单位：河南地质彩色印刷厂

开本：787 mm×1092 mm　1/16

印张：16.75

字数：380 千字

版次：2009 年 8 月第 1 版　印数：4 101—8 200

2011 年 10 月第 2 版　印次：2011 年 10 月第 2 次印刷

定价：34.00 元

再版前言

本书是根据《教育部、财政部关于实施国家示范性高等职业院校建设计划，加快高等职业教育改革与发展的意见》（教高〔2006〕14 号）、《教育部关于全面提高高等职业教育教学质量的若干意见》（教高〔2006〕16 号）等文件精神，由全国水利水电高职教研会拟定的教材编写规划，在中国水利教育协会指导下，由全国水利水电高职教研会组织编写的第二轮水利水电类专业规划教材。第二轮教材以学生能力培养为主线，具有鲜明的时代特点，体现出实用性、实践性、创新性的教材特色，是一套理论联系实际、教学面向生产的高职高专教育精品规划教材。

在水利工程项目管理中，相对三大目标管理而言，合同管理是核心。工程质量、进度、投资的控制是合同履行的主要内容，合同文件则是工程质量、进度、投资控制的主要依据之一。而要做好水利工程合同管理工作，应先做好招标投标工作，二者均要求具有一定的综合能力及工程管理经验。

《水利工程合同管理》自 2009 年出版以来，广泛应用于教学和生产。随着我国水利水电工程管理技术的不断发展和工程建设法律、法规的不断完善，工程合同管理在水利水电行业和项目管理中的作用日益重要，社会对水利工程建设专业人才的合同管理能力要求日益提高。同时，国家或行业的相关规范规程也进行了更新。因此，我们对原教材进行了修改和完善，以使水利工程合同管理内容的先进性、科学性和新颖性得到更好的体现。修编时，主要以《中华人民共和国合同法》、《中华人民共和国标准施工招标文件》（2007年版）、《水利水电工程标准施工招标资格预审文件》（2009 年版）、《水利水电工程标准施工招标文件》（2009 年版）、《水利水电工程标准施工招标文件技术标准和要求（合同技术条款）》（2009 年版）、水利工程建设其他相关法规为依据，结合水利工程招标投标、合同管理实际，介绍水利工程招标投标及合同管理的基本理论和方法。

本书的编写力求理论结合实际，期望通过本书的学习，使学生掌握一定的招标投标技能、合同管理手段，能初步胜任建设单位、招标代理单位的招标与合同管理工作，监理、施工单位的投标与合同管理工作。

本书共分七章。第一章主要阐述水利工程合同管理基础，第二章主要阐述水利工程施工招标与投标，第三章主要阐述水利工程施工合同管理，第四章主要阐述水利工程变更与索赔的管理，第五章主要阐述水利工程施工合同纠纷的处理，第六章主要阐述水利工程担保与保险，第七章主要阐述国际工程施工承包合同的管理。

本书编写人员及编写分工如下：广东水利电力职业技术学院王胜源编写第一章、第七章，沈阳农业大学高等职业技术学院刘宏丽编写第二章，华北水利水电学院水利职业学院马竹青编写第三章，沈阳农业大学高等职业技术学院石玉东编写第四章、第七章，安徽水利水电职业技术学院张身壮编写第五章，杨凌职业技术学院赵旭升编写第六章。本书由王胜源、张身壮、赵旭升担任主编，由刘宏丽、马竹青、石玉东担任副主编，由黄河水利职业技术学院杨道富担任主审。

本书在编写过程中,参考和引用了有关文献(见参考文献)中的部分内容,在此,对参考文献的作者致以衷心的感谢!

由于编者水平有限,书中难免有不足之处,欢迎读者批评指正!

编　者

2011 年 5 月

目　录

第一章　水利工程合同管理基础

知识点

水利工程合同管理的概念、地位、内容；合同法律关系的主体、客体，建设法规体系，《中华人民共和国合同法》的基本知识，发包人、承包人的主要合同关系，合同管理类型，水利工程监理、施工单位资质等级和业务范围，专业技术人员资格。

教学目标

通过本章的学习，学生能判定合同当事人资格是否合格，能自己查找、运用法规，比较法规的效力，能判定合同内容是否规范，能初步使用法规知识分析解决工程实际问题。

第一节　合同管理概述

一、水利工程合同管理的概念

合同是平等主体的自然人、法人、其他组织之间设立、变更、终止民事权利义务关系的协议。水利工程合同管理是指各级工商行政管理机关、水行政主管部门以及工程各参与方，包括发包人（建设单位）、监理单位、勘察设计单位、施工单位、材料设备供应单位等，依据合同、法律法规、规章制度、技术标准等，对合同关系进行组织、指导、协调及监督，保护合同当事人的合法权益，处理施工合同纠纷，防止违约行为，保障合同按约定履行，实现合同目标的一系列活动；既包括各级工商行政管理机关、水行政主管部门对水利工程合同进行宏观管理，也包括合同当事人对合同进行微观管理。

二、合同管理在工程项目建设中的地位

（一）合同管理贯穿于工程项目建设的整个过程

依据《水利工程建设程序管理暂行规定》，水利工程基本建设程序一般分为项目建议书、可行性研究报告、初步设计、施工准备（包括招标设计）、建设实施、生产准备、竣工验收、后评价等阶段。各阶段工作都要通过合同约定并按约定履行，因此在整个建设过程中的每一个阶段都贯穿了合同管理工作。通过合同管理落实基本建设管理体制，即项目法人责任制、招标投标制、建设监理制。

（二）合同管理是各种管理工作的核心

工程质量、进度、投资的控制是合同履行的主要内容，合同文件则是工程质量、进度、投资控制的主要依据之一。相对三大目标管理而言，合同管理是项目管理的核心，作为其他管理工作的指南，对整个工程建设的实施起总控与总保证的作用。

三、水利工程合同管理的类型

《中华人民共和国合同法》(以下简称《合同法》)第269条规定:建设工程合同是承包人进行工程建设,发包人支付价款的合同。建设工程合同包括工程勘察、设计、施工合同。因此,水利工程合同管理主要包括勘察、设计、施工合同管理。

四、水利工程合同管理的内容

水利工程合同管理的内容包括合同签订前的管理(有合同策划、风险分析及防范等工作)(详见第六章)、合同订立的管理(有招标投标的管理、合同谈判与签约等工作)(详见第二章)、合同实施的管理(有合同分析、合同交底、合同实施的控制、合同档案管理等工作)(详见第三章)、工程变更与索赔的管理(详见第四章)、合同纠纷的处理(详见第五章)、国际工程施工承包合同的管理(详见第七章)。

五、合同风险及防范

合同风险包括合同主体风险、合同内容风险、合同内含的风险。防范原则:预先进行风险分析,对发生概率高、损失大的风险制定相应防范措施。

(一)合同主体风险及防范

合同主体风险表现在合同当事人签订合同后不履行或不按约定履行合同。防范措施包括:①对合同当事人进行资信审查,包括银行资信等级、近年财务状况、过去合同履约情况等。例如,在工程项目招标投标中,对投标人的主体风险防范:进行资格预审,建设主管部门对有不良行为记录的投标单位实施暂停投标处罚;对招标人的主体风险防范:要求有立项批文,有资金到位证明等。②要求合同担保。担保方式包括:提交履约保函,在签订合同前提交商业银行签署的履约保函,被保证人不履行合同时,由保证人代为履行(支付或赔偿);提供财产抵押,抵押人不履行合同时,抵押权人对抵押财产进行变卖并优先受偿;交付定金,交付定金一方不履行合同,定金不能收回,接受定金一方不履行合同,定金双倍返还;行使留置权,一方违约,对方可对违约方财产行使留置权,实施扣押、变卖并优先受偿;交付保证金、约定违约金,一方违约,对方可将违约方保证金用于抵扣自身因对方违约造成的损失,或要求对方支付约定违约金。

(二)合同内容风险及防范

合同内容风险表现在标的、履约地点及时间表述不清。防范措施:标的应表述准确,例如,招标范围、内容应准确;履约地点应具体、明确,达到合同当事人外的第三方都非常清楚;时间应写明上下限。

(三)合同内含的风险及防范

合同内含的风险表现在无约定时的风险责任划分、合同无效导致的风险。①无约定时的风险责任划分导致的风险。例如,买卖合同的标的损毁,有约定时按约定执行,无约定时按法律推定由所有权人承担,具体以所有权转移实际交付为依据。要防范该风险,应在签订合同前进行风险分析,在合同中约定风险划分。②合同无效导致的风险。要防范该风险,应尽量采用示范文本。虽然示范文本是一种惯例,不是法律,不能强制使用(否则违反合同自愿原则)，但是示范文本是经行业协会组织专家研究制定的，已对合同风险进行过分析，采用示范文本可降低合同风险，合同当事人对示范文本中条款有异议时可在其基础上协商修改。

合同当事人应防范合同风险，关于水利工程担保与保险，内容详见第六章。

六、合同的鉴证

合同的鉴证是指合同管理机关根据当事人双方的申请对其所签订的合同进行审查，以证明其真实性和合法性，并督促当事人认真履行的法律制度。

我国的合同鉴证实行自愿的原则，合同的鉴证根据当事人的申请办理。经过鉴证的合同，由于已经证明了其合法性和真实性，因此有助于提高当事人双方的相互信任，有利于合同的履行，并且能够减少合同的争议。合同的鉴证由县级以上工商行政管理机关办理。申请合同鉴证，除应当有当事人的申请外，还应当提交合同原本、营业执照、主体资格证明文件、签订合同的法定代表人的资格证明或者委托代理人的委托代理书、申请鉴证经办人的资格证明，以及其他有关证明材料。合同经审查符合要求的，鉴证机关可以予以鉴证；否则，应当及时告知当事人进行必要的补充或修正后，方可鉴证。合同的鉴证具有以下作用：①经过鉴证审查，合同的内容更符合国家的法律、行政法规的规定，有利于纠正违法合同。②可以使合同的内容更加完备，预防和减少合同纠纷。③便于合同管理机关了解情况，督促当事人认真履行合同，提高履行合同的效率。

第二节　建设法规体系

一、合同法律关系

合同法律关系包括合同法律关系的内容、主体、客体。

(一)合同法律关系的内容

合同法律关系的内容是指合同约定和法律规定的权利和义务。权利是指合同法律关系主体在法定范围内，按照合同约定有权按照自己的意志做出某种行为。权利主体也可以要求义务主体做出一定的行为或不做出一定的行为，以实现自己的有关权利。当权利受到侵害时，有权得到法律的保护。义务是指合同法律关系主体必须按法律的规定或合同约定承担应负的责任。义务和权利是相互对应的，相应主体应自觉履行相应的义务；否则，义务人应承担相应的法律责任。合同法律关系的内容是合同的具体要求，决定了合同法律关系的性质，它是连接合同主体的纽带。

(二)合同法律关系的主体

合同法律关系的主体是指以自己的名义订立并履行合同、具有相应的民事权利能力和民事行为能力、享受一定权利并承担一定义务的人或组织。依据《合同法》，其主体可以是自然人、法人或其他组织。订立合同首先遇到的就是当事人的合法资格问题，这一问题直接关系到合同是否成立、是否合法以及能否顺利履行。《合同法》第 9 条规定：“当事人订立合同，应当具有相应的民事权利能力和民事行为能力。当事人依法可以委托代理人订立合同。”本条规定了合同主体的资格。民事权利能力是参与民事活动、享有民事权利、承担民事义务的资格。民事行为能力是指以自己的意思进行民事活动、取得权利和承担义务的资格。合同当事人订立合同,应当具有合法的主体资格。

(1)自然人的民事权利能力和民事行为能力。自然人是指基于出生而成为民事法律关系主体的有生命的人。自然人从出生时起到死亡时止,具有民事权利能力,依法享有民事权利、承担民事义务。自然人的民事权利能力一律平等。任何公民,无论年龄、性别、职业、贫富等,都享有法律赋予的平等的民事权利能力,享有范围完全相同。自然人的民事行为能力分为完全民事行为能力、限制民事行为能力和无民事行为能力三种。

《中华人民共和国民法通则》(以下简称《民法通则》)规定:①18岁以上的公民是成年人,具有完全民事行为能力,可以独立进行民事活动。②16周岁以上不满18周岁的公民,以自己的劳动收入为主要生活来源的,视为完全民事行为能力人。③10周岁以上的未成年人是限制民事行为能力人,可以进行与他的年龄、智力相适应的民事活动;不能完全辨认自己行为的精神病人是限制民事行为能力人,可以进行与他的精神健康状况相适应的民事活动;其他的民事活动由他的法定代理人代理或者应征得他的法定代理人的同意。④不满10周岁的未成年人和不能辨认自己行为的精神病人是无民事行为能力人,由他的法定代理人代理民事活动。

代理是代理人在代理权限范围内,以被代理人的名义实施的,其民事责任由被代理人承担的民事法律行为。也就是说,代理人以被代理人的名义对外所实施的民事法律行为,只有在代理权限范围内才能对被代理人有效。无权代理的行为对被代理人不产生效力,但经被代理人追认的,仍对被代理人产生效力。《民法通则》规定,以代理权产生的依据不同,将代理分为委托代理、法定代理和指定代理三种。①委托代理,是基于被代理人对代理人的委托授权行为而产生的代理。只有在被代理人以书面或者口头的形式对代理人进行授权后,这种委托代理关系才真正建立。如果法律法规规定应当采用书面形式的,则应当采用书面形式。②法定代理,是指根据法律的直接规定而产生的代理。法定代理主要是为维护限制民事行为能力人或无民事行为能力人的利益而设立的代理方式。③指定代理,是根据人民法院和有关单位的指定而产生的代理。指定代理只在没有委托代理和法定代理的情况下适用。在指定代理中,被指定的人称为指定代理人,依法被指定为代理人的,如无特殊原因不得拒绝担任代理人。投标单位的法定代表人经常通过授权委托代理人办理工程项目投标、签订合同等工作。

(2)法人的民事权利能力和民事行为能力。法人作为合同当事人,也要具有相应的民事权利能力和民事行为能力。法人是与自然人相对的民事权利主体,是具有民事权利能力和民事行为能力、依法独立享有民事权利和承担民事义务的组织。《民法通则》将法人分为两类:一类是企业法人,另一类是机关、事业单位和社会团体法人。

法人应当具备以下条件:①依法成立;②有必要的财产和经费;③有自己的名称、组织机构和场所;④能够独立承担民事责任。

法人的民事权利能力是指法人依法可以享受何种权利的资格,法人的民事行为能力是指法人依法可以从事何种行为的资格,从其成立时产生,到其终止时消灭。法人的民事权利能力是同法律、行政法规的规定和工商行政管理部门核准登记的业务范围及其内部章程一致的，法人的民事行为能力是由法人机关或其授权委托的业务人员来实现的。在承担财产责任上，全民所有制企业法人以国家授予其经营管理的财产承担责任，集体所有制企业法人以其所有的财产承担责任。

(3)其他组织。其他组织是指依法成立，有一定的组织机构和财产，但不具备法人资格的组织。其包括法人的分支机构，不具备法人资格的联营体、合伙企业、个人独资企业、个体工商户、农村承包经营户等。其他组织与法人相比，其复杂性在于民事责任的承担比较复杂。

《中华人民共和国招标投标法》规定工程建设项目的招标人、投标人必须是法人或其他组织。水利工程实行项目法人负责制，在可行性研究报告中拟定项目法人筹备方案，批准立项后成立项目法人(建设单位)。

【例1-1】 某建设单位经招标确定了施工中标单位，在签订合同时，应核验中标单位法人资格的(A、B)原件。

A. 营业执照　B. 资质证书　C. 中标通知书　D. 投标文件

(三)合同法律关系的客体

合同法律关系的客体，即合同的标的，是指合同当事人双方或者多方享有的合同权利和承担的合同义务所共同指向的对象。合同法律关系的客体主要包括物、工程项目、服务、成果等。

【例1-2】 工程建设单位与某设计单位签订合同，设计单位按合同完成设计任务并提交设计图纸，该合同法律关系的客体是(D)。

A. 物　B. 财　C. 行为　D. 智力成果

二、建设法规体系

根据《中华人民共和国立法法》有关立法权限的规定，我国建设法规体系由五个层次组成，即法律、行政法规、部门规章、地方性法规和地方规章。

(1)法律。指由全国人民代表大会及其常务委员会通过并以国家主席令的形式颁布的有关工程建设方面的各项法律，它们是建设法规体系的核心和基础。与水利工程合同管理有关的法律包括《合同法》、《中华人民共和国招标投标法》、《民法通则》、《中华人民共和国刑法》等。

(2)行政法规。指由国务院依法制定并以总理令的形式颁布的有关工程建设方面的各项法规。其效力低于建设法律，在全国范围内有效。行政法规常以"条例"、"办法"、"规定"、"规章"等名称出现。与水利工程合同管理有关的行政法规包括《建设项目环境保护管理条例》、《建设工程质量管理条例》、《国务院批转国家计委、财政部、水利部、建设部关于加强公益性水利工程建设管理若干意见的通知》等。

(3)部门规章。指由国务院建设主管部门依法制定并以部长令的形式颁布的各项规章，或其与国务院其他相关部门联合制定并颁布的规章。与水利工程合同管理有关的部门规章包括《水工程建设规划同意书制度管理办法(试行)》、《水利工程建设项目实行项目法人责任制的若干意见》等。

水利部政策法规网址：http://www.mwr.gov.cn/zwzc/zcfg/。

中国水利工程协会网址:http://www.cweun.com.cn/。

(4)地方性法规。指由省、自治区、直辖市人民代表大会及其常务委员会结合本地区实际情况依法制定颁行的或经其批准颁行的由下级人民代表大会或其常务委员会制定的,只能在本区域有效的建设方面的法规。如《广东省实施〈中华人民共和国招标投标法〉办法》。

(5)地方规章。指由省、自治区、直辖市人民政府依法制定颁行的或经其批准颁行的由其所在城市人民政府制定的建设方面的规章。

建设法律的法律效力最高,层次越往下的法规的法律效力越低(但可操作性越高),时间越后法律效力越高。法律效力低的建设法规不得与比其法律效力高的建设法规相抵触,否则,其相应规定将被视为无效。在此基础上,应按法律效力由低到高的次序指导实际工作,如水利工程施工招标投标按《水利工程建设项目招标投标管理规定》具体实施。项目管理人员,尤其是从事招标投标、合同管理的人员,应定期浏览国务院及各部委网站,动态跟踪法规的变化,比较涉及类似内容的法律效力。如《评标委员会和评标方法暂行规定》(国家计委、水利部等七部委令第12号,2001年7月5日起施行)规定评标委员会人数为5人以上单数,《水利工程建设项目招标投标管理规定》(水利部令第14号,2002年1月1日起施行)规定评标委员会人数为7人以上单数。根据时间越后法律效力越高原则,水利工程评标委员会按7人以上单数组成。

按水利工程基本建设程序各阶段制定的法规如下:①《水利工程建设程序管理暂行规定》(水建〔1998〕16号);②《国家计委关于重申严格执行基本建设程序和审批规定的通知》(计投资〔1999〕693号);③《水工程建设规划同意书制度管理办法(试行)》(水利部令第31号);④《水利基本建设投资计划管理暂行办法》(水规计〔2003〕344号)、《工程建设项目可行性研究报告增加招标内容和核准招标事项暂行规定》(计委令第9号);⑤《水利工程建设项目实行项目法人责任制的若干意见》(水建〔1995〕129号)、《关于实行建设项目法人责任制的暂行规定》(计建设〔1996〕673号)、《关于在建水利工程实行项目法人责任制整改工作的通知》(建管综〔1999〕3号);⑥《招标公告发布暂行办法》(计委令第4号)、《评标委员会和评标方法暂行规定》(国家计委、水利部等七部委令第12号)、《水利工程建设项目招标投标管理规定》(水利部令第14号)、《水利工程建设项目监理招标投标管理办法》(水建管〔2002〕587号)、《建设工程监理与相关服务收费管理规定》(发改价格〔2007〕670号)、《水利工程建设监理单位资质管理办法》(水利部令第29号)、《工程建设项目施工招标投标办法》(国家计委、建设部等七部委局令第30号)、《水利水电工程施工总承包企业资质等级标准》、《水利建设工程施工分包管理规定》(水建管〔2005〕304号);⑦《水利工程质量监督管理规定》(水建〔1997〕339号)、《水利工程质量管理规定》(水利部令第7号)、《水利工程质量事故处理暂行规定》(水利部令第9号)、《关于印发〈水利水电工程施工企业主要负责人、项目负责人和专职安全生产管理人员安全生产考核管理暂行规定〉的通知》(水建管〔2004〕168号)、《水利工程建设安全生产管理规定》(水利部令第26号)、《水利工程建设项目验收管理规定》(水利部令第30号)、《水利基本建设项目竣工决算审计暂行办法》(水监〔2002〕370号)。要求按上述顺序自学。

三、水利工程建设技术标准

水利工程建设技术标准分为国家、行业、地方和企业四级标准。下级的标准不得与上级的标准相抵触，因此优先使用下级标准指导实际工作。如《水利水电工程等级划分及洪水标准》(SL 252—2000)、《水利水电建设工程验收规程》(SL 223—2008)、《水利水电工程施工质量检验与评定规程》(SL 176—2007)、《广东省水利水电建筑工程概算定额(2006)》。根据工程项目招标内容，选择合适的技术标准，制定合同技术条款。

水利部2009年第1号公告《现行有效水利技术标准公告》附有现行有效水利技术标准清单。

第三节 《合同法》概述

为了理顺合同管理的各方关系，需要介绍《合同法》中与工程建设合同管理相关的主要内容。

一、《合同法》的基本原则

《合同法》的基本原则是指贯穿于《合同法》始终，立法、司法与当事人在合同活动中均应遵守的体现《合同法》宗旨的原则。其主要包括以下几个方面：

(1)合同当事人法律地位平等原则。《合同法》第3条规定：合同当事人的法律地位平等，一方不得将自己的意志强加给另一方。根据平等原则，当事人在订立、履行、变更、转让、解除、承担违约责任等涉及合同的活动中的法律地位是平等的。

(2)当事人自愿订立合同原则。《合同法》第4条规定：当事人依法享有自愿订立合同的权利，任何单位和个人不得非法干预。合同自愿原则体现了民事活动的基本特征。

(3)公平原则。《合同法》第5条规定，当事人应当遵循公平原则确定各方的权利和义务，从而确立了合同法中的公平原则。

(4)诚实信用原则。《合同法》第6条规定：当事人行使权利、履行义务应当遵循诚实信用原则。

(5)遵守法律、尊重社会公德、不损害社会公共利益原则。《合同法》第7条规定：当事人订立、履行合同，应当遵守法律、行政法规，尊重社会公德，不得扰乱社会经济秩序，损害社会公共利益。

二、合同当事人的主体资格

合同当事人的主体资格是合同得以有效成立的前提条件之一。《合同法》第9条规定：当事人订立合同，应当具有相应的民事权利能力和民事行为能力。当事人依法可以委托代理人订立合同。

三、合同的形式

《合同法》第270条规定：建设工程合同应当采用书面形式。

四、合同的一般条款

我国《合同法》第12条规定了合同的一般条款:①当事人的名称或者姓名和住所;②标的;③数量;④质量;⑤价款或者报酬;⑥履行期限、地点和方式;⑦违约责任;⑧解决争议的方法。

国家根据需要下达指令性任务或者国家订货任务的,有关法人、其他组织之间应当依照有关法律、行政法规规定的权利和义务订立合同。当事人可以参照政府有关部门以及行业自律机构编制的各类合同示范文本订立合同。

五、合同的订立

《合同法》第13条规定:当事人订立合同,采取要约、承诺方式。因此,合同的订立过程包括要约和承诺两个阶段。

(一)要约

(1)要约的概念。所谓要约,是指希望和他人订立合同的意思表示。根据《合同法》第14条规定,要约的构成要件包括:第一,要约的内容具体确定。由于要约一经受要约人承诺,合同即告成立,所以要约必须是能够决定合同主要内容的意思表示。要约的内容首先应当确定,不能含糊不清;其次还应当完整和具体,应包含合同得以成立的必要条款。第二,表明经受要约人承诺,要约人即受该意思表示约束,即要约是具有法律约束力的。要约人在要约有效期间要受自己要约的约束,并负有与作出承诺的受要约人签订合同的义务。要约一经要约人发出,并经受要约人承诺,合同即告成立。例如,投标文件是要约,投标人是要约人,招标人是受要约人。

(2)要约邀请。要约邀请不同于要约。《合同法》第15条规定,要约邀请是希望他人向自己发出要约的意思表示。寄送的价目表、拍卖公告、招标公告、招股说明书、商业广告等为要约邀请。要约邀请也称要约引诱,如招标人发出的招标公告。

(3)要约的生效。要约于到达受要约人时生效。要约自生效时起对要约人产生约束力。

(4)要约的撤回与撤销。《合同法》第17条规定,要约可以撤回。撤回要约的通知应当在要约到达受要约人之前或者与要约同时到达受要约人。例如,投标文件在开标前可撤回。《合同法》第18条规定,要约还可以被要约人撤销。撤销要约的通知应当在受要约人发出承诺通知之前到达受要约人。要约因被撤销而不再生效。为了保护受要约人的正当权益,《合同法》第19条规定,有下列情形之一的,要约不得撤销:①要约人确定了承诺期限或者以其他形式明示要约不可撤销;②受要约人有理由认为要约是不可撤销的,并已经为履行合同作了准备工作。例如,开标后投标文件不得撤销。

(5)要约失效。《合同法》第20条规定了要约失效的若干情形:①拒绝要约的通知(如未中标通知书)到达要约人;②要约人依法撤销要约;③承诺期限(如投标文件有效期限)届满,受要约人未作出承诺;④受要约人对要约的内容作出实质性变更。

(二)承诺

(1)承诺的概念。《合同法》第21条规定,承诺是受要约人同意要约的意思表示。承诺的构成要件包括:第一,承诺必须由受要约人作出。如果要约是向特定人发出的,特定的受要约人具有承诺资格。第二,承诺的内容应当与要约的内容一致。根据《合同法》第30条和第31条的规定,受要约人对要约的内容作出实质性变更的,为新要约。有关合同标的、数量、质量、价款或者报酬、履行期限、履行地点和方式、违约责任和解决争议方法等的变更,是对要约内容的实质性变更。如中标通知书为承诺。

(2)承诺的方式。《合同法》第22条规定:承诺应当以通知的方式作出,但根据交易习惯或者要约表明可通过行为作出承诺的除外。

(3)承诺的期限。《合同法》第23条规定:承诺应当在要约确定的期限内到达要约人。对于迟延的承诺,《合同法》第28条规定:受要约人超过承诺期限发出承诺的,除要约人及时通知受要约人该承诺有效外,为新要约。对于迟到的承诺,《合同法》第29条规定:受要约人在承诺期限内发出承诺,按照通常情形能够及时到达要约人,但因其他原因承诺到达要约人时超过承诺期限的,除要约人及时通知受要约人因承诺超过期限不接受该承诺外,该承诺有效。

(4)承诺的撤回。《合同法》第27条规定:承诺可以撤回。撤回承诺的通知应当在承诺通知到达要约人之前或者与承诺通知同时到达要约人。但是,承诺不得撤销。

(5)承诺生效的时间。《合同法》第26条规定:承诺通知到达要约人时生效。

六、合同的成立

《合同法》第25条规定:承诺生效时合同成立。

(1)合同成立的时间。《合同法》第32条和第33条规定:当事人采用合同书形式订立合同的,自双方当事人签字或者盖章时合同成立。当事人采用信件、数据电文等形式订立合同的,可以在合同成立之前要求签订确认书。签订确认书时合同成立。

(2)合同成立的地点。《合同法》第34条和第35条规定:承诺生效的地点为合同成立的地点。采用数据电文形式订立合同的,收件人的主营业地为合同成立的地点;没有主营业地的,其经常居住地为合同成立的地点。当事人另有约定的,按照其约定。当事人采用合同书形式订立合同的,双方当事人签字或者盖章的地点为合同成立的地点。

七、格式条款

格式条款是当事人为了重复使用而预先拟定,并在订立合同时未与对方协商的条款,如房地产开发商拟定的《购房合同》。《合同法》第39条至第41条规定,采用格式条款订立合同的,提供格式条款的一方应当遵循公平原则确定当事人之间的权利和义务,并采取合理的方式提请对方注意免除或者限制其责任的条款,按照对方的要求,对该条款予以说明。格式条款具有《合同法》第52条(关于合同无效的条款)和第53条(关于无效的免责条款)规定情形的,或者提供格式条款一方免除其责任、加重对方责任、排除对方主要权利的,该条款无效。对格式条款的理解发生争议的,应当按照通常理解予以解释。对格式条款有两种以上解释的,应当作出不利于提供格式条款一方的解释。格式条款和非格式条款不一致的,应当采用非格式条款。

八、缔约过失责任

当事人在订立合同过程中有下列情形之一，给对方造成损失的，应当承担损害赔偿责任：

(1)假借订立合同，恶意进行磋商。

(2)故意隐瞒与订立合同有关的重要事实或者提供虚假情况。

(3)有其他违背诚实信用原则的行为。

(4)当事人在订立合同过程中知悉的商业秘密，无论合同是否成立，不得泄露或者不正当地使用。泄露或者不正当地使用该商业秘密给对方造成损失的，应当承担损害赔偿责任。

九、合同的效力

(一)合同效力的含义

合同效力是指依法成立的合同对当事人具有法律约束力。具有法律效力的合同不仅表现为对当事人的约束，同时在合同有效的前提下，当事人可以通过法院获得强制执行的法律效果。《合同法》第8条规定：依法成立的合同，对当事人具有法律约束力。当事人应当按照约定履行自己的义务，不得擅自变更或者解除合同。依法成立的合同，受法律保护。

合同成立与合同生效是两个不同的概念，《合同法》第25条和第44条分别就合同成立和合同生效作出了规定。合同成立是合同生效的前提。已经成立的合同如不符合法律规定的生效要件，仍不能产生法律效力。

(二)合同生效的时间

合同法律效力产生的时间就是合同生效的时间。合同的成立和生效在时间上不尽一致。《合同法》第44条至第46条规定，依法成立的合同，自成立时生效。法律、行政法规规定应当办理批准、登记等手续生效的，在办理了相应的批准、登记手续后生效。当事人对合同的效力可以约定附条件和附期限。对于附生效条件的合同，自条件成就时生效；对于附生效期限的合同，自期限届至时生效。

(三)有效合同

有效合同即依法成立并符合合同生效条件的合同。合同的生效要件就是指已经成立的合同产生法律效力应当具备的条件。合同的生效要件是判断合同是否具有法律约束力的标准。这些要件包括：第一，合同的主体合格；第二，意思表示真实；第三，不违反法律和社会公共利益。

(四)效力待定合同

效力待定合同是指合同虽然已经成立，但因并不完全符合有关合同生效要件的规定，因此其能否生效，尚未确定，一般须经所有权人追认才能生效的合同。效力待定合同的种类包括：

(1)限制民事行为能力人订立的合同。

(2)行为人没有代理权、超越代理权或者代理权终止后订立的合同。《合同法》第48

条规定，这类合同未经被代理人追认，对被代理人不发生效力，由行为人承担责任。同时，《合同法》也赋予了相对人催告权和撤销权。相对人可以催告被代理人在1个月内予以追认。被代理人未作表示的，视为拒绝追认。被代理人的追认必须以明示的、积极的方式作出。合同被追认之前，善意相对人有撤销的权利。在被代理人追认之后，善意相对人不再享有撤销权。撤销应当以通知的方式作出，即撤销通知也应当以明示的、积极的方式作出。《合同法》第49条规定：行为人没有代理权、超越代理权或者代理权终止后以被代理人名义订立合同，相对人有理由相信行为人有代理权的，该代理行为有效。《合同法》第50条规定：法人或者其他组织的法定代表人、负责人超越权限订立的合同，除相对人知道或者应当知道其超越权限外，该代表行为有效。如果法定代表人、负责人超越权限与相对人订立合同，相对人善意并且无过失地相信对方没有超越权限的，则该法定代表人、负责人的代表行为有效。所订立的合同符合法律规定的成立要件的，可依法成立。该法人或者其他组织是合同一方的当事人，应承担合同产生的法律后果。但是，如果相对人知道或者应当知道法定代表人或者负责人超越权限的，则不能适用上述规则，法人或者其他组织不承担合同产生的法律后果，由法定代表人或者负责人与相对人自行承担合同责任。

(3)无处分权的行为人订立的合同。处分权是所有权的一项权能，在一般情况下，处分权的主体是所有权人或其授权者。在特定情况下，行为人可以基于法律的规定取得处分权。例如，抵押权人、质押权人、留置权人处分抵押物、质押物、留置物的权利。无处分权人订立合同处分他人财产的，属于效力待定合同。《合同法》第51条规定：无处分权的人处分他人财产，经权利人追认或者无处分权的人订立合同后取得处分权的，该合同有效。

(五)无效合同

(1)无效合同的概念。无效合同具有以下特征：第一，违法性。无效合同是违反了法律、行政法规的强制性规定和社会公共利益的合同。第二，自始无效。无效合同从订立之时就不具有法律约束力，即自始无效。

(2)无效合同的种类。《合同法》第52条规定，有下列情形之一的，合同无效：①一方以欺诈、胁迫的手段订立合同，损害国家利益；②恶意串通，损害国家、集体或者第三人利益；③以合法形式掩盖非法目的；④损害社会公共利益；⑤违反法律、行政法规的强制性规定。

(3)无效的免责条款。《合同法》第53条规定，合同中的下列免责条款无效：①造成对方人身伤害的；②因故意或者重大过失造成对方财产损失的。

(六)可变更及可撤销的合同

《合同法》第54条规定，下列合同，受损害方有权请求人民法院或者仲裁机构变更或者撤销：①因重大误解订立的；②在订立合同时显失公平的；③一方以欺诈、胁迫的手段或者乘人之危，使对方在违背真实意思的情况下订立的。当事人请求变更的，人民法院或者仲裁机构不得撤销。

可撤销的合同自撤销权消灭之时起，即为有效合同，享有撤销权的一方无权再请求人民法院或者仲裁机构撤销合同。

有下列情形之一的，撤销权消灭：

(1)具有撤销权的当事人自知道或者应当知道撤销事由之日起1年内没有行使撤销

权的；自债务人的行为发生之日起5年内没有行使撤销权的。

（2）具有撤销权的当事人知道撤销事由后明确表示或者以自己的行为放弃撤销权的。

（七）合同被确认无效或被撤销后的处理

合同被确认无效或者被撤销后，自始没有法律约束力。因此，应当将当事人之间的关系恢复到没有订立合同的状态，具体的处理方法见《合同法》第57、58条和第59条规定：合同无效、被撤销或者终止的，不影响合同中独立存在的有关解决争议方法的条款的效力。合同无效或者被撤销后，因该合同取得的财产，应当予以返还；不能返还或者没有必要返还的，应当折价补偿。有过错的一方应当赔偿对方因此所受到的损失，双方都有过错的，应当各自承担相应的责任。当事人恶意串通，损害国家、集体或者第三人利益的，因此取得的财产收归国家所有或者返还集体、第三人。

十、合同的履行

（一）合同履行的原则

（1）遵守约定原则。《合同法》第60条第1款规定：当事人应当按照约定全面履行自己的义务。

（2）协作履行原则。《合同法》第60条第2款明确规定：当事人应当遵循诚实信用原则，根据合同的性质、目的和交易习惯履行通知、协助、保密等义务。

（二）合同履行的规则

（1）合同内容约定不明确时的履行规则。《合同法》第61条和第62条规定：合同生效后，当事人就质量、价款或者报酬、履行地点等内容没有约定或者约定不明确的，可以协议补充；不能达成补充协议的，按照合同有关条款或者交易习惯确定。如果仍然不能确定的，则按照以下规定履行：①质量要求不明确的，按照国家标准、行业标准履行；没有国家标准、行业标准的，按照通常标准或者符合合同目的的特定标准履行。②价款或者报酬不明确的，按照订立合同时履行地的市场价格履行；依法应当执行政府定价或者政府指导价的，按照规定履行。③履行地点不明确，给付货币的，在接受货币一方所在地履行；交付不动产的，在不动产所在地履行；其他标的，在履行义务一方所在地履行。④履行期限不明确的，债务人可以随时履行，债权人也可以随时要求履行，但应当给对方必要的准备时间。⑤履行方式不明确的，按照有利于实现合同目的的方式履行。⑥履行费用的负担不明确的，由履行义务一方负担。

（2）执行政府定价或者政府指导价合同的履行规则。《合同法》第63条规定：执行政府定价或者政府指导价的，在合同约定的交付期限内政府价格调整时，按照交付时的价格计价。逾期交付标的物的，遇价格上涨时，按照原价格执行；价格下降时，按照新价格执行。逾期提取标的物或者逾期付款的，遇价格上涨时，按照新价格执行；价格下降时，按照原价格执行。

（3）合同履行涉及第三人时的规则。《合同法》第64条和第65条规定：当事人约定由债务人向第三人履行债务的，债务人未向第三人履行债务或者履行债务不符合约定，应当向债权人承担违约责任。当事人约定由第三人向债权人履行债务的，第三人不履行债务或者履行债务不符合约定,债务人应当向债权人承担违约责任。

(4)当事人一方发生变更时的履行规则。①《合同法》第70条规定,债权人分立、合并或者变更住所没有通知债务人,致使履行债务发生困难的,债务人可以中止履行或者将标的物提存。②《合同法》第76条规定,合同生效后,当事人不得因姓名、名称的变更或者法定代表人、负责人、承办人的变动而不履行合同义务。

(5)合同的提前履行。《合同法》第71条规定,债权人可以拒绝债务人提前履行债务,但提前履行不损害债权人利益的除外。债务人提前履行债务给债权人增加的费用,由债务人负担。

(6)合同的部分履行。《合同法》第72条规定,债权人可以拒绝债务人部分履行债务,但部分履行不损害债权人利益的除外。债务人部分履行债务给债权人增加的费用,由债务人负担。

(三)双务合同履行的抗辩权

抗辩权又称异议权,是指一方当事人根据法律规定拒绝或者对抗对方当事人请求权的权利。《合同法》第66条至第69条规定了双务合同中的三种抗辩权,即同时履行抗辩权、后履行抗辩权和不安抗辩权。这三种抗辩权相互补充,形成一个整体,共同保护合同履行中的公平和公正,使当事人双方的利益同时得到有效的保护。

(1)同时履行抗辩权。当事人互负债务,没有先后履行顺序的,应当同时履行。一方在对方履行之前有权拒绝其履行要求。一方在对方履行债务不符合约定时,有权拒绝其相应的履行要求。

(2)后履行抗辩权。当事人互负债务,有先后履行顺序,先履行一方未履行的,后履行一方有权拒绝其履行要求。先履行一方履行债务不符合约定的,后履行一方有权拒绝其相应的履行要求。

(3)不安抗辩权。应当先履行债务的当事人,有确切证据证明对方有下列情形之一的,可以中止履行:第一,经营状况严重恶化;第二,转移财产、抽逃资金,以逃避债务;第三,丧失商业信誉;第四,有丧失或者可能丧失履行债务能力的其他情形。当事人没有确切证据中止履行的,应当承担违约责任。当事人依法中止履行的,应当及时通知对方。对方提供适当担保时,应当恢复履行。中止履行后,对方在合理期限内未恢复履行能力并且未提供适当担保的,中止履行的一方可以解除合同。

(四)合同的保全

合同的保全是指债权人依据法律规定,在债务人不正当处分其权利和财产,危及其债权的实现时,可以对债务人或者第三人的行为行使代位权或者撤销权,以保障债权的实现。合同的保全制度有两种:一是债权人的代位权,二是债权人的撤销权。

(1)债权人的代位权。《合同法》第73条规定:因债务人怠于行使其到期债权,对债权人造成损害的,债权人可以向人民法院请求以自己的名义代位行使债务人的债权,但该债权专属于债务人自身的除外。代位权的行使范围以债权人的债权为限。债权人行使代位权的必要费用,由债务人负担。

(2)债权人的撤销权。《合同法》第74条规定:因债务人放弃其到期债权或者无偿转让财产,对债权人造成损害的,债权人可以请求人民法院撤销债务人的行为。债务人以明显不合理的低价转让财产,对债权人造成损害,并且受让人知道该情形的,债权人也可以请求人民法院撤销债务人的行为。撤销权的行使范围以债权人的债权为限。债权人行使撤销权的必要费用,由债务人负担。《合同法》第75条规定:撤销权自债权人知道或者应当知道撤销事由之日起1年内行使。自债务人的行为发生之日起5年内没有行使撤销权的,该撤销权消灭。

【例1-3】 甲乙于2004年5月31日签订水泥买卖合同,约定甲于2004年7月1日交货,乙于2004年7月4日付款。6月中旬甲有确切证据证明乙经营状况严重恶化,于是提出中止合同,乙不同意,然而甲7月1日并没有交货,则下列表述正确的是(D)。

A. 甲无权中止履行合同,乙有权追究甲的违约责任

B. 如果乙提供一定的担保,甲仍有权拒绝继续履行合同,直至乙恢复履约能力

C. 甲有权解除合同

D. 甲有权中止履行合同,然后要求乙在一定期限内提供适当担保,乙不提供的,甲可以解除合同

十一、合同的变更和转让

(一)合同的变更

(1)合同变更的概念。合同变更有广义和狭义之分。广义的合同变更包括合同内容的变更和合同主体的变更两种情形,前者是指不改变合同的当事人,仅变更合同的内容;后者是指合同的内容保持不变,仅变更合同的主体,又称为合同的转让。而狭义的合同变更是指依法成立的合同尚未履行或者未完全履行之前,当事人按照法定的条件和程序,就合同的内容进行补充或修改。我国的合同立法将合同变更界定为狭义的合同变更,即合同内容的变更。

(2)合同变更的条件。《合同法》第77条规定,变更合同的内容,须经当事人协商一致。当事人变更合同,必须具备以下条件:第一,当事人之间本来存在着有效的合同关系;第二,合同的变更应根据法律的规定或者当事人的约定;第三,必须有合同内容的变化;第四,合同的变更应采取适当的形式;第五,对合同变更的约定应当明确。《合同法》第78条规定,当事人对合同变更的内容约定不明确的,推定为未变更。

(二)合同的转让

合同的转让是指当事人一方依法将其合同权利或义务全部或部分地转让给第三人的法律行为。合同转让是在保持原合同内容的前提下仅就合同主体所作的变更,转让前的合同内容与转让后的合同内容具有同一性,合同的转让仅使原合同的权利、义务全部或者部分地从合同一方当事人转让给第三人,导致第三人代替原合同当事人一方,成为合同继承当事人,或者由第三人加入到合同关系中成为合同当事人。合同转让涉及转让人、受让人和合同另一方当事人的三方利益,通常存在两种法律关系,即原合同当事人之间的关系和转让人与受让人之间的关系。合同的转让根据转让标的的不同,分为合同权利转让、合同义务转移和合同权利义务一并转让三种情形。

(1)合同权利转让。《合同法》第79条规定,债权人可以将合同的权利全部或者部分转让给第三人。尽管债权人在原则上可以将合同的权利全部或者部分转让给第三人,但

有下列情形之一的除外：①根据合同性质不得转让的；②按照当事人约定不得转让的；③依照法律规定不得转让的。

《合同法》第 80 条至第 83 条规定，债权人转让权利的，一般不会增加债务人的负担，因此无须征得债务人的同意，但是应当通知债务人。未经通知，该转让对债务人不发生效力。债权人转让权利的通知不得撤销，但经受让人同意的除外。债权人转让权利的，受让人取得与债权有关的从权利，但该从权利专属于债权人自身的除外。为了保障债务人的正当权益，债务人接到债权转让通知后，债务人对让与人的抗辩，可以向受让人主张。债务人接到债权转让通知时，债务人对让与人享有债权，并且债务人的债权先于转让的债权到期或者同时到期的，债务人可以向受让人主张抵消。

（2）合同义务转移。《合同法》第 84 条至第 87 条规定，债务人将合同的义务全部或者部分转移给第三人的，应当经债权人同意。债务人转移义务的，新债务人可以主张原债务人对债权人的抗辩。债务人转移义务的，新债务人应当承担与主债务有关的从债务，但该从债务专属于原债务人自身的除外。法律、行政法规规定转让权利或者转移义务应当办理批准、登记等手续的，依照其规定。

（3）合同权利义务一并转让。《合同法》第 88 条规定，当事人一方可以将自己在合同中的权利和义务一并转让给第三人，但是必须经对方同意。

合同权利义务一并转让通常有约定转让和法定转让。合同权利义务约定转让是指当事人一方与第三人订立合同，并经另一方当事人的同意，将其在合同中的权利义务一并转移于第三人，由第三人承受自己在合同上的地位，享受权利并承担义务。因合同权利义务一并转让的内容实质上包括合同权利转让和合同义务转移，因此《合同法》第 89 条规定，权利义务一并转让的，适用《合同法》对合同权利转让和合同义务转移条件的规定。合同权利义务法定转让是指当法律规定的条件成就时，合同的权利义务一并转移于第三人的情形。例如，《合同法》第 229 条规定，承租人在租赁期间将租赁物转让给第三人的，租赁合同继续有效，该第三人承继租赁物原所有人在租赁合同中的权利义务。《合同法》第 90 条规定：当事人订立合同后合并的，由合并后的法人或者其他组织行使合同权利，履行合同义务。当事人订立合同后分立的，除债权人和债务人另有约定的以外，由分立的法人或者其他组织对合同的权利和义务享有连带债权，承担连带债务。

十二、合同的权利义务终止

（一）合同的权利义务终止概念

合同是平等主体的公民、法人、其他组织之间设立、变更、终止债权债务关系的协议。合同的权利义务终止是指依法生效的合同，因具备法定情形和当事人约定的情形，关系上不复存在，合同的债权债务均归于消灭，债权人不再享有合同权利，债务人也不必再履行合同义务。《合同法》第 57 条和第 98 条规定，合同的权利义务终止，不影响合同中结算和清理条款的效力，也不影响合同中独立存在的有关解决争议方法的条款的效力。

（二）合同的权利义务终止的效力

合同的权利义务终止后，除消灭原合同的权利义务外，还发生以下法律效力：

（1）从合同的权利义务一并终止。当合同因债务已经按照约定履行、债务相互抵消、债务人依法将标的物提存、债权人免除债务等原因终止时,依附于该主合同的从合同的权利义务亦同时终止,如担保、违约金、利息等债务亦随之终止。但是,当主合同因违约而解除时,担保合同的权利义务则不终止。

(2)合同当事人须承担合同终止后的义务。《合同法》第92条规定:合同的权利义务终止后,当事人应当遵循诚实信用原则,根据交易习惯履行通知、协助、保密等义务。违反这些义务,当事人也应承担损害赔偿责任。

(三)合同的权利义务终止的法定情形

《合同法》第91条规定,有下列情形之一的,合同的权利义务终止:

(1)债务已经按照约定履行。

(2)合同解除。合同解除有约定解除和法定解除两种。合同的约定解除是指合同的解除是基于当事人的意愿,经过当事人协商同意的。《合同法》第93条规定,当事人协商一致,可以解除合同。当事人可以约定一方解除合同的条件。解除合同的条件成就时,解除权人可以解除合同。合同的法定解除是指由于出现了法律规定的情形,当事人一方或者双方依法有权解除合同。《合同法》第94条规定了当事人可以解除合同的法定情形,包括:第一,因不可抗力致使不能实现合同目的;第二,在履行期限届满之前,当事人一方明确表示或者以自己的行为表明不履行主要债务;第三,当事人一方迟延履行主要债务,经催告后在合理期限内仍未履行;第四,当事人一方迟延履行债务或者有其他违约行为致使不能实现合同目的;第五,法律规定的其他情形。

解除权的行使。《合同法》第95条规定,法律规定或者当事人约定解除权行使期限,期限届满当事人不行使的,该权利消灭。法律没有规定或者当事人没有约定解除权行使期限,经对方催告后在合理期限内不行使的,该权利消灭。

解除合同的程序。《合同法》第96条规定,当事人一方依法或者依据双方的约定,有权主张解除合同的,应当通知对方。合同自通知到达对方时解除。对方有异议的,可以请求人民法院或者仲裁机构确认解除合同的效力。法律、行政法规规定解除合同应当办理批准、登记等手续的,依照其规定。

合同解除的效力和债权债务的处理。《合同法》第97条规定,合同解除后,尚未履行的,终止履行;已经履行的,根据履行情况和合同性质,当事人可以要求恢复原状、采取其他补救措施,并有权要求赔偿损失。

(3)债务相互抵消。债务相互抵消是指当事人互负到期债务,又互享债权,以自己的债权充抵对方的债权,使自己的债务与对方的债务在等额内消灭。《合同法》第99条和第100条规定,债务抵消有法定抵消和约定抵消之分。如果当事人互负到期债务,该债务的标的物种类、品质相同的,任何一方都可以将自己的债务与对方的债务抵消,为法定抵消,但依照法律规定或者按照合同性质不得抵消的除外。当事人主张抵消的,应当通知对方。通知自到达对方时生效。抵消不得附条件或者附期限。如果当事人互负债务,标的物种类、品质不相同的,经双方协商一致,也可以抵消,为约定抵消。

(4)债务人依法将标的物提存。《合同法》第101条规定,如果因债权人无正当理由拒绝受领、债权人下落不明、债权人死亡未确定继承人或者丧失民事行为能力未确定监护人、法律规定的其他情形等原因,致使难以履行债务的,债务人可以将标的物提存。标的物不适于提存或者提存费用过高的，债务人依法可以拍卖或者变卖标的物，提存所得的价款。《合同法》第 102 条至第 104 条规定，标的物提存后，除债权人下落不明的以外，债务人应当及时通知债权人或者债权人的继承人、监护人。标的物提存后，毁损、灭失的风险由债权人承担。提存期间，标的物的孳息归债权人所有。提存费用由债权人负担。债权人可以随时领取提存物，但债权人对债务人负有到期债务的，在债权人未履行债务或者提供担保之前，提存部门根据债务人的要求应当拒绝其领取提存物。债权人领取提存物的权利，自提存之日起 5 年内不行使而消灭，提存物扣除提存费用后归国家所有。

(5)债权人免除债务。《合同法》第 105 条规定：债权人免除债务人部分或者全部债务的，合同的权利义务部分或者全部终止。债权人免除个别债务人的债务，不能导致债权人的债权人因此受损，否则，债权人的债权人可以依法行使撤销权来保全自己的债权。

(6)债权债务同归于一人。《合同法》第 106 条规定：债权和债务同归于一人的，合同的权利义务终止，但涉及第三人利益的除外。

(7)法律规定或者当事人约定终止的其他情形。除了前述合同的权利义务终止情形，出现了法律规定终止的其他情形的，合同的权利义务也可以终止。如《合同法》第 411 条规定，委托人或者受托人死亡、丧失民事行为能力或者破产的，委托合同终止。

十三、违约责任

(一)违约责任概述

(1)违约责任的概念。违约责任是指合同当事人不履行合同义务或者履行合同义务不符合约定时，依法产生的法律责任。

(2)违约责任的归责原则。《合同法》第 107 条规定，只要当事人一方不履行合同义务或者履行合同义务不符合约定的，就应当承担违约责任，而不论主观上是否有过错。但是，《合同法》对缔约过失、无效合同、可撤销合同以及分则中对某些违约责任须以当事人在主观上存在过错为要件。可见，我国《合同法》在违约责任的归责原则方面，实行以严格责任原则为主导、以过错责任原则为补充的双轨制归责原则体系。

(3)违约形态。按照违约行为发生的时间，违约形态可分为届期违约和预期违约。在通常情况下，违约责任针对的是届期违约行为，即合同已经到期，但是当事人一方不履行合同义务或者履行合同义务不符合约定的，因此应当承担违约责任。届期违约是与预期违约相对的。预期违约是指在合同约定的履行期限届至前，当事人一方明确表示或者以自己的行为表明不履行合同义务。明确表示不履行合同义务的，为明示毁约；以自己的行为表明不履行合同义务的，为默示毁约。对于预期违约行为，对方当事人不仅有权依据《合同法》第 94 条的规定单方解除合同，而且可以依据《合同法》第 108 条的规定，在履行期限届满之前，要求预期违约方承担违约责任。

(4)违约责任的划分。《合同法》第 119 条至第 122 条规定，当事人一方违约后，对方应当采取适当措施防止损失的扩大；没有采取适当措施致使损失扩大的，不得就扩大的损失要求赔偿。当事人因防止损失扩大而支出的合理费用，由违约方承担。当事人双方都违反合同的，应当各自承担相应的责任。当事人一方因第三人的原因造成违约的，应当向对方承担违约责任。当事人一方和第三人之间的纠纷,依照法律规定或者按照约定解决。因当事人一方的违约行为,侵害对方人身、财产权益的,受损害方有权选择依照《合同法》要求其承担违约责任或者依照其他法律要求其承担侵权责任。

(二)违约责任的种类

《合同法》第107条规定,当事人一方不履行合同义务或者履行合同义务不符合约定的,应当承担继续履行、采取补救措施或者赔偿损失等违约责任。违约责任的种类主要有以下五种:

(1)继续履行。继续履行是通过法律规定的强制手段,迫使合同义务人履行义务,保护合同债权人合法权利的一项重要制度。《合同法》第109条规定,当事人一方未支付价款或者报酬的,对方可以要求其支付价款或者报酬。《合同法》第110条规定,当事人一方不履行非金钱债务或者履行非金钱债务不符合约定的,对方可以要求履行,但有下列情形之一的除外:第一,法律上或者事实上不能履行;第二,债务的标的不适于强制履行或者履行费用过高;第三,债权人在合理期限内未要求履行。

(2)采取补救措施。采取补救措施是指在合同一方当事人违约的情况下,为了减少损失和保证债权人的权益,使合同尽量完满履行所采取的一切积极行为。《合同法》第111条作了明确规定:质量不符合约定的,应当按照当事人的约定承担违约责任。对违约责任没有约定或者约定不明确,依照《合同法》有关的规定(第61条)仍不能确定的,受损害方根据标的的性质以及损失的大小,可以合理选择要求对方承担修理、更换、重做、退货、减少价款或者报酬等违约责任。

(3)赔偿损失。《合同法》第112条规定,当事人一方不履行合同义务或者履行合同义务不符合约定的,在履行义务或者采取补救措施后,对方还有其他损失的,应当赔偿损失。损失赔偿额的确定主要以实际发生的损失为计算标准。赔偿损失以完全赔偿为原则。《合同法》第113条规定:当事人一方不履行合同义务或者履行合同义务不符合约定,给对方造成损失的,损失赔偿额应当相当于因违约所造成的损失,包括合同履行后可以获得的利益,但不得超过违反合同一方订立合同时预见到或者应当预见到的因违反合同可能造成的损失。经营者对消费者提供商品或者服务有欺诈行为的,依照《中华人民共和国消费者权益保护法》的规定承担损害赔偿责任。

(4)违约金。《合同法》第114条规定:当事人可以约定一方违约时应当根据违约情况向对方支付一定数额的违约金,也可以约定因违约产生的损失赔偿额的计算方法。约定的违约金低于造成的损失的,当事人可以请求人民法院或者仲裁机构予以增加;约定的违约金过分高于造成的损失的,当事人可以请求人民法院或者仲裁机构予以适当减少。当事人就迟延履行约定违约金的,违约方支付违约金后,还应当履行债务。

(5)定金罚则。《合同法》第115条规定:当事人可以依照《中华人民共和国担保法》约定一方向对方给付定金作为债权的担保。债务人履行债务后,定金应当抵作价款或者收回。给付定金的一方不履行约定的债务的,无权要求返还定金;收受定金的一方不履行约定的债务的,应当双倍返还定金。根据《合同法》第116条的规定,如果当事人既约定违约金,又约定定金的,一方违约时,对方可以选择适用违约金或者定金条款。

(三)违约责任的免除

违约责任的免除是指依照法律规定或者当事人约定,违约方可以免于承担违约责任的情形。违约责任的免除主要包括两种情况,一是债权人放弃追究债务人的违约责任,二是存在免责事由。

免责事由是指免除违约方承担违约责任的原因和理由,具体包括法定的免责事由和约定的免责事由。法定的免责事由是指法律规定的免责事由,主要是指不可抗力。不可抗力是指不能预见、不能避免并不能克服的客观情况,包括自然事件和社会事件两大类。《合同法》第 117 条和第 118 条规定,因不可抗力不能履行合同的,根据不可抗力的影响,部分或者全部免除责任,但法律另有规定的除外。当事人迟延履行后发生不可抗力的,不能免除责任。当事人一方因不可抗力不能履行合同的,应当及时通知对方,以减轻可能给对方造成的损失,并应当在合理期限内提供证明。约定的免责事由是指当事人通过合同约定的免除承担违约责任的事由,由当事人双方在合同中预先约定,包括不可抗力的范围,可以由当事人通过合同条款予以约定,旨在限制或免除其未来责任的条款。免责条款必须是合法的,否则无效。

十四、合同争议的解决

《合同法》第 128 条规定,当事人可以通过和解或者调解解决合同争议。当事人不愿和解、调解或者和解、调解不成的,可以根据仲裁协议向仲裁机构申请仲裁。涉外合同的当事人可以根据仲裁协议向中国仲裁机构或者其他仲裁机构申请仲裁。当事人没有订立仲裁协议或者仲裁协议无效的,可以向人民法院起诉。当事人应当履行发生法律效力的判决、仲裁裁决、调解书;拒不履行的,对方可以请求人民法院执行。

十五、建设工程合同的有关规定

建设工程合同是承包人进行工程建设,发包人支付价款的合同。建设工程合同包括工程勘察、设计、施工承包合同。

(一)建设工程承发包的相关规定

发包人可以与总承包人订立建设工程合同,也可以分别与勘察、设计、施工承包人订立勘察、设计、施工承包合同。发包人不得将应当由一个承包人完成的建设工程肢解成若干部分发包给几个承包人。

总承包人或者勘察、设计、施工承包人经发包人同意,可以将自己承包的部分工作交由第三人完成。第三人就其完成的工作成果与总承包人或者勘察、设计、施工承包人向发包人承担连带责任。承包人不得将其承包的全部建设工程转包给第三人或者将其承包的全部建设工程肢解以后以分包的名义分别转包给第三人。

禁止承包人将工程分包给不具备相应资质条件的单位。禁止分包单位将其承包的工程再分包。建设工程主体结构的施工必须由承包人自行完成。

(二)建设工程合同的主要内容

勘察、设计合同的内容包括提交有关基础资料和文件(包括概预算)的期限、质量要求、费用以及其他协作条件等条款。施工合同的内容包括工程范围、建设工期、中间交工工程的开工和竣工时间、工程质量、工程造价、技术资料交付时间、材料和设备供应责任、拨款和结算、竣工验收、质量保修范围和质量保证期、双方相互协作等条款。

(三)建设工程合同履行的相关规定

(1)发包人的权利和义务:①发包人在不妨碍承包人正常作业的情况下,可以随时对作业进度、质量进行检查。②勘察、设计的质量不符合要求或者未按照期限提交勘察、设计文件,造成发包人损失的,勘察人、设计人应当继续完善勘察、设计,减收或者免收勘察、设计费并赔偿损失。③因发包人变更计划,提供的资料不准确,或者未按照期限提供必需的勘察、设计工作条件而造成勘察、设计的返工、停工或者修改设计,发包人应当按照勘察人、设计人实际消耗的工作量增付费用。④因施工人的原因致使建设工程质量不符合约定的,发包人有权要求施工人在合理期限内无偿修理或者返工、改建。经过修理或者返工、改建后,逾期交付的,施工人应当承担违约责任。⑤建设工程竣工后,发包人应当根据施工图纸及说明书、国家颁发的施工验收规范和质量检验标准及时进行验收。验收合格的,发包人应当按照约定支付价款,并接收该建设工程。建设工程竣工经验收合格后,方可交付使用;未经验收或者验收不合格的,不得交付使用。

(2)承包人的权利和义务:①发包人未按照约定的时间和要求提供原材料、设备、场地、资金、技术资料的,承包人可以顺延工程日期,并有权要求赔偿停工、窝工等损失。②因发包人的原因致使工程中途停建、缓建的,发包人应当采取措施弥补或者减少损失,赔偿承包人因此造成的停工、窝工、倒运、机械设备调迁、材料和构件积压等损失与实际费用。③隐蔽工程在隐蔽以前,承包人应当通知发包人检查。发包人没有及时检查的,承包人可以顺延工程日期,并有权要求赔偿停工、窝工等损失。④因承包人的原因致使建设工程在合理使用期限内造成人身和财产损害的,承包人应当承担损害赔偿责任。⑤发包人未按照约定支付价款的,承包人可以催告发包人在合理期限内支付价款。发包人逾期不支付的,除按照建设工程的性质不宜折价、拍卖的以外,承包人可以与发包人协议将该工程折价,也可以申请人民法院将该工程依法拍卖。承包人就该工程折价或者拍卖的价款优先受偿。

十六、委托合同的有关规定

委托合同是委托人和受托人约定,由受托人处理委托人事务的合同。委托人可以特别委托受托人处理一项或者数项事务,也可以概括委托受托人处理一切事务。

(1)委托人的主要权利和义务:①委托人应当预付处理委托事务的费用。受托人为处理委托事务垫付的必要费用,委托人应当偿还该费用及其利息。②有偿的委托合同,因受托人的过错给委托人造成损失的,委托人可以要求赔偿损失。无偿的委托合同,因受托人的故意或者重大过失给委托人造成损失的,委托人可以要求赔偿损失。受托人超越权限给委托人造成损失的,应当赔偿损失。③受托人完成委托事务的,委托人应当向其支付报酬。因不可归责于受托人的事由,委托合同解除或者委托事务不能完成的,委托人应当向受托人支付相应的报酬。当事人另有约定的,按照其约定。

(2)受托人的主要权利和义务:①受托人应当按照委托人的指示处理委托事务。需要变更委托人指示的,应当经委托人同意;因情况紧急,难以和委托人取得联系的,受托人应当妥善处理委托事务,但事后应当将该情况及时报告委托人。②受托人应当亲自处理委托事务。经委托人同意,受托人可以转委托。转委托经同意的,委托人可以就委托事务直接指示转委托的第三人,受托人仅就第三人的选任及其对第三人的指示承担责任。转委托未经同意的,受托人应当对转委托的第三人的行为承担责任,但在紧急情况下受托人为维护委托人的利益需要转委托的除外。③受托人应当按照委托人的要求,报告委托事务的处理情况。委托合同终止时,受托人应当报告委托事务的结果。④受托人处理委托事务时,因不可归责于自己的事由受到损失的,可以向委托人要求赔偿损失。⑤两个以上的受托人共同处理委托事务的,对委托人承担连带责任。

第四节　水利工程合同管理

一、水利工程主要合同关系

根据我国水利工程基本建设程序,参与工程项目的有发包人(建设单位)、咨询单位、勘察设计单位、监理单位、施工单位、设备供应商、材料供应商等。他们之间形成各式各样的经济法律关系,维系这种关系的纽带是合同,因此工程项目中就有各式各样的合同,其中发包人和施工承包人是两个最主要的合同当事人。监理单位依据监理合同,发包人在与承包人签订的承包合同中对监理单位的授权,有关法律法规、设计文件开展监理工作。

(一)发包人的主要合同关系

发包人作为工程项目(或服务)的买方,是工程项目的所有者和经营者。其根据对工程项目的需求,确定工程项目的整体目标。这个目标是所有相关合同的基础。为实现工程项目的总目标,发包人将工程项目的勘察、设计、各专业工程施工、设备和材料供应、建设过程的咨询与管理等工作委托出去,并与有关单位签订以下合同:

(1)工程咨询合同。发包人与咨询、监理公司签订工程咨询合同。

(2)勘察设计合同。发包人与工程勘察设计单位签订勘察设计合同,勘察设计单位负责工程的地质勘察和技术设计工作。

(3)货物采购合同。对由发包人负责提供材料和设备的情况,发包人必须与有关的材料和设备供应单位签订采购合同。

(4)施工承包合同。一般通过招标选择施工承包人,发包人确定中标人后与施工承包人签订工程施工承包合同。

(5)融资合同。发包人常与金融机构签订融资合同。后者提供资金保证。按照资金筹措渠道的不同,有银行贷款合同、合作投资合同等。

(二)承包人的主要合同关系

承包人作为工程项目(或服务)的卖方(技术输出),是工程施工的具体实施者,是工程承包合同的履行者。承包人通过投标并中标后,与发包人签订施工承包合同。承包人要完成承包合同的责任,需要各方面的专业技术协调和必需的资源供应体系支持。任何承包人都不可能,也不必具备所有专业工程的施工能力、材料和设备的生产和供应能力,因此承包人同样必须将许多专业工作和资源供应工作委托出去。这就形成了承包人复杂的合同关系,主要包括以下合同:

(1)分包合同。分包商和分包合同在承包人投标时需要注明。承包人把从发包人那里承接到的工程中的某些非关键性或非主体工程分包给一些分包人来完成,并与其签订分包合同。

(2)货物采购合同。承包人为采购和供应工程所必要的材料与设备,与供应商签订货物采购合同。

(3)运输合同。这是承包人为解决材料和设备的运输问题,而与运输单位签订的合同。

(4)加工合同。加工合同即承包人将建筑构配件、特殊构件加工任务委托给加工承揽单位而签订的合同。

(5)租赁合同。在建筑工程中承包人需要许多施工设备、运输设备、周转材料。当有些设备、周转材料在现场使用率较低,或自己购置需要大量资金投入而自己又不具备这个经济实力时,可以采用租赁方式,与租赁单位签订租赁合同。

(6)劳务分包合同。承包人与劳务公司签订的合同,劳务公司提供劳务服务。

(7)保险合同。承包人按施工合同要求对工程进行保险,与保险公司签订保险合同。

二、水利工程合同体系

将上述主要合同关系按纽带关系或管理层次整合,可以得到如图 1-1 所示合同体系。在图 1-1 中,工程发包人和其他参建方直接签订的合同为第一个层次的合同,发包人常称甲方,在合同的签订过程中起主导作用。其他一些合同,发包人一般并不是合同的当事人,但在其中还有重要的影响。如施工分包合同,将哪一部分分包及分包给谁均要得到发包人的认可。又如,承包人的采购合同,其采购对象一般也要得到发包人认可。

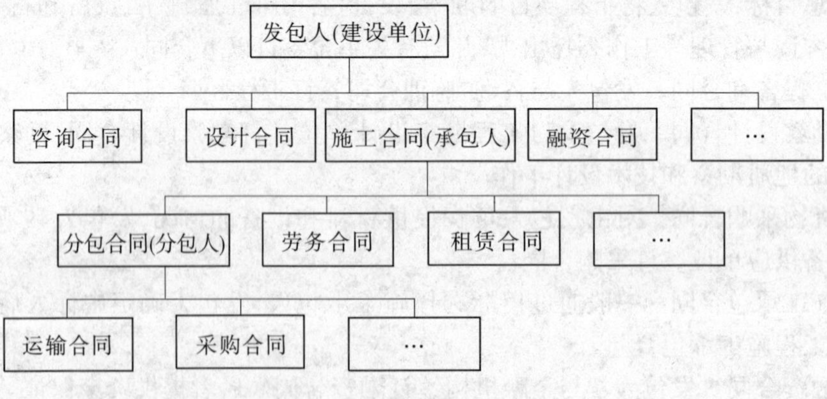

图 1-1　工程项目合同体系

三、水利工程合同管理类型

水利工程合同管理类型主要包括勘察、设计合同管理,施工承包合同管理。

(一)勘察、设计合同管理

勘察合同应由建设单位和设计单位或有关单位提出委托,设计合同需具有上级机关批准的可行性研究报告方能签订。如果独立委托施工图设计任务,应同时具有经有关部门批准的初步设计文件方能签订。

勘察、设计合同生效后,委托方一般应向承包方付20%定金,合同履行后其定金抵做设计费。如果委托方不履行合同,无权要求返还定金;如果承包方不履行合同,应双倍返还定金。

建设工程勘察、设计合同的当事人双方都应该十分重视合同的管理工作。随着基本建设管理与国际惯例的逐步接轨,尤其是在项目总承包的工程中,建设工程勘察、设计合同管理还应包括第三方——监理人对合同的管理工作。

1.合同订立的管理

(1)根据《中华人民共和国招标投标法》和住房和城乡建设部(简称住建部)的有关规定,通过招标投标授予(取得)设计合同。

(2)住建部颁布的招标文件范本是编制招标投标文件的依据,也是合同文件的范本,发包人与中标设计单位经过平等协商解决招标投标文件之间的差异,订立勘测设计合同。

(3)合同的订立要符合基本建设程序,以国家批准的项目建议书或可行性研究报告为基础,进度安排要符合基本建设程序和设计内在客观规律的要求。

2.合同履行的管理

设计合同在履行中特别要注意以下几点:

(1)根据设计内在客观规律,委托方要及时提供基础资料,但设计单位也要主动协助。

(2)当委托方要求更改初步设计已审定的原则时,设计单位要认真进行科学论证,对于不合理的要求要耐心进行说服工作,并按规定办理必要的审批手续。

(3)主体设计单位要起到设计总体归口管理的作用。主要包括:①协助发包人与单项设计单位签订合同;②在技术条件与设计范围等方面做好必要的协调工作;③在概预算管理方面,要做到该统一的应统一(如“三材”(指钢材、水泥、木材)价格),项目划分上不重不漏。

3.监理人对勘察、设计合同的管理

(1)勘察、设计阶段监理人进行合同监理的主要依据。①建设项目设计阶段监理委托合同;②批准的可行性研究报告及设计任务书;③建设工程勘察、设计合同;④经批准的选址报告及规划部门批文;⑤工程地质、水文地质资料及地形图;⑥其他资料。

(2)招标投标阶段的工作。①根据设计任务书等有关批文和资料编制设计要求文件或方案竞赛文件。采用招标方式的项目监理人员应编制招标文件。②组织设计方案竞赛、招标投标,并参与评选设计方案或评标。③协助选择勘察、设计单位。主要审查承包方是否属于合法的法人组织,有无有关的营业执照,有无与勘察设计项目相应的资质证书;调查承包方勘察设计资历、工作质量、社会信誉、资信状况和履约能力等,并提出评标意见及中标单位候选名单。④起草勘察、设计合同条款及协议书,保证合同合法、严谨、全面。

(3)勘察、设计合同管理的准备工作。①熟悉合同,了解合同的主要内容、合同双方的责任及义务;②了解勘察、设计单位履行合同的计划和人力的安排;③了解依据合同由项目发包人为勘察、设计单位提供的文件、资料内容和提供时间；④了解依据合同由勘察、设计单位提供给项目发包人的成品内容和提供时间；⑤熟悉工程前期资料，了解合同规定的勘察、设计成品的质量标准；⑥明确合同管理的监理工程师（应有设计经验）。

(4)对勘察、设计进度的管理。①项目发包人提供给勘察、设计单位的文件、资料是否按合同规定时间提供；②勘察、设计单位阶段性的计划是否满足项目发包人要求的计划，实际进度是否按勘察、设计计划大纲规定的计划进度完成；③勘察、设计成品是否按合同要求时间交付；④项目发包人按期支付合同价款，逾期不支付，按合同约定支付滞纳金。

(5)对勘察、设计质量的管理。①勘察单位应按合同规定，国家现行有效规范、规程和技术规定，进行工程地质、工程测量、水文地质的勘察工作，按合同要求提供成果；②设计单位应根据项目发包人提供的工程审批文件和有关技术协议书以及合同规定的设计标准、设计规范进行设计；③设计单位提供的设计成品是否符合国家规定的设计内容、深度要求；④设计修改是否满足审批文件要求和现场施工要求；⑤设计的总体水平是否满足安全生产、经济运行和满负荷的要求；⑥设计成品及图纸组织是否满足行业规定标准，成品签证是否完整。

(6)对勘察、设计投资的管理。①在严格控制一次性投资的同时，注重各项技术经济指标的综合比较；②监理人应督促检查限额设计开展情况；③设计合同中奖罚条款要具体，对其可操作性条款，监理人应监督兑现；④参与概预算编制原则的讨论、确定，使之符合合同和行业规定。

(7)违反勘察、设计合同的责任。①监理人察觉勘察、设计合同的双方发生违约的先兆时，应根据合同规定及时提请有关方面注意，当因条件无法改变时，监理人应及早进行协调；②项目发包人因变更计划或提供资料、文件不准确，造成勘察、设计的延误或返工，勘察、设计单位应按合同规定提出工期索赔或费用索赔，此时监理人应进行协调并公正地提出监理意见；③当勘察、设计单位所提供的设计成品质量低劣或不符合规定，监理人通知其整改或返工，但效果不佳或无效时，应及时通报项目发包人，由项目发包人处理；④当勘察、设计单位因自身原因不能按期提交设计成果时，应按合同规定承担违约责任；⑤当项目发包人没有按合同规定按期支付勘察、设计费用或没有及时提供条件而影响勘察、设计正常进行时，项目发包人应承担违约责任。

4.承包方（勘察、设计单位）对合同的管理

承包方对建设工程勘察、设计合同的管理更应充分重视，应从以下几个方面加强对合同的管理，以保障自己的合法权益。

(1)建立专门的合同管理机构。一般勘察、设计单位均十分重视工程技术（设计）部门的设置与管理，而忽视合同管理部门及人员。但事实证明，好的合同管理所获得的效益要远比仅靠采用先进的技术方法或技术设备所获收益高得多。因此，设计单位应专门设立经营及合同管理部门，专门负责设计任务的投标、标价策略确定，起草并签署合同以及对合同的实施进行控制等工作。

(2)研究分析合同条款。勘察、设计单位一般忽视合同条款的拟定和具体文字表述，往往只注重勘察、设计本身的技术要求，不重视对合同文件本身的研究。在建立社会主义市场经济体制的过程中，市场需要用法律规范，而勘察、设计合同就是勘察、设计工作的法

律依据。勘察、设计的广度、深度和质量要求、付款条件以及违约责任都构成了勘察、设计合同执行过程中至关重要的问题,任何一项条款的执行失误或不执行,都将严重影响合同双方的经济效益,也可能给国家造成不可挽回的损失。因此,注重合同条款和合同文件的研究,对于勘察、设计单位履行合同以及实现经济效益都是不无裨益的。

(3)合同的跟踪与控制。勘察、设计单位作为合同的承包方应该跟踪、控制合同的履行,将实际情况和合同资料进行对比分析,找出偏差。如有偏差,将合同的偏差信息及原因分析结果和建议及时反馈,以便及早采取措施,调整偏差。合同的控制是指在合同规定的条件下,控制设计进度在合同工期内;保证设计人员按照合同要求进行合乎规范的设计,并将设计所需的费用控制在合同价款之内。

(4)工程造价的确定与控制。工程设计阶段是合理确定和有效控制建设工程造价的重要环节。设计单位要按照可行性研究报告和投资估算控制初步设计的内容,在优化设计方案和施工组织方案的基础上进行设计。初步设计概算应根据概算定额(概算指标)、费用定额等,以概算编制地的价格进行编制,并按照有关规定合理地预测概算编制至竣工期的价格、利率、汇率等动态因素,打足建设费用,并严格控制在可行性研究报告及投资估算范围内。在设计单位内部应实行限额设计,按照批准的投资估算控制初步设计及概算,按照批准的初步设计及总概算控制施工图设计及预算,在保证工程使用功能要求的前提下,按各专业分配的造价限额进行设计,保证估算、概算、施工图预算起到层层控制的作用,不突破造价限额。

设计人员要严格按照投资估算作好多方案的技术经济比较,选择降低和控制工程造价的最佳方案。工程经济人员在设计过程中应及时对工程造价进行分析比较,反馈造价信息,能动地影响设计,以保证有效地控制造价。

投资估算、设计概预算的编制,要按当时当地的设备、材料预算价格计算。在投资估算、设计概算的预备费用中合理预测设备、材料价格的浮动因素及其他影响工程造价的动态因素。确定工程项目设备材料价格指数,一般按不同类型的设备和材料价格指数,结合工程特点、建设期限等综合计算。

设计单位要严格控制施工过程中的设计变更,健全、完善设计变更审批制度。设计如有变更,一般要进行工程量及造价增减分析,并经设计单位同意才能实施。如果设计变更后突破总概算,一般要经过设计审批单位审查同意,方可变更。这样可防止出现通过变更设计任意增加设计内容,提高设计标准,扩大建设规模,进而提高工程造价的现象。

(5)合同资料的文档管理。设计单位要保证设计文件的完整性。设计概预算是设计文件不可分割的组成部分。初步设计、技术简单项目的设计方案都要有概算;技术设计要有修正概算;施工图设计要有预算。概预算均应有主要材料表。没有设计预算、施工图以及没有钢材明细表的设计是不完整的设计。不完整的设计不能交付建设单位。设计文件的完整性和概预算的质量是评选优秀设计、审定设计单位等级的重要内容之一。勘察、设计中主要合同资料包括:勘察、设计招标投标文件,中标通知书,勘察、设计合同及附件,委托方的各种指令、签证,双方的往来书信和电函,会谈纪要等;各种检测、试验和鉴定报告等;勘察、设计文件,各种报表、报告等;各种批文、文件和签证等。

5. 勘察、设计合同的变更和解除

设计的变更和解除是指设计合同履行过程中，由于合同约定或法定事由而对原设计的增加、删减或去除以及提前终止合同的效力。其具体内容包括以下方面：

(1)设计文件批准后，不得任意修改和变更。如果必须修改，也须经有关部门批准，其批准权限，视修改的内容所涉及的范围而定。如果修改部分属于初步设计的内容，须经设计的原批准单位批准；如果修改的部分属于设计任务书的内容，则须经设计任务书的原批准单位批准；施工图设计的修改，须经设计单位同意。

(2)委托方因故要求修改工程设计，经承包方同意后，除设计文件的提交时间另定外，委托方还应按承包方实际返工修改的工作量增付设计费。

(3)原定设计任务书或初步设计如有重大变更而需要重做或修改设计，须经设计任务书或初步设计批准机关同意，并经双方当事人协商后另订合同；委托方负责交付已经进行了设计的费用。

(4)委托方因故要求中途停止设计时，应及时书面通知承包方，已付的设计费不退，并按该阶段实际所耗工时，增付和结算设计费，同时结束合同关系。

(二)施工承包合同管理

详见本书第三章。

第五节　水利工程建设市场的资质管理

我国对从事建筑活动的工程咨询、勘察设计、监理、施工等单位实行资质管理制度。按照其拥有的注册资本、专业技术人员、技术装备和已完成的工程业绩等资质条件，划分为不同的资质等级，经资质审查合格，取得相应等级的资质证书后，方可在其资质等级许可的范围内从事建筑活动。对专业技术人员实行岗位资格、执业资格、从业资格管理制度，在相应资格证书许可的范围内从事建筑活动。水利工程建设的工程咨询单位资质执行国家发展和改革委员会的有关规定，招标代理、工程造价、勘察设计、施工单位资质执行住建部的规定，质量检测、监理单位资质执行水利部规定，水利工程建设专业技术人员资格执行水利部及(或)住建部的有关规定。

一、从业单位资质规定

(一)工程招标代理机构资质的规定

依据《工程建设项目招标代理机构资格认定办法》(建设部令第154号)，规定如下：

(1)资质等级。工程招标代理机构资质等级分为甲级、乙级、暂定级。

(2)业务范围。可以跨省、自治区、直辖市承担工程招标代理业务。甲级工程招标代理机构可以承担各类工程的招标代理业务。乙级工程招标代理机构只能承担工程总投资1亿元人民币以下的工程招标代理业务。暂定级工程招标代理机构只能承担工程总投资6 000万元人民币以下的工程招标代理业务。

(3)业务开展。水利工程招标大多数采用委托招标。招标人在工程项目可行性研究报告中应注明招标组织形式(自行招标或委托招标)，经批准后实施。《中华人民共和国招标投标法》规定:招标人有权自行选择招标代理机构,委托其办理招标事宜。任何单位和个人不得以任何方式为招标人指定招标代理机构。招标代理机构应当在招标人委托的范围内办理招标事宜,并遵守本法关于招标人的规定。招标人具有编制招标文件和组织评标能力的,可以自行办理招标事宜,任何单位和个人不得强制其委托招标代理机构办理招标事宜。依法必须进行招标的项目,招标人自行办理招标事宜的,应当向有关行政监督部门备案。招标代理服务收费按《招标代理服务收费管理暂行办法》(计价格〔2002〕1980号)执行。

(二)工程造价咨询企业资质的规定

依据《工程造价咨询企业管理办法》(建设部令第149号),规定如下:

(1)资质等级。工程造价咨询企业资质等级分为甲级、乙级。

(2)业务范围。工程造价咨询企业依法从事工程造价咨询活动,不受行政区域限制。甲级工程造价咨询企业可以从事各类建设项目的工程造价咨询业务。乙级工程造价咨询企业可以从事工程造价5 000万元人民币以下的各类建设项目的工程造价咨询业务。工程造价咨询业务范围包括:①建设项目建议书及可行性研究投资估算、项目经济评价报告的编制和审核;②建设项目概预算的编制与审核,并配合设计方案比选、优化设计、限额设计等工作进行工程造价分析与控制;③建设项目合同价款的确定(包括招标工程工程量清单和标底、投标报价的编制和审核),合同价款的签订与调整(包括工程变更、工程洽商和索赔费用的计算)及工程款支付,工程结算及竣工结(决)算报告的编制与审核等;④工程造价经济纠纷的鉴定和仲裁的咨询;⑤提供工程造价信息服务等。工程造价咨询企业可以对建设项目的组织实施进行全过程或者若干阶段的管理和服务。

(3)水利行业实行水利工程造价工程师持证上岗制度。①凡从事水利工程建设活动的发包、设计、监理、施工、咨询、管理等单位,在工程计价、评估、合同管理等部门,应当设置工程造价审核岗位,此岗位必须由注册水利工程造价工程师上岗。②凡水利工程建设的中央项目、中央参与投资的地方项目和地方投资的大型项目,其项目建议书投资估算、可行性研究投资估算、初步设计概算、招标文件的商务条款、招标标底、建设实施阶段的项目管理预算和价差计算、竣工决算报告中关于概算与合同执行情况部分以及上述文件的相关附件等文件的编制,必须有注册水利工程造价工程师参与把关。上述文件的校核、审核和咨询人员必须具备注册水利工程造价工程师资格,文件的扉页必须由上述人员加盖注册水利工程造价工程师执业印章,否则视其文件不合格,主管部门不予审查或审定。造价咨询收费按当地物价部门的规定执行。

(三)水利工程监理企业资质的规定

水利工程监理企业资质依据《水利工程建设监理单位资质管理办法》(水利部令第29号)的规定。

1. 资质等级和业务范围

(1)监理单位资质分为水利工程施工监理、水土保持工程施工监理、机电及金属结构设备制造监理和水利工程建设环境保护监理四个专业。其中,水利工程施工监理专业资质和水土保持工程施工监理专业资质分为甲级、乙级和丙级三个等级,机电及金属结构设备制造监理专业资质分为甲级、乙级两个等级,水利工程建设环境保护监理专业资质暂不分级。

(2)各专业资质等级可以承担的业务范围如下:①水利工程施工监理专业资质。甲级可以承担各等级水利工程的施工监理业务,乙级可以承担Ⅱ等(堤防2级)以下各等级水利工程的施工监理业务,丙级可以承担Ⅲ等(堤防3级)以下各等级水利工程的施工监理业务。适用《水利工程建设监理单位资质管理办法》的水利工程等级划分标准按照《水利水电工程等级划分及洪水标准》(SL 252—2000)执行。②水土保持工程施工监理专业资质。甲级可以承担各等级水土保持工程的施工监理业务,乙级可以承担Ⅱ等以下各等级水土保持工程的施工监理业务,丙级可以承担Ⅲ等水土保持工程的施工监理业务。同时具备水利工程施工监理专业资质和乙级以上水土保持工程施工监理专业资质的,方可承担淤地坝中的骨干坝施工监理业务。③机电及金属结构设备制造监理专业资质。甲级可以承担水利工程中的各类型机电及金属结构设备制造监理业务,乙级可以承担水利工程中的中、小型机电及金属结构设备制造监理业务。④水利工程建设环境保护监理专业资质。其可以承担各类各等级水利工程建设环境保护监理业务。

水利工程建设监理单位资质等级证书包括正本一份、副本四份,正本和副本具有同等法律效力,有效期为5年。资质等级证书有效期届满,需要延续的,监理单位应当在有效期届满前30个工作日,按照规定,向水利部提出延续资质等级的申请。水利部在资质等级证书有效期届满前,作出是否准予延续的决定。

监理服务收费按《建设工程监理与相关服务收费管理规定》(发改价格〔2007〕670号)执行。

2. 水利工程建设监理单位资质等级标准

(略)

3. 业务开展

水利工程建设监理单位应积极向项目管理公司转换,并尽可能申请住建部的同类同级资质,培养综合管理人才,向上下游拓展业务。

(四)水利工程施工企业资质的规定

1. 建筑业企业资质分类及等级

建筑业企业是指从事土木工程、建筑工程、线路管道及设备安装工程、装修工程等的新建、扩建、改建活动的企业。我国的建筑业企业分为施工总承包企业、专业承包企业和劳务分包企业。施工总承包企业又按工程性质分为房屋、公路、铁路、港口、水利、电力、矿山、冶金、化工石油、市政公用、通信、机电等12个类别;专业承包企业按工程性质和技术特点划分为60个类别;劳务分包企业按技术特点划分为13个类别。

工程施工总承包企业资质等级分为特级、一级、二级、三级;施工专业承包企业资质等级分为一级、二级、三级;劳务分包企业资质等级分为一级、二级。这三类企业的资质等级标准,由住建部统一组织制定和发布。工程施工总承包企业和施工专业承包企业的资质实行分级审批。特级和一级资质由住建部审批;二级以下资质由企业注册所在地省、自治区、直辖市人民政府建设主管部门审批;劳务分包企业资质由企业所在地省、自治区、直辖市人民政府建设主管部门审批。经审查合格的企业,由资质管理部门颁发相应等级的建筑业企业资质证书。建筑业企业资质证书由国务院建设行政主管部门统一印制,分为正本(1 本)和副本(若干本),正本和副本具有同等法律效力。

2. 水利水电工程施工总承包企业业务范围

水利水电工程施工总承包企业可承包工程的范围如下:

(1)特级企业。可承担合同估算价 3 000 万元以上的各种类型水利水电工程及辅助生产设施的建筑、安装和基础工程施工。

(2)一级企业。可承担单项合同额不超过企业注册资本金 5 倍的各种类型水利水电工程及辅助生产设施的建筑、安装和基础工程施工。工程内容包括:不同类型的大坝、电站厂房、引水和泄水建筑物、通航建筑物、基础工程、导截流工程、砂石料生产、水轮发电机组、输变电工程的建筑安装,金属结构制作安装,压力钢管、闸门制作安装,堤防加高加固、泵站、涵洞、隧道、施工公路、桥梁、河道疏浚、灌溉、排水工程施工。

(3)二级企业。可承担单项合同额不超过企业注册资本金 5 倍的下列工程的施工:库容 1 亿 m^3、装机容量 100 MW 及以下水利水电工程及辅助生产设施的建筑、安装和基础工程施工。工程内容包括:不同类型的大坝、电站厂房、引水和泄水建筑物、通航建筑物、基础工程、导截流工程、砂石料生产、水轮发电机组、输变电工程的建筑安装,金属结构制作安装,压力钢管、闸门制作安装,堤防加高加固、泵站、涵洞、隧道、施工公路、桥梁、河道疏浚、灌溉、排水工程施工。

(4)三级企业。可承担单项合同额不超过企业注册资本金 5 倍的下列工程的施工:库容 1 000 万 m^3、装机容量 10 MW 及以下水利水电工程及辅助生产设施的建筑、安装和基础工程施工。工程内容包括:不同类型的大坝、电站厂房、引水和泄水建筑物、通航建筑物、基础工程、导截流工程、砂石料生产、水轮发电机组、输变电工程的建筑安装,金属结构制作安装,压力钢管、闸门制作安装,堤防加高加固、泵站、涵洞、隧道、施工公路、桥梁、河道疏浚、灌溉、排水工程施工。

3. 专业承包企业和劳务分包企业业务范围

取得专业承包资质的企业,可以承接施工总承包企业分包的专业工程和建设单位依法发包的专业工程。专业承包企业可以对所承接的专业工程全部自行施工,也可以将劳务作业依法分包给具有相应资质的劳务分包企业。例如,水利水电机电设备安装工程专业承包企业资质分为一级、二级、三级。各等级可承包工程范围为:①一级企业可承担各类水电站、泵站主机(各类水轮发电机组、水泵机组)及其附属设备和水电(泵)站电气设备的安装工程。②二级企业可承担单项合同额不超过企业注册资本金 5 倍的单机容量 100 MW 及以下的水电站、单机容量 1 000 kW 及以下的泵站主机及其附属设备和水电(泵)站电气设备的安装工程。③三级企业可承担单项合同额不超过企业注册资本金 5 倍的单机容量 25 MW 及以下的水电站、单机容量 500 kW 及以下的泵站主机及其附属设备和水电(泵)站电气设备的安装工程。

取得劳务分包资质的企业(以下简称劳务分包企业),可以承接施工总承包企业或专业承包企业分包的劳务作业。例如,混凝土作业分包企业资质不分等级,可承担各类工程混凝土作业分包业务,但单项业务合同额不超过企业注册资本金的 5 倍。

二、专业技术人员资格管理

我国对专业技术人员实行岗位资格、执业资格、从业资格管理制度。目前,已经确定的执业资格种类有注册咨询工程师(投资)、注册建造师、注册土木工程师、注册监理工程师、注册造价工程师等,由全国资格考试委员会负责组织考试,由建设行政主管部门负责注册。水利部组织考试培训的人员有注册水利工程造价工程师、注册水利监理工程师、水利工程总监理工程师,水利工程质量监督员、监理员、施工员、测量员、预算员、材料员、检测员、安全员等。水利工程建设专业技术人员资格汇总表见表1-1。随着建筑市场的进一步完善,水利部对专业技术人员的资格管理会进一步规范化和制度化。

表1-1 水利工程建设专业技术人员资格汇总表

序号	执业或岗位或从业资格	可从业单位	主管部门	管理规定
1	注册咨询工程师(投资)	工程咨询单位、设计院	国家发展和改革委员会	国家发展和改革委员会、工程咨询协会的有关规定
2	注册招标师	水利行业的单位	国家发展和改革委员会	国家发展和改革委员会、中国招标投标协会的有关规定
3	注册土木工程师(水利水电工程)	水利行业的设计院	住建部	住建部关于考试、注册、继续教育的规定
4	注册水利工程造价工程师	水利行业的单位	水利部	《水利工程造价工程师资格管理办法》、《水利工程造价工程师注册管理办法》
5	造价员	水利行业的单位	住建部	《全国建设工程造价员(水利)管理暂行办法》
6	总监理工程师、注册水利监理工程师、监理员	水利行业的监理单位	水利部	《水利工程建设监理人员资格管理办法》
7	水利工程质量检测员	水利工程质量检测单位	水利部	《水利工程质量检测员管理办法》
8	水利工程质量监督员	水利工程质量监督机构	水利部	《水利工程质量监督管理规定》
9	注册建造师(水利水电工程)	水利行业的施工单位	住建部	住建部关于考试、注册、继续教育的规定,水利部关于项目经理考核的规定
10	水利工程施工员、测量员、预算员、材料员、检测员、安全员	水利行业的施工单位	水利部	水利部关于培训、考试、继续教育的规定,安全员考核规定

在招标投标阶段应根据招标项目工程规模确定最低的投标人资质等级,根据招标内容确定应投入的人员资格。例如,某水利枢纽库容1亿 m^3、装机容量100 MW,其投标人最低的资质等级为水利水电工程施工总承包二级。合同履行时,应核查从业单位是否在其资质许可的范围内从业,从业人员是否按合同约定到位并在其资格许可的范围内从业,后者的核查尤为重要,因为项目是靠有组织、有能力的团队做出来的。

【案例分析1-1】

某水利枢纽工程施工招标,合同条件采用《水利水电工程施工合同条件》(见附录)。

事件一　甲某为A施工企业法定代表人,在企业合法经营范围内就一项施工任务(经批准可不招标)与发包人签订了承包合同。事后,A施工企业通知该项目发包人:"根据公司章程规定,甲某无权独立对外签订施工合同,故甲某与贵方所签合同没有效力,对我公司没有约束力。"但事实上,在此之前,该项目发包人不知道且不可能知道施工企业的这项规定。

事件二　经招标,B施工企业中标并签订合同后,认为中标价偏低,无奈受合同的约束,只好按合同履行义务。在组织进场期间,发包人提供场地延误7天时间,故承包人以此为由,立即将人员、设备、设施等进场资源全部撤离现场,并向发包人发出通知:"由于你方提供场地延误已构成违约,我方根据《合同法》有关规定,提出解除合同,并要求赔偿由于解除合同对我方造成的费用和利润损失,希望你方在合同规定时间给以支付。"

问题:

事件一　①你认为A施工企业的说法是否正确?试根据我国《合同法》的有关规定说明理由。②如果上述合同是甲某通过授权书委托乙某与发包人签订的,该合同是否有效?③如果上述合同是施工企业职工乙某与发包人签订的,但未提供甲某签署的授权书,该合同对该施工企业是否发生法律效力?

事件二　①你认为B施工企业的说法是否正确?试根据我国《合同法》的有关规定说明理由。②为了降低成本,A施工企业未办理审批手续,将所承包工程的基础处理、大坝混凝土浇筑、泄洪洞等工程分包给当地的施工企业。监理人发现后,认为分包已成事实,并考虑到工期非常紧,要求该施工企业补报项目分包申请报告,并经审查,承包人所选分包人具备承包能力,同意分包。你认为监理人的做法是否妥当?请说明理由。

答案要点:

事件一　①A施工企业的说法不正确。《合同法》规定,法人或其他组织的法定代表人、负责人超越权限订立合同,除相对人知道或者应当知道其超越权限外,该代表行为有效。因此,所签合同有效。②该合同有效。《合同法》规定,当事人依法可以委托代理人订立合同。③对该施工企业不发生法律效力。乙某的行为属于无权代理且未得到甲某的追认,该合同对该施工企业不发生法律效力。

事件二　①B施工企业的说法不正确。发包人提供场地延误7天时间,属于违约行为。但是,这一违约行为并不构成单方解除合同的条件。《合同法》规定的由于一方违约对方当事人有权提出解除合同的情形包括:在履行期限届满之前,当事人一方明确表示或者以自己的行为表明不履行主要债务;当事人一方延迟履行主要债务,经催告后在合理期限内仍未履行;当事人一方延迟履行债务或者有其他违约行为致使不能实现合同目的。显然,题中所述发包人的场地提供延误违约行为不构成单方解除合同的条件。②监理人的做法不妥当。其一,工程分包前必须按照法律法规、合同的规定办理审批手续,经批准后方可签订分包合同;其二,该项分包均涉及主体工程,依据《水利建设工程施工分包管理规定》(水建管〔2005〕304 号)或《合同法》的规定,不得分包。

小　结

合同管理是一项严谨精细的工作,要求有一定的综合知识。本章介绍了水利工程合同管理的一些基本知识。要做好水利工程合同管理工作,应注重依据性文件的收集汇总,除应熟悉相关法规、管理规定外,还应具备相应的管理、技术、经济知识及经验。这是一个逐步积累的过程,要坚持学习,持之以恒,逐步提高自身的综合素质。

复习思考题

1-1　在网上查找《水利工程建设项目招标投标管理规定》(水利部令第 14 号,2002 年 1 月 1 日起施行)、《评标委员会和评标方法暂行规定》(国家计委、水利部等七部委令第 12 号,2001 年 7 月 5 日起施行)、《工程建设项目施工招标投标办法》(国家计委、建设部等七部委局令第 30 号,2003 年 5 月 1 日起施行),复制有关投标保证金的规定,并计算合同估算价 6 000 万元的项目投标保证金应为多少。

1-2　起草合同时应考虑哪些问题?

1-3　水利工程基本建设程序是什么?为什么必须按基本建设程序办事?

1-4　堤防工程专业承包企业资质等级和业务范围是什么?

1-5　勘察、设计合同管理的主要内容是什么?

1-6　(案例分析题)某水利枢纽工程,投资 15 480 万元。其建设过程中的部分主要活动按发生时间顺序列举如下:

1. 2007 年 8 月正式成立发包人。

2. 2008 年 2 月 10 日提交项目可行性研究报告到省发展和改革委员会并审批通过。

3. 2008 年 4 月 1 日组织施工用水、用电、通信、道路等工程的招标。

4. 按照有关审批权限规定,2008 年 5 月 10 日初步设计经省水利厅审批通过。

5. 2008 年 6 月 18 日,通过公开招标委托一家监理单位开展监理工作,并签订合同。项目主体工程大坝标、电站标、引水隧洞标、下游灌渠标等,于 2008 年 12 月 20 日通过公开招标签订施工合同,分别承包给承包人 A、B、C、D。承包人分别于 2009 年 1 月 10 日、12 日、14 日、16 日进场。监理人于 2009 年 1 月 15 日进场开展监理工作。

6. 为了改善水库运行方式,既保证水库安全又增加兴利效益,对原有溢洪道进行了设计修改。设计修改于 2009 年 2 月 20 日经发包人组织设计、监理等单位以及权威专家举行专题会议论证通过,监理机构依据会议纪要于2009年2月21日签发变更指示,由承包人实施。

7.2009年2月26日基坑支护与降水工程方案经项目部总工程师签字报总监理工程师批准后实施。

问题:

(1)上述工程建设过程中的部分主要活动哪些方面违反了水利工程建设程序的有关规定?请简要说明理由。

(2)除(1)中所述程序外,上述哪些活动内容本身构成违法或违规行为?

第二章　水利工程施工招标与投标

知识点

适用法律，招标投标与合同管理的关系，公开、邀请招标，合同类型，招标投标的文件内容，施工招标投标的程序，评标委员会，评标标准。

教学目标

通过本章的学习，能确定合格投标人条件，编制招标公告；能初步编制招标文件；能按招标投标程序做好各项表格、资料等准备工作，能办理招标投标手续，评标专家申请抽取的手续；能协助组织资格预审、协助组织开标评标工作。

第一节　水利工程施工招标与投标概述

招标投标是随着商品经济发展而产生的，是一种具有竞争性的采购方式。招标投标是一百多年来在国际上采用的、科学合理的、具有完善机制的工程承发包方式。随着市场经济体系的完善，市场机制的健全，相关政策法规逐步完善以及行政管理的不断规范，招标投标制度首先被引入工程建设行业，我国的法律法规明确规定除不宜招标的工程项目外，都应实行招标发包。因此，建筑企业只有通过建筑市场的招标投标行为获得建设单位的认可，取得建设工程建设任务的承包权，与建设单位建立起承发包关系后才能进行施工，才能实现企业的经营目标。

水利工程施工招标，是指水利工程招标人或其委托的招标代理机构就拟建水利工程的规模、工程等级、设计阶段、设计图纸、质量标准等有关条件，公开或非公开地邀请建筑企业报出工程价格、做出合理的实施方案，在规定的日期开标，从而择优选择工程承包商的过程。

水利工程施工投标，是指建筑企业根据所获得的招标信息，在同意招标人拟定的招标文件所提出的各项条件的前提下，掌握好价格、工期、质量、物资等几个关键因素，按照招标文件的要求，对招标项目进行报价并提出合适的实施方案，参与投标竞争，以获得建设工程承包权的过程。

为了规范招标投标活动，保护国家利益、社会公共利益和招标投标活动当事人的合法权益，提高工程建设的经济效益，保证项目质量，全国人民代表大会常务委员会于 1999 年 8 月 30 日颁布了《中华人民共和国招标投标法》（以下简称《招标投标法》），自 2000 年 1 月 1 日起施行。国家计委、建设部等七部委局联合发布了《工程建设项目施工招标投标办法》（七部委局令第 30 号），自 2003 年 5 月 1 日起施行。水利部组织编制了《水利水电工程标准施工招标资格预审文件》（2009 年版）、《水利水电工程标准施工招标文件》

(2009年版)、《水利水电工程标准施工招标文件技术标准和要求(合同技术条款)》(2009年版),自2010年2月1日起施行。

一、招标投标与合同管理的关系

(一)招标投标是合同管理的重点

招标投标的目的是为了签订合同,是合同管理的合同谈判阶段,要经过要约邀请(招标人发出招标公告、招标文件)、要约(投标人依据招标文件的规定提交投标文件)、承诺(招标人经过比较发出中标通知书)3个阶段。从《招标投标法》第46条的规定"招标人和中标人应当自中标通知书发出之日起30日内,按照招标文件和中标人的投标文件订立书面合同。招标人和中标人不得再行订立背离合同实质性内容的其他协议"可知,合同主要条款是在招标投标阶段确定的,招标人必须高度重视招标文件的编制,投标人更必须高度重视投标文件的编制,因此招标投标是合同管理的重点。

(二)合同管理是招标投标的基础

要进行合同谈判,做好招标投标工作,需要具备合同管理的能力。因此,合同管理又是招标投标的基础。

二、合同数量的划分与分标

依据《工程建设项目可行性研究报告增加招标内容和核准招标事项暂行规定》,工程项目招标范围(分标方案及各标段估算金额)、招标组织形式(自行招标或委托招标)、招标方式(公开招标或邀请招标)等内容应包含在可行性研究报告中,并按立项批文实施。

招标前发包人应首先确定如何发包。我国《合同法》规定:发包人可以与总承包人订立建设工程合同,也可以分别与勘察人、设计人、施工人订立勘察、设计、施工承包合同。发包人不得将应当由一个承包人完成的建设工程肢解为若干部分发包给几个承包人。

合同数量是指建设项目各阶段的全部工作内容分几次招标,每次招标时又发几个合同包。"标"指一次选择承包商的全部委托任务,而"包"指每次招标时允许投标人承包的基本单位。例如:某水电站建设施工,将全部工作分为土建工程、安装工程、送变电工程、机组设备四个标,分阶段进行招标,而在土建工程招标时又划分为大坝工程和电站厂房两个合同包同时招标。

项目只发一个包,只有一个承包人,发包人合同管理相对简单。但若工程量过大,专业种类过多,有能力参与竞争的承包人数量较少,不利于发包人优选承包人并得到有竞争力的报价,发包人的风险较大。在这种情况下,采用分标方式,发包人可以多方组织强大的施工力量,按专业选择优秀的施工队伍,增强投标的竞争性;但由于分标,招标次数增多,合同数量多,使得发包人合同管理工作量大而复杂。因此,项目的发包,要讲求科学性,一般要综合考虑如下因素:

(1)工程特点;

(2)施工现场条件;

(3)对工程造价的影响;

(4)发包人的管理能力及承包商的特长;

(5)现场管理和合同工程的衔接;

(6)资金筹措安排等。

三、招标范围及招标方式

(一)必须招标的项目的规定

依据《水利工程建设项目招标投标管理规定》(水利部令第14号),符合下列具体范围并达到规模标准之一的水利工程建设项目必须进行招标。

1. 具体范围

(1)关系社会公共利益、公共安全的防洪、排涝、灌溉、水力发电、引(供)水、滩涂治理、水土保持、水资源保护等水利工程建设项目;

(2)使用国有资金投资或者国家融资的水利工程建设项目;

(3)使用国际组织或者外国政府贷款、援助资金的水利工程建设项目。

2. 规模标准

(1)施工单项合同估算价在200万元人民币以上的;

(2)重要设备、材料等货物的采购,单项合同估算价在100万元人民币以上的;

(3)勘察设计、监理等服务的采购,单项合同估算价在50万元人民币以上的;

(4)项目总投资额在3 000万元人民币以上,但分标单项合同估算价低于本项第(1)、(2)、(3)条规定标准的项目原则上都必须招标。

(二)可不进行招标的项目的规定

有下列情形之一的,由水行政主管部门批准,可以不进行施工招标:

(1)涉及国家安全、国家秘密或者抢险救灾而不适宜招标的;

(2)属于利用扶贫资金实行以工代赈需要使用农民工的;

(3)施工主要技术采用特定的专利或者专有技术的;

(4)施工企业自建自用的工程,且该施工企业资质等级符合工程要求的;

(5)在建工程追加的附属小型工程或者主体加层工程,原中标人仍具备承包能力的;

(6)法律、行政法规规定的其他情形。

(三)招标方式

1. 公开招标

公开招标也称无限竞争招标,是招标人在指定的报刊、电子网络或其他媒体上发布招标公告,吸引众多的企业单位参加投标竞争,招标人从中择优选择中标单位的招标方式。

公开招标的优点是:可充分体现公开、公正、公平竞争的招标原则,防止和克服垄断;能有效地促使承包人努力提高工程质量,缩短工期,降低造价,求得节约和效率,创造最合理的利益回报;有利于防范招标投标活动操作人员和监督人员的舞弊现象。

公开招标的缺点是:参加竞争的投标人较多,招标人审查投标人资格、投标文件的工作量比较大,耗费的时间长,招标费用支出也比较多。

《工程建设项目施工招标投标办法》(七部委局令第30号)规定:国务院发展计划部门确定的国家重点建设项目和各省、自治区、直辖市人民政府确定的地方重点建设项目,以及全部使用国有资金投资或者国有资金投资占控股或者主导地位的工程建设项目,应当公开招标。

2. 邀请招标

邀请招标也称有限竞争性招标或选择性招标，即由招标单位选择一定数目的企业，向其发出投标邀请书，邀请他们参加招标竞争的招标方式。邀请招标视具体的招标项目规模大小，一般以选择3～10个承包人为宜。

邀请招标与公开招标相比，因为不用发布招标公告，通过招标邀请函通知行业内专业实力强的若干施工企业，招标投标期限大大缩短，但因限制承包人数量，价格自由竞争不能得到充分体现。另外，这种方式缺乏平等竞争的条件，会给一些条件优越的新兴承包人造成投标困难。

《工程建设项目施工招标投标办法》（七部委局令第30号）规定，有下列情形之一的，经批准可以进行邀请招标：

（1）项目技术复杂或有特殊要求，只有少量几家申请人可供选择的；

（2）受自然地域环境限制的；

（3）涉及国家安全、国家秘密或者抢险救灾，适宜招标但不宜公开招标的；

（4）项目较小，拟公开招标的费用与项目的价值相比较大，不值得的；

（5）法律、法规规定不宜公开招标的。

国家重点建设项目的邀请招标，应当经国务院发展计划部门批准；地方重点建设项目的邀请招标，应当经各省、自治区、直辖市人民政府批准。

全部使用国有资金投资或者国有资金投资占控股或者主导地位且需要审批的工程建设项目的邀请招标，应当经项目审批部门批准；但项目审批部门只审批立项的，由有关行政监督部门审批。

四、选择合同类型

水利工程施工合同按计价方法不同，主要有总价合同、单价合同、成本加酬金合同和混合型合同。

（一）总价合同

1. 不可调值不变总价合同

合同双方以图纸、工程说明和技术规范为基础，就承包项目协商一个固定的总价，并一笔包死，不能变化。

这种合同签订后，承包人要承担工程量、地质条件、气候和其他一切客观因素造成亏损的风险，无论实际支出如何，合同总价除因工程变更方可随之作相应的变更外，是不允许变动的。因此，承包人在投标时要对一切可能导致费用上升的因素作出估计，并包含在投标报价中，以弥补一些不可预见因素引起的损失，从而致使这种合同报价较高。

这种合同方式一般适用于工期短、工程规模小、技术简单、签订合同时已具备详细的设计文件的情况。

2. 可调值不变总价合同

这种合同的总价是以图纸、工程量清单、技术规范为依据，按当时的价格计算出来的一种相对固定的价格。在合同的专用合同条款中双方商定，如果在合同执行过程中由于通货膨胀引起工料成本增加，合同总价应当进行相应的调值。这种合同中由发包人承担物价上涨因素的风险，承包人承担其他风险。

该合同方式适用于工期在1年以上，工程内容和技术经济指标明确的工程项目。

（二）单价合同

1. 纯单价合同

采用这种合同形式时，招标文件中只有发包工程的工作项目、工作范围以及必要的说明，不提供工程量。承包人在投标时只需对这些项目作出报价即可，而工程量则按实际完成并经双方认可的数量结算。

这种合同形式适用于没有施工图纸，工程量不明确，但急需开工的工程。

2. 估计工程量单价合同

承包人投标时以工程量清单中的估计工程量为基础计算工程单价，合同总价根据每个工作项目的工程量和相应的单价计算得出。这种合同的总价并不是工程项目费用的最终结算金额，工程结算的总价应按照实际完成工程量乘以合同中分部分项工程单价计算。

采用这种合同时，要求实际完成的工程量与原估计的工程量不能有较大的变化，因为承包人合同中填报的单价是以相应的工程量为基础计算的，如果工程量大幅度增减，可能影响工程成本。

估计工程量单价合同一般适用于工程性质比较清楚，但是招标时还难以确定工程量的工程项目。由于这种合同的工程量是统一计算出来的，承包人经过复核并填上适当的单价即可，承担风险比较小；发包人只需审核单价是否合理。这种合同形式对双方均比较方便，故目前国内外水利工程项目多采用此种合同形式。

（三）成本加酬金合同

这种形式的合同实施时，发包方对承包方在工程施工过程中所发生的全部直接成本予以补偿，并支付适当的酬金。它主要适用于招标时工程内容及其经济指标尚未完全确定，投标报价依据不充分，而发包方工期紧迫，急需发包的工程；或发包方与承包方之间高度信任，承包方在某些方面具有独特的技术、特长和经验的工程。

（四）混合型合同

在混合型合同中，根据具体的工程项目、建设阶段，混合采用不同的计价方法。其主要形式如下。

1. 部分固定价格、部分成本加酬金合同

在这种合同条件下，对重要的设计内容已具体化的项目采用固定价格，对次要的设计还未具体化的项目采用成本加酬金合同。

2. 阶段转换合同

在这种合同条件下，对一个项目的前阶段和后阶段采用不同的结算方式。如开始时采用实际成本加酬金合同，项目进行一个阶段后，改用固定价格合同。

综上所述，选择不同的合同形式，对合同当事人来说，有着不同的合同权利、义务、责任和风险。发包人在选择合同类型时，应当考虑以下主要因素：

（1）项目规模和工期长短。如果项目的规模较小，工期较短，则合同类型的选择余地较大，总价合同、单价合同及成本加酬金合同都可选择；如果项目规模大，工期长，则项目的风险也大，合同履行中的不可预测因素也多，这类项目不宜采用总价合同。

(2)项目的竞争情况。

(3)项目的复杂程度。项目的复杂程度较高，总价合同被选用的可能性较小；项目的复杂程度较低，则发包人对合同类型的选择握有较大的主动权。

(4)项目的单项工程的明确程度。

(5)项目准备时间的长短。

(6)项目的外部环境因素。

五、招标程序

招标工作一般按以下程序进行：

(1)招标前，按项目管理权限向水行政主管部门提交招标报告备案；

(2)编制招标文件；

(3)发布招标信息(招标公告或投标邀请书)；

(4)发售资格预审文件；

(5)按规定日期接收申请人编制的资格预审文件；

(6)组织对申请人资格预审文件进行审核；

(7)向资格预审合格的申请人发售招标文件；

(8)组织购买招标文件的投标人现场踏勘；

(9)接收投标人对招标文件有关问题要求澄清的函件，对问题进行澄清，并书面通知所有投标人；

(10)组织成立评标委员会，并在中标结果确定前保密；

(11)在规定时间和地点，接收符合招标文件要求的投标文件；

(12)组织开标评标会；

(13)在评标委员会推荐的中标候选人中，确定中标人；

(14)向水行政主管部门提交招标投标情况的书面总结报告；

(15)发中标通知书，并将中标结果通知所有投标人；

(16)进行合同谈判，并与中标人订立书面合同。

六、水利工程施工招标应具备的条件

水利工程施工招标应具备的条件如下：

(1)初步设计已经批准；

(2)建设资金来源已落实，年度投资计划已经安排；

(3)监理单位已确定；

(4)具有能满足招标要求的设计文件，已与设计单位签订适应施工进度要求的图纸交付合同或协议；

(5)有关建设项目永久征地、临时征地和移民搬迁的实施、安置工作已经落实或已有明确安排。

七、提交招标报告备案

招标人进行招标，要向招标投标管理机构申报招标申请报告，招标申请报告经批准后，就可以编制招标文件、评标定标办法和标底，并将这些文件报水行政主管部门批准。经招标投标管理机构对上述文件审查认定后，就可发布招标公告或者发出投标邀请书。报告具体内容应当包括：招标已具备的条件、招标方式、分标方案、招标计划安排、投标人资质（资格）条件、评标方法、评标委员会组建方案以及开标与评标的工作具体安排等。

第二节　水利工程施工招标

一、编制招标准备文件

（一）编制招标文件

招标文件既是投标人编制投标书的依据，也是招标阶段招标人的行为准则，还是签订工程合同的基础。《水利水电工程标准施工招标文件》（2009 年版）规定，招标文件一般包括下列内容：

（1）招标公告（或投标邀请书）；

（2）投标人须知；

（3）评标办法；

（4）合同条款及格式［注：专用条款中招标范围、质量标准、工期、价格调整、预付款、进度款、违约金（包括主要人员不到位的罚金）的确定是招标人合同管理的关键］；

（5）工程量清单；

（6）图纸；

（7）技术标准和要求［注：针对拟招标的工程项目按《水利水电工程标准施工招标文件技术标准和要求（合同技术条款）》（2009 年版）进行编制］；

（8）投标文件格式；

（9）投标人须知前附表规定的其他材料。

招标人应当在招标文件中规定实质性要求和条件，并用醒目的方式标明。

（二）编制资格审查文件

招标人为避免将合同授予不合格的投标人，要对申请投标人进行资格审查，即对投标申请人进行一次初选，以确保投标人均具有合格的承包能力及信誉。资格审查分资格预审和资格后审两种。资格预审是指招标人在发放招标文件前，对报名参加投标的申请人的承包能力、业绩、资格和资质、财务状况和信誉等进行审查，并确定合格的投标人名单的过程；在评标时进行的资格审查称为资格后审。两种审查的内容基本相同，通常公开招标采用资格预审方法，邀请招标采用资格后审方法。

实行资格预审的招标工程，招标人应在招标公告或投标邀请书中载明资格预审文件和获取资格预审文件的方法。

1. 资格预审文件

《水利水电工程标准施工招标资格预审文件》(2009 年版)规定,资格预审文件一般由下列各部分组成:

(1)资格预审申请函;

(2)法定代表人身份证明或附有法定代表人身份证明的授权委托书;

(3)联合体协议书;

(4)申请人基本情况表;

(5)近年财务状况表;

(6)近年完成的类似项目情况表;

(7)正在施工和新承接的项目情况表;

(8)近年发生的诉讼及仲裁情况;

(9)其他材料。

2. 合格投标人的条件

确定合格投标人的条件是合同主体风险防范及合同顺利履行的关键。

《水利水电工程标准施工招标资格预审文件》(2009 年版)规定,资格审查应主要审查申请人(或者投标人)是否符合下列条件:

(1)具有独立订立合同的权利;

(2)具有履行合同的能力,包括专业、技术资格和能力,资金、设备和其他物质设施状况,管理能力,经验、信誉和相应的从业人员;

(3)没有处于被责令停业,投标资格被取消,财产被接管、冻结,破产状态;

(4)在最近三年内没有骗取中标和严重违约及重大工程质量问题;

(5)法律、行政法规规定的其他资格条件。

资格审查时,招标人不得以不合理的条件限制、排斥申请人(或者投标人),不得对申请人(或者投标人)实行歧视待遇。任何单位和个人不得以行政手段或者其他不合理方式限制投标人的数量。

(三)拟定招标公告或投标邀请书

《工程建设项目施工招标投标办法》(七部委局令第 30 号)规定,招标公告或者投标邀请书应当至少载明下列内容:

(1)招标人的名称和地址;

(2)招标项目的内容、规模、资金来源;

(3)招标项目的实施地点和工期;

(4)获取招标文件或者资格预审文件的地点和时间;

(5)对招标文件或者资格预审文件收取的费用;

(6)对投标人的资质等级的要求。

招标人可按《水利水电工程标准施工招标文件》(2009 年版)中的招标公告或投标邀请书进行编写。

(四)编制标底

标底是招标人对招标项目所需的费用或土建工程(或招标设备)造价的预先测算数,

它是招标人的期望价,也是发包人筹划资金的依据之一。

招标人在招标评标时,通常都是以标底作为基准,以其上下变动的某个区间作为投标限价,投标报价超出限价范围作废标处理。标底必须控制在上级批准的总概算内。如有突破,应说明原因,由设计单位进行调整,并在原概算批准单位审批后才可招标。

按照《工程建设项目施工招标投标办法》(七部委局令第 30 号),编制标底的规定如下:

(1)招标人可根据项目特点决定是否编制标底。编制标底的,标底编制过程和标底必须保密。

(2)招标项目编制标底的,应根据批准的初步设计、投资概算,依据有关计价办法,参照有关工程定额,结合市场供求状况,综合考虑投资、工期和质量等方面的因素合理确定。

(3)标底由招标人自行编制或委托中介机构编制。一个工程只能编制一个标底。

(4)任何单位和个人不得强制招标人编制或报审标底,或干预其确定标底。

(5)招标项目可以不设标底,进行无标底招标。

(6)招标人设有标底的,标底在评标中应当作为参考,但不得作为评标的唯一依据。

二、水利工程施工招标阶段的工作

(一)发布招标公告或投标邀请函

招标申请书和招标文件、评标办法等获得批准后,招标人就要发布招标公告或发出投标邀请函。

采用公开招标方式的,招标人要在报刊、广播、电视、网络等大众媒体或工程交易中心公告栏上发布招标公告。信息发布所采用的媒体,应与潜在投标人的分布范围相适应,不相适应是一种违背公正原则的违规行为。如国际招标的应在国际性媒体上发布信息,全国性招标的就应在全国性媒体上发布信息,否则即被认为是排斥申请人。《工程建设项目施工招标投标办法》(七部委局令第30 号)规定,依法必须进行施工招标项目的招标公告,应当在国家指定的报刊和信息网络上发布。

采用邀请招标方式的,招标人应当向 3 家以上具备承担施工招标项目的能力、资信良好的特定的法人或者其他组织发出投标邀请函。

(二)资格预审

在获得招标信息后,有意参加投标的单位应根据资格预审通告或招标公告的要求,携带有关证明材料到指定地点报名并接受资格预审。

1. 参加资格预审的投标人应提供的资料

(1)确定投标人法律地位的原始文件。要求提交营业执照和资质证书的副本。

(2)履行合同能力方面的资料。要求提供:①管理和执行本合同的管理人员与主要技术人员的情况;②为完成本合同拟采用的主要技术装备情况;③为完成本合同拟分包的项目及分包单位的情况。

(3)项目经验方面的资料。

(4)财务状况方面的资料。

(5)企业信誉方面的资料。

2. 确定合格投标人的方法

通过专家评议，把符合投标条件的投标人名单列出，淘汰不符合投标条件的申请人。《水利水电工程标准施工招标资格预审文件》(2009 年版)规定申请人不得存在下列情形之一：

(1)为招标人不具有独立法人资格的附属机构(单位)；

(2)为本标段前期准备提供设计或咨询服务的，但设计施工总承包的除外；

(3)为本标段的监理人；

(4)为本标段的代建人；

(5)为本标段提供招标代理服务的；

(6)与本标段的监理人或代建人或招标代理机构同为一个法定代表人的；

(7)与本标段的监理人或代建人或招标代理机构相互控股或参股的；

(8)与本标段的监理人或代建人或招标代理机构相互任职或工作的；

(9)被责令停业的；

(10)被暂停或取消投标资格的；

(11)财产被接管或冻结的；

(12)在最近三年内有骗取中标或严重违约或重大工程质量问题的。

3. 资格预审报告

资格预审评审委员会对评审结果要写出书面报告。评审报告的主要内容包括：①工程项目概要；②资格预审简介；③资格预审评审标准；④资格预审评审程序；⑤资格预审评审结果；⑥资格预审评审委员会名单及附件；⑦资格预审评分汇总表；⑧资格预审分项评审表；⑨资格预审详细评审标准等。

经资格预审后，招标人应当向资格预审合格的申请人发出资格预审合格通知书，告知获取招标文件的时间、地点和方法，并同时向资格预审不合格的申请人告知资格预审结果。资格预审不合格的申请人不得参加投标。

经资格后审不合格的申请人的投标应作废标处理。

(三)发售招标文件，收取投标保证金

招标人向经审查合格的投标人发售招标文件及有关资料，并向投标人收取投标保证金。

1. 发售招标文件

招标人按招标公告或者投标邀请书规定的时间、地点出售招标文件。投标人购到招标文件、图纸和有关文件，核对无误后，以书面形式向招标人确认。

2. 收取投标保证金

投标保证金是招标人为防止发生投标人不递交投标文件，递交毫无意义或未经充分、慎重考虑的投标文件，投标人中途撤回投标文件或中标后不签署合同等情况的发生而设定的一种担保形式。

投标保证金的收取和缴纳办法，应在招标文件中说明。投标保证金可以是现金、支票、银行汇票，也可以是银行出具的保函。投标保证金金额一般不得超过投标总价的2%，且最高不得超过 80 万元人民币。投标保证金有效期应超出投标有效期 30 天。投标人不按招标文件要求提交投标保证金的，该投标文件将被拒绝，作废标处理。

（四）组织现场踏勘，并澄清问题

招标文件发售后，招标人要在招标文件规定的时间内，组织投标人踏勘现场，并对招标文件进行答疑。

1. 现场踏勘

招标人组织投标人进行现场踏勘，主要目的是让投标人了解工程现场和周围环境情况，获取必要信息。

（1）按规定应组织踏勘现场的，招标人按照招标公告（或投标邀请书）规定的时间和地点组织踏勘现场。

（2）投标人踏勘现场发生的费用自理。

（3）除招标人的原因外，投标人自行负责在踏勘现场过程中所发生的人员伤亡和财产损失。

（4）招标人在踏勘现场过程中介绍的工程场地和相关的周边环境情况，供投标人在编制投标文件时参考，招标人不对投标人据此作出的判断和决策负责。

踏勘现场时，需介绍的现场情况主要包括：

（1）现场是否达到招标文件规定的条件；

（2）现场的地理位置和地形、地貌；

（3）现场的地质、土质、地下水位、水文等情况；

（4）现场气温、湿度、风力、年雨雪量等气候条件；

（5）现场交通、饮水、污水排放、生活用电、通信等环境情况；

（6）工程在现场中的位置与布置；

（7）临时用地、临时设施搭建等。

2. 投标预备会

投标预备会又称为答疑会。其目的在于澄清招标文件中的疑问，解答投标人对招标文件和现场踏勘中提出的问题。一般在发出招标文件后 1 ~ 2 天内举行。

投标预备会的主要内容是：

（1）介绍招标文件和现场情况，对招标文件进行交底和解释；

（2）解答投标人以书面或口头形式对招标文件和现场踏勘中所提出的各种问题或疑问。

投标预备会中，招标人的问题解答应形成会议纪要，一般会议纪要应报招标投标管理机构核准。招标人应保证所有会议纪要都在同一时刻发给各投标人。如果需要修改或补充招标文件内容，招标人可根据情况延长投标截止时间。

3. 招标文件的澄清或修改

1）招标文件的澄清

投标人应仔细阅读和检查招标文件的全部内容。如发现缺页或附件不全，应及时向招标人提出，以便补齐。如有疑问，应在投标截止时间 17 天前以书面形式提出澄清申请，要求招标人对招标文件予以澄清。

招标文件的澄清将在投标截止时间 15 天前，以书面形式通知所有购买招标文件的投标人,但不指明澄清问题的来源。如果澄清通知发出的时间距投标截止时间不足15天,投标截止时间应相应延长。

投标人在收到澄清通知后,应在1天内以书面形式告知招标人,确认已收到该澄清通知。

2)招标文件的修改

在投标截止时间15天前,招标人可以书面形式修改招标文件,并通知所有已购买招标文件的投标人。如果修改招标文件的时间距投标截止时间不足15天,相应延长投标截止时间。

投标人收到修改通知后,应在1天内以书面形式告知招标人,确认已收到该修改通知。

招标文件澄清或修改内容构成招标文件的内容,须报建设行政主管部门备案,对招标投标各方都有约束作用。

(五)评标委员会人员的抽取及保密

(1)依据建设工程评标专家名册管理办法建立评标专家随机抽取系统。

(2)招标单位持招标投标监管部门核发的"建设工程招标备案登记表",会同招标投标监管部门监督员进行评标专家抽取工作。

(3)由招标投标监管部门审核招标人的评标办法,确定评标委员会中评标专家的人数。

(4)在截标日的前一天,招标人在招标投标中心随机摇号抽取评标专家。

(5)抽取评标专家时必须有招标单位代表、招标投标监管部门监督员同时在场。招标单位代表执行抽取,招标投标监管部门监督员负责监督。

(6)招标投标中心工作人员按抽取顺序通知被抽取的评标专家,对不能出席评标会的评标专家,应在抽取通知单上注明原因。

(7)按抽取顺序通知的评标专家满足评标委员会人数时,则不再继续通知。

(8)已抽取的评标专家不能满足评标委员会的需要时,可增加抽取人数。

(9)参加评标专家抽取工作的所有人员在中标人确定前不得向外界透露已抽取的评标专家相关情况。

(六)接收投标文件

招标文件中要明确规定投标人投送投标文件的地点和期限,从发放招标文件到投标截止时间不得少于20天。投标人应按招标文件规定的地点和期限提交投标文件,超过截止时间的,投标文件将被拒收。投标文件递交后,在截止时间前,仍允许投标人用正式函件对投标文件做补充说明或调整报价或将投标文件撤回;投标截止后,对投标文件做的补充和修改是无效的,如果再撤回投标文件,则投标保函或投标保证金不予退还。

第三节 水利工程施工投标

一、水利工程施工投标程序

(1)投标人根据招标公告或投标邀请函,向招标人报名并提交有关资格预审资料;

(2)投标人接受招标人的资格审查,成为合格投标人;

(3)投标人购买招标文件及有关技术资料,分析招标文件,决定是否投标;

(4)投标人参加现场踏勘,并对有关疑问提出书面询问;

(5)投标人参加招标答疑会;

(6)投标人编制投标书及报价,投标书是投标人的投标文件,是对招标文件提出的要求和条件作出实质性响应的文本;

(7)投标人提交投标文件并缴纳投标保证金,参加开标会议;

(8)在开标时如果中标,中标人接受中标通知书,提交履约保函,与招标人签订合同。

二、投标工作机构

水利工程施工项目在技术水平和管理水平方面要求较高,对投标人提出了更高的要求。为在投标竞争中获胜,投标人必须建立一个精干高效的投标工作机构。

(一)投标工作机构基本职能

(1)项目的选定;

(2)投标工作程序、标价计算方法与基本原则的制定;

(3)现场勘察与地方材料、设备价格的调研;

(4)计算标价;

(5)办理投标手续并投标;

(6)合同的谈判与签订;

(7)项目成本测算;

(8)竞争策略的研究与选择;

(9)标价与各种比价资料的收集与分析;

(10)就标价与合同条款等问题向项目经营班子交底。

(二)投标工作机构成员

(1)经营管理类人才,是指制定和贯彻经营方针与规划、负责工作的全面筹划和安排、具有决策能力的人,它包括经理、副经理和总工程师、总经济师等具有管理决策权的人以及其他经营管理人才。

(2)专业技术类人才,是指建筑师、结构工程师、设备工程师等各类专业技术人员,他们应具备熟练的专业技能、丰富的专业知识,能从工程的实际要求出发,制定投标的专业实施方案。

(3)财经类人才,是指概预算、财务、合同、金融、保函、保险等方面的人才。

一般说来,投标人的组织机构应保持相对稳定,这样有利于不断提高机构中各成员及整体的素质和水平,提高投标的竞争力。

三、投标策略与技巧

投标的获胜不仅取决于竞争者实力,而且也取决于正确的竞争策略,施工企业为了在竞争中获胜,必须研究投标策略。投标策略主要解决两个问题:一是决定是否参加投标,二是指导报价争取中标。

(一)常见的投标策略

(1)靠先进的施工管理技术取胜。在编制投标文件的施工组织设计时,采用自身成熟且先进的施工技术和施工机械,赢得中标。

(2)靠缩短建设工期取胜。采取有效的措施,在招标文件规定的工期基础上,再提前若干天或若干月完工,从而使工程早开工、早竣工。这也是能吸引招标人的一种策略。

(3)低利政策。施工单位任务不足时或初到一个新的地区,为了打入该地区的市场,建立良好的信誉,可采用这种策略。

(4)报价虽低,却着眼于索赔,从而得到高额利润。如利用图纸、技术说明及合同条款中不明确之处,从中寻找索赔机会。但这种策略除非在不得已的情况下才采用,应尽可能不用,因为其会影响承包人的声誉,不利于对今后工程项目的投标。

(5)着眼于发展,争取将来的优势,而宁愿目前少赚钱。如施工单位为了掌握某种有前途的工程施工技术,可采用这种策略。

采用何种策略,应在满足招标文件要求的情况下,根据投标人自身优势、评标标准等来选择。例如,评标标准中没有缩短工期加分条款时,投标人就有必要采用上述第(2)种策略。

(二)投标报价技巧

投标中,投标者经常使用一些投标报价技巧,下面介绍一些在水利工程中采用的投标报价技巧:

(1)对泵站、水闸等复杂结构的水利工程,报价可高一些;一般技术含量较低的工程,如护坡护岸工程、河道疏浚工程等,报价要低一些。

(2)对施工条件差的工程(如交通不便,位于交通繁忙地区而施工场地狭窄者)、不适合本企业的工程,报价可偏高,以免在自己不理想的价位中标。

(3)对工程比较简单而工程量大的工程(如大量土石方工程、河道开挖工程等),短期能突击完成的工程,企业急于拿到任务或投标竞争对手较多时,报价可偏低一些。

(4)对自己单位有合适机械力量、劳动力需要较少的工程(如机械土石方开挖工程),报价可低一些;相反,对自己单位没有合适机械,需要租赁机械,或者是劳动密集型的工程,则报价要适当高一些。

(5)在单价合同中,在保持总报价优势的基础上,单价报价的高低可根据具体情况确定。

①对预计工程量以后会增加的项目,单价可报高一些;对工程量可能会减少的工程,单价可报低一些。

②对前期开工的项目(如土方和基础工程),单价可报高一些,以便在开工后得到较多的进度款,以利于资金周转,减少贷款利息,增加存款利息;对后期的项目则可适当降低报价。

③对图纸存在明显错误或缺陷,估计今后要修改的项目,可提高其单价;工程内容做法说明不清楚者,其单价可降低。这样有利于以后的索赔。

④对没有工程量,只填单价的项目(如土石方工程中的水下土方开挖项目,各工种每工日单价;各种机械设备的单位机械台班费等备用单价),其单价要报高些。这样做不会

影响投标价,以后出现相关情况时,又可多获利。但是,如招标文件中明确只填单价的项目要单独进行比较,则报价要适中。

⑤对于暂定工程(或暂定数额)的报价,以后一定做的工程,其报价可高些;估计不会做的,则报价可低些。

(6)做好与投标报价有关的工作。投标报价工作,是一种商业性活动,不是纯技术问题,必须进行必要的社会活动,以便能了解招标的消息和定标的幕后活动,从而在激烈的竞争中得到更多的承包项目。

投标报价技巧有很多,投标人应根据自身优势选择,目的是中标。

四、投标人施工投标工作内容

(一)投标项目的选择

1.收集招标信息

投标人要选择适当的投标项目,应广泛了解和掌握招标项目的分布和动态,对招标项目进行早期跟踪,主动选择对自己有利的招标项目,有目的地做好各项投标的准备工作,这样才能避免等到发表招标公告后再去准备投标,因时间紧迫而造成失误或失去大好的中标机会。因此,企业必须建立广泛的信息渠道,才能及时掌握招标项目的情报和信息,做好投标的选择和准备。我国水利工程项目招标信息主要来源如下:

(1)水利部各大流域机构的计划部门;

(2)各省(直辖市、自治区)的水利厅计划处、基建处;

(3)各地的水利管理部门;

(4)各地的水利勘察设计单位;

(5)各地建设工程交易中心;

(6)各类水利专业报刊等。

2.选择投标项目

任何工程建设都是在一定的环境和条件下进行的,投标人参加投标竞争不单纯是为了中标,而是为了中标后在工程建设中能取得良好的经济效益。因此,投标人还必须对招标工程项目进行全面的调查和分析,及时了解和掌握与项目有关的各种信息,为选择投标项目提供更加充分的依据。通常在选择投标项目时要考虑以下几个因素。

1)投标人的自身因素

(1)技术方面的实力。①有由精通本行业的估算师、建筑师、工程师、会计师和管理专家组成的组织机构。②有工程项目设计、施工专业特长,能解决技术难度大的项目和各类工程施工中的技术难题。③有国内外与招标项目同类型工程的施工经验。④有具有一定技术实力的合作伙伴,如实力强的分包商、合营伙伴和代理人。

(2)经济方面的实力。①具有一定的固定资产和施工所需设备投入需要的资金。②具有一定的资金周转用来支付施工用款。③承担国际工程还需筹集承包工程所需外汇。④具有支付各种担保的能力。⑤具有支付税金和保险费的能力。⑥具有抵御各种风险的能力。

(3)管理方面的实力。管理实力决定着投标人能够承揽的项目的复杂性,也决定着投标人是否能够根据合同的要求,高效率地完成项目管理的各项目标,通过项目管理活动为企业创造较好的经济效益和社会效益。如缩短工期,节约资源,控制成本,辅以奖罚办法,减少管理人员,提倡技术人员和工人一专多能,采用先进的技术方法不断提高施工水平,特别是要有“重质量”“重合同”意识,并有相应的切实可行的措施。

(4)信誉方面的实力。投标人的信誉是其无形资产之一,这是企业竞争力的一项重要内容。企业的履约情况、获奖情况、资信情况和经营作风都是业主(建设单位)选择投标人的条件。因此,投标决策时应正确评价自身的信誉实力。

2)工程方面的因素

(1)工程性质、等级和规模。

(2)工程的自然环境,如工程所在地的地理位置,以及所在地区的气象、水文、地质等自然条件。这些直接关系到工程能否顺利进行和费用的高低。

(3)工程现场工作条件,如交通运输、供电、通信是否方便。

(4)工程的经济环境,包括资源条件、协作与服务条件和竞争力量等因素。

(5)工程的社会环境,如工程所在国的政治经济形势,特别是与该工程有关的政策、法令和法规等。

3)发包人方面的因素

(1)项目的资金来源是否可靠。

(2)工程款项的支付能力,有无贷款投资、延期支付的要求。

(3)发包人的技术能力、管理水平和信誉。

实际上,是否参加一个项目的投标取决于多种因素,但投标企业最终应从工程特点、企业经济实力和战略思想等方面来分析各种因素,权衡利弊得失,从而根据自身优势条件来选择投标项目。

3. 确定投标方式

确定投标方式就是确定所选投标项目是全包投标还是联合投标。

当投标企业对自己所选定的投标项目的积极性很高,但自己的实力与招标工程的要求又有差距时,可考虑与其他企业联合投标(如招标文件允许)。

如果投标人有能力单独承包所选择的工程项目,招标人方面又没有要求投标人必须与其他企业或个人合作,则企业可以选择全包方式进行投标。

(二)参加资格预审

投标人参加资格预审的目的如下:

(1)投标人只有通过了招标人的资格预审成为合格投标人,才有参加投标竞争的资格。

(2)投标人对拟投标工程的情况了解不全面,可通过资格预审文件取得有关资料,进一步决定是否参加投标。而通过资格预审,购得招标文件及进行现场踏勘,才能最终决策是否参加该工程投标竞争。

(三)研究招标文件

投标人通过资格预审,购得招标文件后,投标工作机构人员应分别对招标文件进行研读,对疑问之处进行整理记录,以备现场踏勘和投标预备会中提出或解决。

投标人研究招标文件时应重点研究投标须知、合同条款中的专用条款、设计图纸、工程范围以及工程量清单，对技术规范要看其是否有特殊要求。投标阶段对招标文件的分析是投标人合同管理的关键。

（四）参加现场踏勘及投标预备会

1. 现场踏勘的意义

投标人应按招标文件规定的时间参加由招标人安排的现场踏勘。若投标人未参加现场踏勘，招标人视为其已经对现场的地下、地面、空中各类情况全面了解。

投标人提出的报价单一般被认为是在现场踏勘的基础上提报的。标书提交且在投标截止日期之后，投标人就无法因现场踏勘不周、情况了解不细或考虑不全面，而提出修改标书、调整报价或给予补偿等要求。

投标人编制投标书需要的许多数据和情况也要从现场踏勘中得出。

2. 现场踏勘的内容

现场踏勘除解决招标文件中发现的问题外，还要从以下几个方面进行系统的调查了解：

(1)政治方面（当参加国外工程投标时需要考虑）。①项目所在国政局是否稳定，有无发生暴动、战争或政变的可能；②项目所在国与邻国的关系如何，有无发生边境冲突或封锁边界的可能；③项目所在国与我国的双边关系如何。

(2)地理环境方面。①项目所在地及其附近的地形、地貌、土壤等情况；②项目所在地及其附近的江河、湖泊等情况；③项目所在地气象情况，如最高、最低气温，冻土层深度，主导风向、风速，年降雨量和降雪量；④风、雨、雪、雹、霜等自然灾害情况；⑤地震灾害情况；⑥自然地理条件对物资运输及施工的可能影响，工程施工期间有没有通航要求，等等。

(3)法律方面。①工程所在国的宪法，与承包活动有关的经济法规；②项目所在地的法规、规章。

(4)工程施工条件。①工程所需当地材料（块石、黄砂、石子）以及土方的料源储量和分布地；②场内外交通运输条件，如有大型设备需要运输，对现场周围道路、桥梁的通行能力需要充分了解；③施工供电、供水条件；④生产和生活用房的场地及租赁情况；⑤当地劳动力的来源及技术水平；⑥当地施工机械的供应、租赁和修配能力。

(5)经济方面。①工程所需各项材料，特别是大宗材料的市场价格、规格、性能，有无专业供应商，对进口有何限制，材料、设备、施工机械出厂价；②场地租用价格，当地运输及装配价格；③当地工人的工作时间，工资材料，年法定工资，年带薪休假工资，雨、冬、夜施工津贴，项目所在国规定由承包方支付的按工人计算的税金、保险费、解雇费等；④当地可供应的施工机械价格、性能和厂家资料，租赁施工机械的价格及性能；⑤当地银行各项保函、手续费标准；⑥当地代理人的费用标准；⑦当地其他类似工程的竣工成本、工程单价和定额。

3. 现场踏勘注意事项

(1)投标人在现场勘察之前，拟定调研提纲，做到有准备、有计划地进行调查。

(2)现场踏勘人员就以上调查内容应按专业分配任务，各有侧重。

(3)现场踏勘时口头提问要避免暴露本企业的真实意图，以防给其他投标人分析本企业报价水平和施工方案留下依据。

4. 参加投标预备会

按规定应召开投标预备会的，投标人按照招标公告（或投标邀请书）规定的时间和地点参加投标预备会。在投标预备会召开前,投标人应以书面形式(包括信函、电报、传真等可以有形地表现所载内容的形式)将需要招标人澄清的问题送达招标人。在规定的投标截止时间15天前,招标人将对投标人所提问题进行澄清,以书面形式通知所有购买招标文件的投标人。该澄清通知为招标文件的组成部分。

(五)校核工程量,编制施工方案

1. 校核工程量

投标人核对工程量的主要任务:①检查有无漏项或重复;②工程量是否正确;③施工方法及要求与图纸是否相符。

2. 编制初步的施工方案

投标人的施工方案应包括的内容:①施工总体布置图;②当地自采材料生产工艺流程及机械设备的配置;③水电容量及其机械配置;④主要施工项目的施工方法;⑤工、料、机来源及运输方式;⑥临建工程数量;⑦施工机械设备清单;⑧施工计划;⑨其他。

(六)计算报价

投标人投标的目的是中标,而中标的目的是从中获取经济效益。投标人能否中标以及中标后是否能取得好的经济效益,关键问题在于投标人的报价。如前所述,投标人通过对各种因素进行分析,确定报价策略,并进行报价调整。

1. 编制标价的依据

(1)施工图。这是计算和核算工程量的主要依据。

(2)工程量清单。这是计算各分项单价的主要依据。

(3)合同条件。合同条件包括词语含义、合同条件、双方的一般责任、施工组织设计和工期、质量与验收、合同价款与支付、材料设备供应、设计变更、竣工与结算等内容。合同条件是合同签订与履行的依据,也是确定工程承包价款的主要参数。

(4)相关的法律、法规。这主要指有关取费标准,有关招标投标的规定等。

(5)本工程拟采用的施工组织设计。不同的施工组织设计具有不同的成本水平,因而直接影响投标估价。

(6)施工规范和施工说明书。施工规范与施工说明书涉及施工工艺与操作方法,关系到施工的难度,从而影响工程成本。

(7)工程材料、设备的价格及运费。工程材料成本是工程总造价中占比重最大的部分,材料价格的高低直接影响估价水平的高低。

(8)劳务工资标准。

(9)当地的物价水平。

2. 标价文件的组成

标价文件一般包括:①工程量及价格表;②单价计算表;③人工、主要材料数量汇总表;④工程进度计划表;⑤工程用款计划表;⑥劳动力计划表;⑦主要材料进场计划表;⑧与标书一起递交的资料与附图。

3. 标价的计算

投标总报价为工程量清单中所列项目的工程数量与投标人报的单价之积的总和。投标报价项目的单价与水利工程概预算文件中单价的含义不同。

报价项目的单价构成应包括建筑安装工程全部费用，即现行水利工程概预算组成中的直接费、间接费、利润、税金。如果合同中要求承包人办理保险，则单价中还应包括保险费。直接费包括定额直接费（即工程定额的人工费、材料费、施工机械使用费）和其他直接费（包括冬雨季施工增加费、夜间施工增加费、流动施工津贴）。间接费则包括临时设施费、劳保支出、流动资金贷款利息、施工队伍调遣费。除定额直接费按照工程定额具体计算外，其他所有各项费用均以在合理范围内浮动的费率计算。

工程初步报价（包括单价）是根据"水利基本建设工程概算、预算编制办法"和"预算定额"，结合工程情况和投标企业实际情况计算出来的，而确定最后报价时还要根据报价策略来调整报价。

（七）投标文件的编制与递送

投标人应当按照招标文件的要求编制投标文件，所编制的投标文件应当对招标文件提出的实质性要求和条件作出响应，并在规定的日期内按要求将投标文件递送到招标人。

1. 投标文件的内容

《水利水电工程标准施工招标文件》（2009 年版）规定，投标文件应包括下列内容：

（1）投标函及投标函附录；

（2）法定代表人身份证明或附有法定代表人身份证明的授权委托书；

（3）联合体协议书；

（4）投标保证金；

（5）已标价工程量清单；

（6）施工组织设计；

（7）项目管理机构；

（8）拟分包项目情况表；

（9）资格审查资料；

（10）投标人须知前附表规定的其他材料。

投标人须知前附表规定不接受联合体投标的，或投标人没有组成联合体的，投标文件不包括联合体协议书。

2. 投标文件的编制

（1）投标文件应按给定的投标文件格式进行编写，如有必要，可以增加附页，作为投标文件的组成部分。其中，投标函附录在满足招标文件实质性要求的基础上，可以提出比招标文件要求更有利于招标人的承诺。

（2）投标文件应当对招标文件中有关工期、投标有效期、质量要求、技术标准和要求、招标范围等实质性内容作出响应。

（3）投标文件应采用不褪色的材料书写或打印。投标文件正本除封面、封底、目录、分隔页外，其余每一页均应加盖投标人单位公章，并由投标人的法定代表人或其委托代理人签字。已标价的工程量清单还应加盖注册水利工程造价工程师执业印章。投标文件应尽量避免涂改、行间插字或删除。如果出现上述情况，修改之处应加盖投标人单位公章或由投标人的法定代表人或其委托代理人签字确认。

（4）投标文件正本 1 份，副本 4 份。正本和副本的封面上应清楚地标记"正本"或"副本”的字样。当副本和正本不一致时,以正本为准。

(5)投标文件的正本与副本应采用A4纸印刷(图表页可例外),分别装订成册,编制目录和页码,并不得采用活页装订。

3.投标文件的密封和标志

投标文件的正本与副本应分开包装,加贴封条,并在封套的封口处加盖投标人单位公章。投标文件的封套上除应清楚地标记“正本”或“副本”字样外,还应写明以下内容:

(1)所投标段名称和合同编号;

(2)招标人的名称和地址;

(3)投标人的名称和地址,并加盖单位公章(投标人为联合体形式时,须注明联合体名称,联合体牵头人的名称、地址,加盖联合体牵头人单位公章);

(4)“在投标截止时间之前不得拆封”的声明。

未按要求密封和加写标记的投标文件,招标人不予受理。

4.递送投标文件

投标文件编制完成,经核对无误后,由投标人的法定代表人签字密封,在投标截止日期前,通过专人或邮递送达招标人指定的地点,并取得邮寄或收讫证明。

投标人在规定的投标截止日期前,在递送标书后,可用书面形式向招标人递交补充、修改或撤回其投标文件的通知。在投标截止日期后撤回投标文件,将没收投标保证金。

投标文件应该根据市场断变化不断调整、修改其内容和报价,投标人可以在投标截止日期前补充投标文件,以后者为准。

五、编制投标文件时应注意的其他事项

投标文件的编制质量关系重大,为了避免因工作上的疏漏而造成废标,编写投标文件时还应注意下列事项:

(1)投标书的语言。投标书的语言(包括投标人与发包人之间有关投标事宜的函件、来往的文件)应该严格按照招标书的规定使用。

(2)投标货币的规定。投标书中货币与支付货币的费率和金额应全部按招标文件中的要求编写(按投标须知规定投标)。如果投标人希望用一定比例的外币,需在“外汇需求”中标明此种外币占外汇总标价的百分比,并说明不同货币的使用范围。

(3)投标文件应当对招标文件内容作出实质性响应,不得修改招标文件中原有的工程量清单和投标文件格式。规定格式的每一空格都必须填写,如有重要数字不填写的,将被作为废标处理。

(4)投标文件编制完毕后必须反复校对,单价、合价、总标价及其大、小写数字均应仔细核对,必须保证计算数字及书写均正确无误。

(5)投标文件编制完成后应按招标文件的要求整理、装订成册、密封和标志。投标文件的装帧应美观大方。较小工程可装成一册,大、中型工程(或按发包人要求)可分下列几部分封装:①有关投标人资历等文件,如投标委托书,证明投标者资历、能力、财力的文件,投标保函,投标人在项目所在国的注册证明,投标附加说明等。②与报价有关的技术规范文件,如施工规划、施工机械设备表、施工进度表、劳动力计划表等。③报价表,包括

工程量表，单价、总价表等。④建议方案的设计图纸及有关说明。⑤备忘录。

（6）投标文件应保密，并应按招标文件规定送达标书。

总之，要避免因为细节的疏忽和技术上的缺陷而使投标书无效。

第四节　开标、评标和中标

一、开标

招标人在规定的投标截止时间（开标时间）和规定的地点公开开标，并邀请所有投标人的法定代表人或其委托代理人准时参加。投标人的法定代表人或其委托代理人未参加开标会的，招标人可将其投标文件按无效标书处理。

开标会由招标人或招标代理机构的代表主持，在招标文件规定的提交投标文件截止时间后的规定时间内开标，在招标文件规定的开标地点，当众宣布所有投标文件中的投标人名称、投标报价和其他需要宣布的事项。如果招标文件中规定投标人可提出某种供选择的替代方案，这种替代方案的报价也在开标时宣读。

（一）开标程序

《水利水电工程标准施工招标文件》（2009 年版）规定，主持人按下列程序进行开标：

（1）宣布开标纪律；

（2）公布在投标截止时间前递交投标文件的投标人名称，并确认投标人法定代表人或其委托代理人是否在场；

（3）宣布主持人、开标人、唱标人、记录人、监标人等有关人员姓名；

（4）除投标人须知前附表另有约定外，由投标人推荐的代表检查投标文件的密封情况；

（5）宣布投标文件开启顺序：按递交投标文件的先后顺序的逆序；

（6）设有标底的，公布标底；

（7）按照宣布的开标顺序当众开标，公布投标人名称、标段名称、投标保证金的递交情况、投标报价、质量目标、工期及招标文件规定的开标时公布的其他内容，并进行文字记录；

（8）主持人、开标人、唱标人、记录人、监标人、投标人的法定代表人或其委托代理人等有关人员在开标记录上签字确认；

（9）开标结束。

（二）不予受理的投标文件

投标文件有下列情形之一的，招标人不予受理：

（1）逾期送达的或者未送达指定地点的；

（2）未按招标文件要求密封的。

（三）无效标书

投标文件有下列情形之一的，由评标委员会初审后按废标处理：

（1）未盖单位公章，并无法定代表人或法定代表人授权的代理人签字或盖章的；

（2）未按规定的格式填写，内容不全或关键字迹模糊、无法辨认的；

(3)投标人递交两份或多份内容不同的投标文件,或在一份投标文件中对同一招标项目报有两个或多个报价,且未声明哪一个有效,按招标文件规定提交备选投标方案的除外;

(4)投标人名称或组织结构与资格预审不一致的;

(5)未按招标文件要求提交投标保证金的;

(6)联合体投标文件,未附联合体各方已经签订的合同文件和协议的;

(7)招标文件规定不得标明投标人名称,但投标文件上标明投标人名称或有任何可能透露投标人名称的标记的;

(8)投标文件不响应招标文件的实质性要求和条件的;

(9)投标人提供虚假资料的;

(10)超出招标文件规定,违反国家有关规定的。

二、评标

开标后即进入秘密评标阶段,这个阶段的工作要严格对投标人及任何不参与评标工作的人保密。评标由评标委员会负责,其工作受公证机关或有关行政部门监督。

(一)评标委员会的组成

评标委员会由招标人或其委托的招标代理机构熟悉相关业务的代表,以及有关技术、经济等方面的专家组成,成员人数为7人以上单数,其中技术、经济等方面的专家不得少于成员总数的2/3,评标委员会主任由临时组成的评标委员会推选。

公益性水利工程建设项目中,中央项目的评标专家应当从水利部或流域管理机构组建的评标专家库中抽取;地方项目的评标专家应当从省、自治区、直辖市人民政府水行政主管部门组建的评标专家库中抽取,也可从水利部或流域管理机构组建的评标专家库中抽取。

对于一般项目,可以采取随机抽取的方式;对于技术特别复杂、专业性要求特别高或者国家有特殊要求的招标项目,采取随机抽取方式确定的专家难以胜任的,可由招标人遴选可以胜任的专家群后随机抽取或直接指定。

评标专家应符合下列条件:

(1)从事相关专业领域工作满8年,并具有高级职称或者同等专业水平;

(2)熟悉有关招标投标的法律法规,并具有与评标项目相关的实践经验;

(3)能够认真、公正、诚实、廉洁地履行职责。

《水利水电工程标准施工招标文件》(2009年版)规定,评标委员会成员有下列情形之一的,应当回避:

(1)招标人或投标人的主要负责人的近亲属;

(2)项目主管部门或者行政监督部门的人员;

(3)与投标人有经济利益关系,可能影响对投标公正评审的;

(4)曾因在招标、评标以及其他与招标投标有关的活动中从事违法行为而受过行政处罚或刑事处罚的。

评标委员会主任由评标委员会成员推举产生。主任委员与评标委员会的其他成员有同等的表决权,对于分歧意见,需要多数投赞成票才可以通过。

（二）评标原则

(1)评标委员会成员应当客观、公正地履行职责，遵守职业道德，对所提出的评审意见承担个人责任。

(2)评标标准和方法应当在招标文件中载明，在评标时不得另行制定或修改、补充任何评标标准和方法。

(3)招标人在一个项目中，对所有投标人的评标标准和方法必须相同。

(4)在评标过程中，评标委员会发现投标人以他人的名义投标、串通投标、以行贿手段谋取中标或者以其他弄虚作假方式投标的，该投标人的投标应作废标处理。

(5)评标委员会应当审查每一投标文件是否对招标文件提出的所有实质性要求和条件作出响应。未能在实质上响应的投标，应作废标处理。

(6)在评标过程中，评标委员会可以要求投标人对投标文件中含义不明确的内容采取书面方式作出必要的澄清或说明，但不得超出投标文件的范围或改变投标文件的实质性内容。

(7)投标人资格条件不符合国家有关规定和招标文件要求的，或者拒不按照要求对投标文件进行澄清、说明或者补正的，评标委员会可以否决其投标。

(8)招标人可授权评标委员会直接确定中标人，也可根据评标委员会提出的书面评标报告和推荐的中标候选人顺序确定中标人。当招标人确定的中标人与评标委员会推荐的中标候选人顺序不一致时，应当有充足的理由，并按项目管理权限报水行政主管部门备案。

(9)评标委员会经过评审，认为所有投标文件都不符合招标文件要求时，可以否决所有投标人，招标人应当重新组织招标。对已参加本次投标的单位，重新参加投标不应当再收取招标文件费和投标保证金。

(10)评标委员会应当进行秘密评审，不得泄露评审过程、中标候选人的推荐情况以及与评标有关的其他情况。

（三）施工评标主要内容

(1)施工方案(或施工组织设计)与工期；

(2)投标价格和评标价格；

(3)施工项目经理及技术负责人的经历；

(4)组织机构及主要管理人员；

(5)主要施工设备；

(6)质量标准、质量和安全管理措施；

(7)投标人的业绩、类似工程经历和资信；

(8)财务状况。

（四）评标方法

依据《水利水电工程标准施工招标文件》(2009年版)的规定，对评标方法，可选择使用经评审的最低投标价法和综合评估法。

1. 经评审的最低投标价法

评标委员会对满足招标文件实质要求的投标文件，根据规定的量化因素及量化标准进行价格折算，按照经评审的投标价由低到高的顺序推荐中标候选人，或根据招标人授权直接确定中标人,但投标报价低于其成本的除外。经评审的投标价相等时,投标报价低的优先;投标报价也相等的,由招标人自行确定。

1)评审标准

a. 初步评审标准

(1)形式评审标准:

①投标人名称应与营业执照、资质证书、安全生产许可证一致;

②投标文件的签字盖章应符合规定;

③投标文件格式应符合招标文件规定;

④联合体投标人应提交联合体协议书,并明确联合体牵头人;

⑤只能有一个报价;

⑥投标文件的正本、副本数量应符合招标文件规定;

⑦投标文件的印刷与装订应符合招标文件规定;

⑧形式评审其他标准。

(2)资格评审标准(适用于未进行资格预审的):

①具备有效的营业执照;

②具备有效的安全生产许可证;

③具备有效的资质证书且资质等级符合招标文件规定;

④财务状况符合招标文件规定;

⑤业绩符合招标文件规定;

⑥信誉符合招标文件规定;

⑦项目经理资格符合招标文件规定;

⑧联合体投标人符合招标文件规定;

⑨企业主要负责人具备有效的安全生产考核合格证书;

⑩技术负责人资格符合招标文件规定;

⑪委托代理人、安全管理人员(专职安全生产管理人员)、质量管理人员、财务负责人应是投标人本单位人员,其中安全管理人员(专职安全生产管理人员)具备有效的安全生产考核合格证书;

⑫资格评审其他标准。

(3)响应性评审标准:

①投标范围符合招标文件规定;

②计划工期符合招标文件规定;

③工程质量符合招标文件规定;

④投标有效期符合招标文件规定;

⑤投标保证金符合招标文件规定;

⑥权利义务符合合同条款及格式规定的权利义务;

⑦已标价工程量清单符合工程量清单的有关要求;

⑧技术标准和要求符合招标文件中技术标准和要求(合同技术条款)的规定;

⑨响应性评审其他标准。

b. 详细评审标准

招标文件中可就一些细致问题提出要求，如对单价遗漏、付款条件等做出评价标准，由评标委员会评审。

2)评标程序

a. 初步评审

(1)评标委员会可以要求投标人提交招标文件规定的有关证明和证件的原件，以便核验。评标委员会依据评标标准对投标文件进行初步评审。有一项不符合评审标准的，作废标处理(适用于未进行资格预审的)。

(2)评标委员会依据上述评标标准对投标文件进行初步评审。有一项不符合评审标准的，作废标处理。当投标人资格预审申请文件的内容发生重大变化时，评标委员会依据标准对其更新资料进行评审(适用于已进行资格预审的)。

(3)投标人有以下情形之一的，其投标作废标处理：

①上述投标申请人不得存在的任何一种情形的；

②串通投标或弄虚作假或有其他违法行为的；

③不按评标委员会要求澄清、说明或补正的。

(4)投标报价有算术错误的，评标委员会按以下原则对投标报价进行修正，修正的价格经投标人书面确认后具有约束力。投标人不接受修正价格的，其投标作废标处理。

①投标文件中的大写金额与小写金额不一致的，以大写金额为准；

②总价金额与依据单价计算出的结果不一致的，以单价金额为准修正总价，但单价金额小数点有明显错误的除外。

b. 详细评审

(1)评标委员会按评标标准规定的量化因素和标准进行价格折算，计算出评标价，并编制价格比较一览表。

(2)评标委员会发现投标人的报价明显低于其他投标报价，或者在设有标底时明显低于标底，使得其投标报价可能低于其成本的，应当要求该投标人作出书面说明并提供相应的证明材料。投标人不能合理说明或者不能提供相应证明材料的，由评标委员会认定该投标人以低于成本的报价竞标，其投标作废标处理。

3)投标文件的澄清和补正

(1)在评标过程中，评标委员会可以书面形式要求投标人对所提交的投标文件中不明确的内容进行书面澄清或说明，或者对细微偏差进行补正。评标委员会不接受投标人主动提出的澄清、说明或补正。

(2)澄清、说明和补正不得改变投标文件的实质性内容(算术性错误修正的除外)。投标人的书面澄清、说明和补正属于投标文件的组成部分。

(3)评标委员会对投标人提交的澄清、说明或补正有疑问的，可以要求投标人进一步澄清、说明或补正，直至满足评标委员会的要求。

4)评标结果

(1)评标委员会按照经评审的投标价由低到高的顺序推荐3名中标候选人，并标明推荐顺序。

(2)评标委员会完成评标后,应当向招标人提交书面评标报告。

2. 综合评估法

评标委员会对满足招标文件实质性要求的投标文件,按照给定的评分标准进行打分,并按得分由高到低的顺序推荐中标候选人,或根据招标人授权直接确定中标人,但投标报价低于其成本的除外。综合评分相等时,投标报价低的优先;投标报价也相等的,由招标人自行确定。

1)评审标准

基本内容与经评审的最低投标价法的评审标准相同。

2)分值构成

a. 分值构成

分值主要由以下项目构成,并在招标文件中赋予适当分值:

(1)施工组织设计;

(2)项目管理机构;

(3)投标报价;

(4)其他评分因素。

b. 采用有效报价的平均数确定评标基准价(适用于招标人不提供标底的项目)

$$S = \begin{cases} \dfrac{a_1 + a_2 + \cdots + a_n - M - N}{n - 2} & (n \geqslant 5) \\ \dfrac{a_1 + a_2 + \cdots + a_n}{n} & (n \leqslant 4) \end{cases}$$

式中 S——评标基准价;

a_i——投标人的有效报价($i=1,2,\cdots,n$),有效报价按招标文件约定;

n——有效报价的投标人个数;

M——最高的投标人有效报价;

N——最低的投标人有效报价。

c. 采用复合标底确定评标基准价(适用于招标人提供标底的项目)

$$S = T \times A + (1 - A) \times (a_1 + a_2 + \cdots + a_n)/n$$

式中 S——评标基准价;

a_i——投标人的有效报价($i=1,2,\cdots,n$),有效报价按招标文件约定;

T——招标人标底;

A——招标人标底在评标基准价中所占的权重,权重按招标文件约定;

n——有效报价的投标人个数。

d. 投标报价的偏差率计算方法

$$偏差率 = \frac{投标人报价 - 评标基准价}{评标基准价} \times 100\%$$

3)评分标准

表 2-1 所示评分标准表格式仅供参考。

表 2-1 评分标准表

序号	评分因素	分值	评分标准	赋分
一	施工组织设计			
1	内容完整性和编制水平			
2	施工方案与技术措施			
	格式一:分部工程			
2.1	施工导流工程			
2.2	上下游连接工程			
2.3	基础工程			
2.4	水下工程			
2.5	上部结构			
2.6	设备安装工程			
2.7	观测工程			
	……			
	格式二:专业工程			
2.1	施工导流工程			
2.2	土方工程			
2.3	砌石工程			
2.4	混凝土工程			
2.5	基础处理工程			
2.6	设备安装工程			
2.7	观测工程			
	……			
3	质量管理体系与措施			
3.1	质量计划			
3.2	岗位职责			
3.3	材料采购			
3.4	过程控制及检验			
3.5	分项措施的针对性			
	……			

续表 2-1

序号	评分因素	分值	评分标准	赋分
4	安全管理体系与措施			
4.1	安全体系建设			
4.2	安全预案的可靠性			
4.3	安全经费保障			
	……			
5	环境保护管理体系与措施			
5.1	环境保护管理体系建设			
5.2	污染物处理和排放与国家和地方环境保护标准的符合性			
5.3	技术及管理措施的可行性			
	……			
6	工程进度计划与措施			
6.1	进度计划			
6.2	关键路径			
6.3	逻辑关系			
6.4	措施保证计划			
	……			
7	资源配备计划			
7.1	设备配备计划			
7.2	劳动力配备计划			
7.3	其他施工生产资源类的配备计划			
7.4	资金使用计划			
	……			
二	项目管理机构			
1	项目经理学历、专业、职称和业绩			
2	技术负责人学历、专业、职称和业绩			
3	质量管理人员学历、专业、职称和业绩			
4	安全管理人员(专职安全生产管理人员)学历、专业、职称和业绩			
5	财务负责人学历、专业、职称和业绩			
	……			
三	投标报价			
1	投标总价			

续表 2-1

序号	评分因素	分值	评分标准	赋分
2	投标分项报价			
2.1	基础价格			
2.2	费用构成			
2.3	主要工程项目的单价			
2.4	总价项目(措施项目)			
2.5	分项报价			
	……			
四	其他因素			
1	投标人的业绩			
2	综合实力			
3	财务状况			
	……			

4)评标程序

a.初步评审

基本内容与经评审的最低投标价法的评审程序相同。

b.详细评审

(1)评标委员会按评标标准规定的量化因素和分值进行打分,并计算出综合评估得分。

①按评标标准规定的评审因素和分值对施工组织设计计算出得分 A;

②按评标标准规定的评审因素和分值对项目管理机构计算出得分 B;

③按评标标准规定的评审因素和分值对投标报价计算出得分 C;

④按评标标准规定的评审因素和分值对其他因素计算出得分 D。

(2)评分分值计算保留小数点后两位,小数点后第三位四舍五入。

(3)投标人得分 $= A + B + C + D$。

(4)评标委员会发现投标人的报价明显低于其他投标报价,或者在设有标底时明显低于标底,使得其投标报价可能低于其个别成本的,应当要求该投标人作出书面说明并提供相应的证明材料。投标人不能合理说明或者不能提供相应证明材料的,由评标委员会认定该投标人以低于成本的报价竞标,其投标作废标处理。

5)投标文件的澄清和补正

基本内容与经评审的最低投标价法的澄清和补正相同。

6)评标结果

(1)评标委员会依据评分标准进行评分,按评标办法约定计算投标人最终得分,根据得分由高到低的顺序推荐3名中标候选人,并标明推荐顺序。

(2)评标委员会完成评标后,应当向招标人提交书面评标报告。

(五)评标报告

评标委员会完成评标后,应当向招标人提出书面评标报告,并抄送有关行政监督部门。评标报告应当如实记载以下内容：

（1）基本情况和数据表；

（2）评标委员会成员名单；

（3）开标记录；

（4）符合要求的投标一览表；

（5）废标情况说明；

（6）评标标准、评标方法或者评标因素一览表；

（7）经评审的价格或者评分比较一览表；

（8）经评审的投标人排序；

（9）推荐的中标候选人名单与签订合同前要处理的事宜；

（10）澄清、说明、补正事项纪要。

评标报告由评标委员会全体成员签字。对评标结论持有异议的评标委员会成员可以书面方式阐述其不同意见和理由。评标委员会成员拒绝在评标报告上签字且不陈述其不同意见和理由的，视为同意评标结论。评标委员会应当对此作出书面说明并记录在案。

向招标人提交书面评标报告后，评标委员会随即宣告解散。评标过程中使用的文件、表格以及其他资料应当即时归还招标人。

经过上述工作，招标人根据评标委员会提出的评标报告和推荐的中标候选人确定中标人，评标委员会推荐的中标候选人应当限定在一至三人并标明排列顺序。招标人应当接受评标委员会推荐的中标候选人，不得在评标委员会推荐的中标候选人之外确定中标人。招标人也可以授权评标委员会直接确定中标人。评标报告应报有关行政监督部门审查。

三、中标通知与合同签订

招标人在确定中标人后，应当在 15 日之内按项目管理权限向水行政主管部门提交招标投标情况的书面报告。招标人向中标人发出中标通知书，并同时将中标结果通知所有未中标的投标人。

中标通知书对招标人和投标人均具有法律效力。当确定的中标人拒绝签订合同时，招标人可报请有关行政监督部门批准后，取消其中标资格，按规定没收其投标保证金，并考虑与确定的候补中标人签订合同。自中标通知书发出之日起 30 日内，招标人和中标人应当按照招标文件和中标人的投标文件签订书面合同，中标人提交履约保函，并缴纳履约保证金。招标人与中标人签订合同后 5 个工作日内，应当退还所有投标人的投标保证金。

四、重新招标和不再招标

（一）重新招标

有下列情形之一的，招标人将重新招标：

（1）至投标截止时间止，投标人少于 3 个的；

（2）经评标委员会评审后否决所有投标的；

（3）评标委员会否决不合格投标或者界定为废标后，因有效投标不足 3 个使得投标明显缺乏竞争性，评标委员会决定否决全部投标的；

(4)同意延长投标有效期的投标人少于3个的；

(5)中标候选人均未与招标人签订合同的。

(二)不再招标

重新招标后，仍出现以上规定情形之一的，属于必须审批的水利工程建设项目，经行政监督部门批准后不再进行招标。

【案例分析2-1】

某水利枢纽工程投资10 000万元，其施工招标评标程序与标准要点如下：

第一步　对投标文件的技术评审(总分30分)，按如下标准评分：①投标文件完全符合招标文件要求，得20分；②投标文件与招标文件要求存在微小偏差，得15分；③投标文件与招标文件要求存在重大偏差，得10分。

第二步　对投标报价的评审(总分30分)，按如下标准评分。按照招标人确定的标底，投标人报价超过标底的5%或低于标底的10%，将按废标处理；其他报价情形的分值计算如下：①投标报价与标底相同者，得满分30分；②投标报价每高于标底1%，从本项总分中扣6分，扣完为止；③投标报价每低于标底1%，从本项总分中扣3分，扣完为止。

第三步　对投标人业绩的评审(总分10分)。近5年内每完成一个类似工程得2分，其中质量评定为优良的加1分。本项最高得分10分。

第四步　对投标书技术方案和质量保证体系的评审(总分10分)。评标委员可根据投标书的技术方案和质量保证体系的水平与完善程度，在0～10分范围内综合评判，独立进行打分。

第五步　对投标人资信、资源的评审(总分5分)，按如下标准评分：①投标人资信、资源能满足招标项目要求，得5分；②投标人资信、资源能基本满足招标项目要求，得3分；③投标人资信、资源不能满足招标项目要求，得0分。

评标委员应依据上述评审程序与标准，对每个投标人的相应内容独立进行评审、打分。最后，按照每个投标人得分的高低顺序推荐前三名为中标候选人。

问题：

1. 上述评标标准哪些地方不符合现行《招标投标法》及有关法规的规定？

2. 上述评标程序是否合适？为什么？

3. 招标人能否直接在评标委员会推荐的三名中标候选人以外确定中标人并签订合同？请说明依据。

答案要点：

1. 题中给出的评标标准不符合《招标投标法》及有关法规规定的有：

(1)对投标书的技术评审部分的“投标文件与招标文件要求存在重大偏差，得10分”不合法。依照《评标委员会和评标方法暂行规定》(国家计委等七部委令第12号)规定，投标文件与招标文件要求存在重大偏差的应拒绝。

(2)投标报价评审中，以投标人报价超过标底的5%或低于标底的10%直接作为废标条件不合法，不符合《招标投标法》有关标底的原则。

2. 题中的评标程序不合适。按照《评标委员会和评标方法暂行规定》(国家计委等七部委令第12号)规定,评标应按照初步评审和详细评审程序进行。

3. 招标人不能随意在评标委员会推荐的三名中标候选人以外直接确定中标人并签订合同。依照《工程建设项目施工招标投标办法》(2003年5月1日起施行,国家计委、建设部等七部委局令第30号)规定,招标人应当接受评标委员会推荐的中标候选人,不得在评标委员会推荐的中标候选人之外确定中标人。

小 结

招标投标是随着商品经济发展而产生的,是一种具有竞争性的采购方式。招标前发包人应首先确定如何发包,合理划分合同数量及分标。本章阐述了水利工程建设项目必须进行招标的招标范围、招标方式以及合同类型;水利工程建设项目进行招标的工作程序、招标应具备的条件;水利工程施工招标投标工作内容,编制招标文件、投标文件的要求。

选择投标项目时应考虑企业的经营能力、经营需要、中标的可能性、工程条件、投标时间要求等因素,应掌握投标策略与技巧。本章阐述了水利工程建设项目进行开标、评标的工作过程及要求。中标通知书对招标人和投标人均具有法律效力。

复习思考题

2-1 在当地建设工程交易中心下载一水利工程招标公告,按当地交易中心的规定,接受投标人报名应做哪些工作?资格预审要做哪些准备工作,专家委员会由谁确定?就某一具体项目(自己找或教师提供)编制该项目招标公告。

2-2 依据某一具体项目招标文件(教师提供),试述如何做好开标准备工作、评标准备工作,在当地投标要办理哪些手续。

2-3 就某一具体项目(自己找或教师提供)初步编制招标文件。

2-4 (案例分析题)某引水工程隧洞施工招标文件中规定的中标条件是:能满足招标文件的实质性要求,并且经评审的投标价格最低(但是投标价格低于成本的除外)。经过评标委员会评审,满足招标文件实质性要求的投标人有6家,按评审后的报价由低到高排序见表2-2。

表2-2 投标人投标报价

投标人	评审后的投标报价(万元)
A	48 002
B	65 503
C	72 345
D	75 436
E	82 908
F	82 970

该工程项目招标的标底为66 060万元。

试分析：

(1)评标委员会认为投标人A的报价远远低于招标项目标底，属于投标价格低于成本情形，应予拒绝。评标委员会的观点是否正确，为什么？

(2)评标委员会在对投标人A的投标报价进行合理性分析时，认为其投标报价偏低的原因主要是所需人、材、机的数量明显低于现行预算定额，应予拒绝。评标委员会的观点是否正确，为什么？

(3)经评审委员会评审，上述6家投标人的投标均满足招标文件的实质性要求，且投标报价合理，均未低于其成本价，按照规定的中标条件，推荐的中标候选人及其先后顺序为投标人A、B、C。在招标人与第一顺序中标候选人合同谈判时，要求其将中标价降为47 900万元，若投标人A拒绝，即认为其放弃中标，依次与中标候选人B、C进行谈判。招标人的做法是否合法，为什么？

第三章　水利工程施工合同管理

知识点

水利工程施工合同管理的作用，合同实施投资、质量、进度目标管理的要点。

教学目标

通过本章的学习，掌握一定的施工合同管理方法、技巧和手段，提高施工合同管理的水平。

第一节　水利工程施工合同管理概述

一、施工合同管理的概念

《水利水电工程标准施工招标文件》(2009年版)对发包人、承包人、监理人作出了明确的定义。合同当事人为发包人和(或)承包人；发包人为专用合同条款中指明并与承包人在合同协议书中签字的当事人；承包人为专用合同条款中指明并与发包人在合同协议书中签字的当事人；监理人为在专用合同条款中指明的，受发包人委托对合同履行实施管理的法人或其他组织。

水利工程施工合同是水利工程建设项目的主要合同。水利工程施工合同，指水利建设项目中的发包人和承包人，为完成特定的工程项目，明确相互权利、义务关系的协议。承包人应完成合同规定的项目施工任务，发包人按合同约定提供必要的施工条件并支付工程价款。

水利工程施工合同管理，是指水利建设主管机关、发包人、监理人、承包人依照法律和行政法规、规章制度，采取法律、行政手段，对水利工程施工合同关系进行组织、指导、协调和监督，保护水利工程施工合同当事人的合法权益，处理水利工程施工合同纠纷，防止和制裁违法行为，保证水利工程施工合同贯彻实施等一系列活动。

水利工程施工合同实行动态管理，其过程可概括为：确定阶段目标，监督、检查、协调、纠偏或及时调整目标，总结、确定下一阶段目标。实现这一过程的主要手段就是组织合同涉及的单位或部门，召开定期例会或不定期的协调会议，形成各方一致认可的书面记录，各方共同遵照执行，由此促进合同涉及各方的相互沟通、协调配合，及时解决合同执行过程中出现的问题和矛盾，确保合同的顺利执行。

(一)施工合同管理的任务

施工合同管理是承包人项目管理的核心，其合同管理的任务可分两个部分。

1. 合同签订前

分析招标文件和审查合同文本，做出相应的分析报告，对合同的风险性及可取得的利润做出评估；进行工程合同的策划，解决各关联合同之间的协调问题，并对分包合同进行审查；为工程预算、报价、合同谈判和合同签订提供决策的信息、建议、意见等，对合同修改进行法律方面的审查，配合企业制定报价策略，配合合同谈判。

2. 合同签订后

建立合同实施保证体系，保证合同实施过程中的一切日常事务性工作有秩序地进行，使工程项目的全部合同事件处于控制中，保证合同目标的实现；对合同实施情况进行跟踪，收集合同实施信息，收集各种工程资料，做出相应的信息处理，对比分析合同实施情况与合同分析资料，找出偏离，对合同履行情况做出诊断，及时提出合同实施方面的意见、建议，甚至警告；进行合同变更管理，主要包括参与变更谈判，对合同变更进行事务性处理，落实变更措施，修改变更相关的资料，检查变更措施的落实情况；进行日常的索赔和反索赔工作。

（二）合同管理的作用

确保合同双方严格执行合同中明确规定的双方具体的权利与义务；增强合同双方履行合同的自觉性，调动建设各方的积极性，使合同双方自觉遵守法律规定，共同维护当事人双方的合法权益。水利工程施工的全过程实际上就是合同管理的过程。

二、水行政主管部门及相关部门对施工合同的管理

水行政主管部门对施工合同的管理主要从规范施工合同、批准水利工程项目的建设、对水利建设活动实施监督等方面进行。质量监督机构对合同履行的监督，主要包括监督水利工程参建各方的主体质量行为，如发包人质量行为、监理人质量行为、承包人质量行为等；监督水利工程的实体质量，如对地基与基础工程、主体结构工程、竣工工程的抽查验收；对工程竣工验收的监督等方面。

（一）对合同的形成过程进行监督

《水利工程建设项目招标投标行政监督暂行规定》（水建管〔2006〕38 号，自 2006 年 4 月 1 日起施行，以下简称《暂行规定》）具体规定如下：

县级以上水行政主管部门或流域机构，是水利工程建设项目招标投标活动的行政监督部门。中央项目，由水利部或流域机构按项目管理权限实施行政监督；地方项目，由项目水行政主管部门实施行政监督。与水利工程建设项目招标投标活动有关的单位和个人必须自觉接受行政监督部门的行政监督。

水利工程建设项目招标投标活动的行政监督一般采取事前报告、事中监督和事后备案的方式进行。主要内容有：对招标准备工作的监督，对资格审查（含资格预审和后审）的监督，对开标的监督，对评标的监督，对定标的监督。具体监督内容见《暂行规定》。

（二）对施工工程合同的项目划分及其调整进行监督

《水利水电工程施工质量检验与评定规程》（SL 176—2007，以下简称《评定规程》）规定，工程质量监督机构对项目划分及其调整拥有确认权。

发包人负责组织监理、设计及施工等单位，进行工程项目划分，并确定主要单位工程、主要分部工程、重要隐蔽单元工程和关键部位单元工程。在主体工程开工前，将项目划分表及说明书面报所属质量监督机构确认。工程质量监督机构收到项目划分书面报告后，

应当在 14 个工作日内，对项目划分进行确认，并将确认结果书面通知发包人。

工程施工过程中，由于设计变更、施工部署的重新调整等诸多因素，有时需要对工程开工初期批准的项目划分进行调整。但对上述工程项目划分进行调整时，应当重新报送工程质量监督机构进行确认。

（三）对合同工程的质量进行监督

《评定规程》规定，水行政主管部门及其委托的水利行业质量监督机构，对水利水电工程施工质量检验与评定工作进行监督。水利工程质量监督机构是水行政主管部门对水利水电工程质量进行监督管理的专职机构，参建各方应当主动接受水利工程质量监督机构对其质量行为和工程实体质量的监督与检查。

（四）对监理合同进行监督

自 2007 年 2 月 1 日起施行的《水利工程建设监理规定》规定：县级以上人民政府水行政主管部门和流域管理机构应当加强对水利工程建设监理活动的监督管理，对发包人和监理人执行国家法律法规、工程建设强制性标准以及履行监理合同的情况进行监督检查，发包人应当依据监理合同对监理活动进行检查；县级以上人民政府水行政主管部门和流域管理机构在履行监督检查职责时，有关单位和人员应当客观、如实反映情况，提供相关材料；县级以上人民政府水行政主管部门和流域管理机构实施监督检查时，不得妨碍监理人和监理人员正常的监理活动，不得索取或者收受被监督检查单位和人员的财物，不得谋取其他不正当利益；县级以上人民政府水行政主管部门和流域管理机构在监督检查中，发现监理人有违规行为的，应当责令纠正，并依法查处。

三、发包人对施工合同的管理

（一）发包人的义务和责任

《水利水电工程标准施工招标文件》（2009 年版）在第 4 章第 1 节通用合同条款第 2 条明确指出，发包人的义务如下：

（1）遵守法律。发包人在履行合同过程中应遵守法律，并保证承包人免于承担因发包人违反法律而引起的任何责任。

（2）发出开工通知。发包人应委托监理人按通用合同条款的约定向承包人发出开工通知。

（3）提供施工场地。发包人应在合同双方签订合同协议书后的 14 天内，将本合同工程的施工场地范围图提交给承包人。发包人提供的施工场地范围图应标明场地范围内永久占地与临时占地的范围和界限，以及指明提供给承包人用于施工场地布置的范围和界限及其有关资料。发包人提供的施工用地范围在专用合同条款中约定。除专用合同条款另有约定外，发包人应按技术标准和要求（合同技术条款）的约定，向承包人提供施工场地内的工程地质图纸和报告，以及地下障碍物图纸等施工场地有关资料，并保证资料的真实、准确、完整。

（4）协助承包人办理证件和批件。发包人应协助承包人办理法律规定的有关施工证件和批件。

（5）组织设计交底。发包人应根据合同进度计划，组织设计单位向承包人进行设计交底。

(6)支付合同价款。发包人应按合同约定向承包人及时支付合同价款。

(7)组织竣工验收(组织法人验收)。发包人应按合同约定及时组织法人验收。

(8)其他义务。其他义务在专用合同条款中补充约定。

如果发包人未履行以上义务,则应当承担相应责任。

(二)合同履行中发包人的职责

发包人作为项目的投资者与所有者,在施工合同实施阶段的主要职责有:

选定发包人代表、任命监理工程师(必要时可撤换),并以书面形式通知承包人,如系国际贷款项目还应当通知贷款方;根据合同要求负责解决工程用地征用手续以及移民等施工前期准备工作问题;批准承包人转让部分工程权益的申请,批准履约保证和分包人,批准承包人提交的保险单;在承包人有关手续齐备后,及时向承包人拨付有关款项;负责为承包人开证明信,以便承包人为工程的进口材料、设备以及承包人的施工装备等办理海关、税收等有关手续;主持解决合同中的纠纷、合同条款必要的变动和修改(需经双方讨论同意);及时签发工程变更命令(包括工程量变更和增加新项目等),并确定这些变更的单价与总价;批准监理工程师同意上报的工程延期报告;对承包人的信函及时给予答复;负责编制并向上级及外资贷款单位送报财务年度用款计划、财务结算及各种统计报表等;协助承包人(特别是外国承包人)解决生活物资供应、运输等问题;负责组成验收委员会进行整个工程或局部工程的初步验收和最终竣工验收,并签发有关证书;如果承包人违约,发包人有权终止合同并授权其他人去完成合同。

(三)发包人应当委托监理人作为在现场监管合同实施的唯一管理者

监理人应当是受发包人委托在现场监管合同实施的唯一管理者,发包人对合同的决策和意见应当通过监理人员贯彻执行,以避免现场指挥混乱。因此,除合同中另有规定外,承包人只从总监理工程师和其授权的监理人员处取得指示。

四、监理人对施工合同的管理

(一)监理人的职责和权力

《水利水电工程标准施工招标文件》(2009 年版)在第 4 章第 1 节通用合同条款第3.1款明确指出,监理人的职责和权力如下:

(1)监理人受发包人的委托,享有合同约定的权力。监理人的权力范围在专用合同条款中约定。当监理人认为出现了危及生命、工程或毗邻财产等安全的紧急事件时,在不免除合同约定的承包人责任的情况下,监理人可以指示承包人实施为消除或减少这种危险所必须进行的工作,即使没有发包人的事先批准,承包人也应立即遵照执行。监理人应按第 15 条的约定增加相应的费用,并通知承包人。

(2)监理人发出的任何指示应视为已得到发包人的批准,但监理人无权免除或变更合同约定的发包人和承包人的权利、义务和责任。

(3)合同约定应由承包人承担的义务和责任,不因监理人对承包人提交文件的审查或批准,对工程、材料和设备的检查和检验,以及为实施监理作出的指示等职务行为而减轻或解除。

（二）总监理工程师

总监理工程师（总监）指由监理人委派、常驻施工场地、对合同履行实施管理的全权负责人。总监理工程师应负责全面履行监理合同中所约定的监理单位的职责。《水利工程建设项目施工监理规范》（SL 288—2003）规定的总监理工程师的主要职责如下：

主持编制监理规划，制定监理机构规章制度，审批监理实施细则，签发监理机构的文件；确定监理机构各部门职责分工及各级监理人员职责权限，协调监理机构内部工作；指导监理工程师开展工作；负责本监理机构中监理人员的工作考核，调换不称职的监理人员；根据工程建设进展情况，调整监理人员；主持审核承包人提出的分包项目和分包人，报发包人批准；审批承包人提交的施工组织设计、施工措施计划、施工进度计划和资金流计划；组织或授权监理工程师组织设计交底；签发施工图纸；主持第一次工地会议，主持或授权监理工程师主持监理例会和监理专题会议；签发进场通知、合同项目开工令、分部工程开工通知、暂停施工通知和复工通知等重要监理文件；组织审核付款申请，签发各类付款证书；主持处理合同违约、变更和索赔等事宜，签发变更和索赔的有关文件；主持施工合同实施中的协调工作，调解合同争议，必要时对施工合同条款做出解释；要求承包人撤换不称职或不宜在本工程工作的现场施工人员或技术、管理人员；审核质量保证体系文件并监督其实施；审批工程质量缺陷的处理方案；参与或协助发包人组织处理工程质量及安全事故；组织或协助发包人组织工程项目的分部工程验收、单位工程完工验收、合同项目完工验收，参加阶段验收、单位工程投入使用验收和工程竣工验收；签发工程移交证书和保修责任终止证书；检查监理日志；组织编写并签发监理月报、监理专题报告和监理工作报告；组织整理监理合同文件和档案资料。

总监理工程师不得将以下工作授权给副总监理工程师或监理工程师：主持编制监理规划，审批监理实施细则；主持审核承包人提出的分包项目和分包人；审批承包人提交的施工组织设计、施工措施计划、施工进度计划和资金流计划；主持第一次工地会议，签发进场通知、合同项目开工令、暂停施工通知和复工通知；签发各类付款证书；签发变更和索赔的有关文件；要求承包人撤换不称职或不宜在本工程工作的现场施工人员或技术、管理人员；签发工程移交证书和保修责任终止证书；签发监理月报、监理专题报告和监理工作报告。

一名总监理工程师只宜承担一个工程建设项目的总监理工程师工作。如需担任两个标段或项目的总监理工程师，应经发包人同意，并配备副总监理工程师。总监理工程师可通过书面授权副总监理工程师履行除总监理工程师不得授权项规定外的总监理工程师的职责。

发包人应在发出开工通知前将总监理工程师的任命通知承包人。总监理工程师更换时，应在调离 14 天前通知承包人。总监理工程师短期离开施工场地的，应委派代表代行其职责，并通知承包人。

总监理工程师可以授权其他监理人员负责执行其指派的一项或多项监理工作。总监理工程师应将被授权监理人员的姓名及其授权范围通知承包人。被授权的监理人员在授权范围内发出的指示视为已得到总监理工程师的同意，与总监理工程师发出的指示具有同等效力。总监理工程师撤销某项授权时，应将撤销授权的决定及时通知承包人。

承包人对总监理工程师授权的监理人员发出的指示有疑问的,可向总监理工程师提出书面异议,总监理工程师应在48小时内对该指示予以确认、更改或撤销。

除专用合同条款另有约定外,总监理工程师不应将应由总监理工程师作出确定的权力授权或委托给其他监理人员。

应由总监理工程师作出确定的内容如下:

(1)合同约定总监理工程师应进行商定或确定时,总监理工程师应与合同当事人协商,尽量达成一致。不能达成一致的,总监理工程师应认真研究后审慎确定。

(2)总监理工程师应将商定或确定的事项通知合同当事人,并附详细依据。对总监理工程师的确定有异议的,构成争议,按照约定处理。在争议解决前,双方应暂按总监理工程师的确定执行;按照约定对总监理工程师的确定作出修改的,按修改后的结果执行。

(三)监理人员

监理人员应妥善做好发包人所提供的工程建设文件资料的保存、回收及保密工作。

监理人员对承包人的任何工作、工程或其采用的材料和工程设备未在约定的或合理的期限内提出否定意见的,视为已获批准,但不影响监理人在以后拒绝该项工作、工程、材料或工程设备的权力。

监理人员除总监理工程师外,还包括副总监理工程师、专业监理工程师、监理员。

副总监理工程师应履行以下职责:负责总监理工程师指定或交办的监理工作;按总监理工程师的授权,行使总监理工程师的部分职责和权力。

专业监理工程师应履行以下职责:负责编制本专业的监理实施细则;负责本专业监理工作的具体实施;组织、指导、检查和监督本专业监理员的工作,当人员需要调整时,向总监理工程师提出建议;审查承包单位提交的涉及本专业的计划、方案、申请、变更,并向总监理工程师提出报告;负责本专业分项工程验收及隐蔽工程验收;定期向总监理工程师提交本专业监理工作实施情况报告,对重大问题及时向总监理工程师汇报和请示;根据本专业监理工作实施情况做好监理日记;负责本专业监理资料的收集、汇总及整理,参与编写监理月报;核查进场材料、设备、构配件的原始凭证、检测报告等质量证明文件及其质量情况,根据实际情况认为有必要时对进场材料、设备、构配件进行平行检验,合格时予以签认;负责本专业的工程计量工作,审核工程计量的数据和原始凭证。

监理员应履行以下职责:在专业监理工程师的指导下开展现场监理工作;检查承包单位投入工程项目的人力、材料、主要设备及其使用、运行状况,并做好检查记录;复核或从施工现场直接获取工程计量的有关数据并签署原始凭证;按设计图及有关标准,对承包单位的工艺过程或施工工序进行检查和记录,对加工制作及工序施工质量检查结果进行记录;担任旁站工作,发现问题及时指出并向专业监理工程师报告;做好监理日记和有关的监理记录。

(四)监理人的指示

监理人发出的指示,是合同管理中的重要文件。监理人应按监理人的职责和权力的约定向承包人发出指示,监理人的指示应盖有监理人授权的施工场地机构章,并由总监理工程师或总监理工程师授权的监理人员签字。

承包人收到监理人的指示后应遵照执行。指示构成变更的,应按《水利水电工程标准施工招标文件》(2009 年版)第 4 章第 1 节通用合同条款第 15 条处理。

在紧急情况下,总监理工程师或被授权的监理人员可以当场签发临时书面指示,承包人应遵照执行。承包人应在收到上述临时书面指示后 24 小时内,向监理人发出书面确认函。监理人在收到书面确认函后 24 小时内未予答复的,该书面确认函应被视为监理人的正式指示。

除合同另有约定外,承包人只从总监理工程师或总监理工程师授权的监理人员处取得指示。

监理人未能按合同约定发出指示、指示延误或指示错误而导致承包人费用增加和(或)工期延误的,由发包人承担赔偿责任。

(五)监理人应当公正地履行职责

监理人应当严格按照合同规定,公正地履行职责。监理人按合同要求发出指示、表示意见、审批文件、确定价格,以及采取可能涉及发包人或承包人的义务和权利的行动时,应当认真查清事实,并与双方充分协商后作出公正的决定。

五、承包人对施工合同的管理

(一)承包人的基本义务

《水利水电工程标准施工招标文件》(2009 年版)在第 4 章第 1 节通用合同条款第 4.1 款明确指出,承包人的义务如下:

(1)遵守法律。承包人在履行合同过程中应遵守法律,并保证发包人免于承担因承包人违反法律而引起的任何责任。

(2)依法纳税。承包人应按有关法律规定纳税,应缴纳的税金包括在合同价格内。

(3)完成各项承包工作。承包人应按合同约定以及监理人的指示,实施、完成全部工程,并修补工程中的任何缺陷。除对发包人提供的材料和工程设备、发包人提供的施工设备和临时设施另有约定外,承包人应提供为完成合同工作所需的劳务、材料、施工设备、工程设备和其他物品,并按合同约定负责临时设施的设计、建造、运行、维护、管理和拆除。

(4)对施工作业和施工方法的完备性负责。承包人应按合同约定的工作内容和施工进度要求,编制施工组织设计和施工措施计划,并对所有施工作业和施工方法的完备性与安全可靠性负责。

(5)保证工程施工和人员的安全。承包人应按承包人的施工安全责任约定采取施工安全措施,确保工程及其人员、材料、设备和设施的安全,防止工程施工造成的人身伤害和财产损失。

(6)负责施工场地及其周边环境与生态的保护工作。承包人应按照环境保护约定负责施工场地及其周边环境与生态的保护工作。

(7)避免施工对公众与他人的利益造成损害。承包人在进行合同约定的各项工作时,不得侵害发包人与他人使用公用道路、水源、市政管网等公共设施的权利,避免对邻近的公共设施产生干扰。承包人占用或使用他人的施工场地,影响他人作业或生活的,应承担相应责任。

(8)为他人提供方便。承包人应按监理人的指示为他人在施工场地或附近实施与工程有关的其他各项工作提供可能的条件。除合同另有约定外,提供有关条件的内容和可能发生的费用,由监理人商定或确定。

(9)工程的维护和照管。除合同另有约定外,合同工程完工证书颁发前,承包人应负责照管和维护工程。合同工程完工证书颁发时尚有部分未完工程的,承包人还应负责该未完工程的照管和维护工作,直至完工后移交给发包人为止。

(10)其他义务。其他义务在专用合同条款中补充约定。

如果承包人没有履行以上各项义务,则应当按施工合同规定,承担相应责任。

(二)承包人合同管理的注意事项

加强合同意识,重视合同管理;建立以合同管理为核心的组织机构;明确合同管理的工作流程;制定必要的合同管理工作制度(如合同交底制度、责任分解制度、每日工作报送合同管理工程师制度、进度款的合同管理工程师审查制度);重视合同文本分析(合法性分析、完备性分析);重视合同变更管理;加强分包合同管理;重视合同管理人才的培养等。

承包人不得将其承包的全部工程转包给第三人,或将其承包的全部工程肢解后以分包的名义转包给第三人;不得将工程主体、关键性工作分包给第三人,除专用合同条款另有约定外,未经发包人同意,承包人不得将工程的其他部分或工作分包给第三人。

分包人的资格能力应与其分包工程的标准和规模相适应。按投标函附录约定分包工程的,承包人应向发包人和监理人提交分包合同副本。承包人应与分包人就分包工程向发包人承担连带责任。

分包分为工程分包和劳务作业分包。工程分包应遵循合同约定或者经发包人书面认可。禁止承包人将合同工程进行违法分包。分包人应具备与分包工程规模和标准相适应的资质和业绩,在人力、设备、资金等方面具有承担分包工程施工的能力。分包人应自行完成所承包的任务。

在合同实施过程中,如承包人无力在合同规定的期限内完成合同中的应急防汛、抢险等危及公共安全和工程安全的项目,发包人可将该应急防汛、抢险等项目的部分工程指定分包人。因非承包人原因形成指定分包条件的,发包人的指定分包不应增加承包人的额外费用;因承包人原因形成指定分包条件的,承包人应承担指定分包所增加的费用。由指定分包人造成的与其分包工作有关的一切索赔、诉讼和损失赔偿,由指定分包人直接对发包人负责,承包人不对此承担责任。

承包人和分包人应当签订分包合同,并履行合同约定的义务。分包合同必须遵循承包合同的各项原则,满足承包合同中相应条款的要求。发包人可以对分包合同实施情况进行监督检查。承包人应将分包合同副本提交发包人和监理人。除指定分包外,承包人对其分包项目的实施以及分包人的行为向发包人负全部责任。承包人应对分包项目的工程进度、质量、安全、计量和验收等实施监督和管理。分包人应按专用合同条款的约定设立项目管理机构,组织管理分包工程的施工活动。

六、水利工程施工合同文件

标准化的合同条款,有助于合理平衡合同各方的权利和义务,公平分配合同各方之间的风险和责任，降低风险顾虑，统一合同管理人员及其培训内容、管理依据。本书从《水利水电工程标准施工招标文件》(2009 年版)及国家发展和改革委员会等九部委局联合编制的《中华人民共和国标准施工招标文件》(2007 年版)中摘录整理出《水利水电工程施工合同条件》，详见附录，应认真学习，熟悉主要条款的内容。

根据水建管〔2009〕629 号文的规定，《水利水电工程标准施工招标文件》(2009 年版)自 2010 年 2 月 1 日起施行，凡列入国家或地方投资计划的大中型水利水电工程使用《水利水电工程标准施工招标文件》(2009 年版)，小型水利水电工程可参照使用；《水利水电工程标准施工招标文件》(2009 年版)中的"通用合同条款"，应不加修改地引用，若确因工程的特殊条件需要改动的，应按项目的隶属关系报项目主管部门批准，其他内容，供招标人参考；"专用合同条款"可根据招标项目的具体特点和实际需要，按其条款编号和内容对"通用合同条款"进行补充、细化，但除"通用合同条款"明确"专用合同条款"可作出不同约定外，补充和细化的内容不得与"通用合同条款"规定相抵触，不得违反法律、法规和行业规章的有关规定及平等、自愿、公平与诚实信用原则。

七、实施过程中的施工合同管理

签订合同的双方，应当严格履行合同，加强合同管理，建立合同争议调解制度。承包人在实施施工合同过程中应注重通过合同分析、合同交底、合同控制、档案管理，保证施工合同的顺利实施。

(一)合同分析

合同分析包括合同总体分析、特殊问题的合同分析、合同详细分析等。

1. 合同总体分析

合同总体分析主要对象是合同协议书和合同条件等，目的在于将合同条款和合同规定落实到一些带全局性的具体问题上。合同总体分析通常在两种情况下进行：

在合同签订后实施前，承包人首先必须作合同总体分析。这种分析的重点是，承包人的主要合同责任、工程范围，发包人的主要责任和权力，合同价格、计价方法和价格补偿条件，工期要求和顺延条件，工程受干扰的法律后果，合同双方的违约责任，合同变更方式、程序和工程验收方法，争议的解决等。在分析中应当对合同中的风险，执行中应当注意的问题做出特别的说明和提示。合同总体分析的结果应当以最简单的形式和最简洁的语言表达出来，发至项目经理、各职能人员，并进行合同交底。

在重大的争议处理过程中，首先必须作合同总体分析。这种分析的重点是合同文本中与索赔有关的条款。对不同的干扰事件，则有不同的分析对象和重点。合同总体分析对整个索赔工作的作用如下：提供索赔(反索赔)的理由和根据；合同总体分析的结果，经监理确认后可直接作为索赔资料的组成部分；作为索赔事件责任分析的依据；提供索赔金额计算方式和计算基础的规定；索赔谈判中的主要攻守武器。

合同总体分析的内容和详细程度取决于以下几方面：分析目的，承包人的职能人员、分包商和工程小组对合同文本的熟悉程度，工程和合同文本的特殊性。

合同总体分析在不同的时期，为了不同的目的，有不同的内容。通常包括：合同签订和实施的法律背景；所签订的合同的类型；合同文件和合同语言；承包人的主要任务(合同总体分析的重点之一，主要分析承包人的合同责任和权力)；发包商的权力和合同责任；合同价格；施工工期；违约责任；验收、移交和保修；索赔程序和争议的解决。

2. 特殊问题的合同分析

人们不能指望合同能明确定义和解释工程中发生的所有问题。在实际工程合同的签订和实施过程中，常常会有一些特殊问题发生。例如，合同中出现错误、矛盾和二义性的解释；有许多工程问题合同中未明确规定，出现事先未预料到的情况等。

解决的办法有以下几种：在合同中增加名词解释和定义，使用统一的范本；承包人有正确理解招标文件的义务，有责任对自己不理解的或合同中明显的意义含糊或矛盾错误之处，向专用合同条款中写明的当事人提出征询意见；注意合同签订前后双方的书面文字及行为；运用解释原则处理。

对建设过程中暴露出来的合同争议，如果在合同签订前双方对此有过解释或说明，例如承包人分析招标文件后，在标前会议上提出了疑问，发包人作了书面解释，则这个解释是有效的；尽管合同中存在含糊之处但当事人双方在合同实施中已有共同意向的行为，按共同的意向解释合同。

3. 合同详细分析

合同详细分析是整个项目组的工作，应当由合同管理人员、工程技术人员、造价师(员)等共同完成。合同详细分析结果最重要的部分是合同事件列表。合同事件列表对项目的目标分解，任务的委托(分包)，合同交底，落实责任，安排工作，进行合同监督、跟踪、分析，处理索赔(反索赔)非常重要。

合同事件列表内容包括以下几部分：

(1)编码。这是为了满足计算机数据处理的需要。对事件的各种数据处理都靠编码识别，所以编码要能反映事件的各种特性，如所属的项目、单项工程、单位工程、专业性质、空间位置等。编码方法按规范执行。

编码原则如下：依据现行国家标准及行业标准，结合水利科学的特性与特点，以适应信息处理为目标，对水利工程按类别属性或特征进行科学编码，形成系统的编码体系；每一个对象编一个代码，反之，一个代码只能代表一个编码对象；编码体系以各要素相对稳定的属性或特征为基础，编码在位数上也留有一定的余地，能在较长时间里不发生重大变更；编码既反映要素的属性，又反映要素间的相互关系，具有完整性，编码结构留有适当的扩充余地；编码尽可能简短和便于记忆。

(2)事件名称、简要说明及变更次数和最近一次的变更日期。它记载着与本事件相关的工程变更。在接到变更指令后，应当落实变更，修改相应栏目的内容。最近一次的变更日期表示，自这一天以来的变更尚未考虑到。这样既可以检查每个变更指令的落实情况，又可防止遗漏。

(3)事件的内容说明。这里主要是指该事件的目标，如某一分项工程的数量、质量、技术要求以及其他方面的要求。这由合同的工程量清单、工程说明、图纸、规范等定义，是承包人应当完成的任务。

(4)前提条件。它记录着本事件的前导事件或活动，即本事件开始前应当具备的准备工作或条件。它不仅确定事件之间的逻辑关系，构成网络计划的基础，而且确定各参加者之间的责任界限。

(5)本事件的主要活动。即完成该事件的一些主要活动和实施方法、技术、组织措施。这完全是从施工过程的角度进行的分析。这些活动组成该事件的子网络,例如设备安装工程由现场准备,施工设备进场、安装,基础找平、定位,设备就位、吊装、固定,施工设备拆卸、出场等活动组成。

(6)责任人。即负责该事件实施的工程小组负责人或分包商。

(7)成本(或费用)。包括计划成本和实际成本。有如下两种情况:如果该事件由分包商承担,则计划费用为分包合同价格,相应的实际费用为最终实际结算账单金额总和;如果该事件由承包人的工程小组承担,实际成本为会计核算的结果,在该事件完成后填写。

(8)计划和实际的工期。计划工期由网络分析得到,包括计划开始日期、结束日期和持续时间;实际工期按实际情况,在该事件结束后填写。

(9)其他参加人。即对该事件的实施提供帮助的其他人员。

合同详细分析是承包人的合同执行计划。它包括工程施工前的整个计划工作:工程项目的结构分解(即工程活动的分解和工程活动逻辑关系的安排),技术会审工作,工程实施方案进一步细化后的总体安排计划和施工组织计划,工程的成本计划,承包合同的协调。

(二)合同交底

为了让大家熟悉合同的主要内容,更好地履行合同,保障自己一方的利益,需要进行合同交底。合同交底是就合同中的主要内容向项目管理人员或相关人员进行通报。重点交底内容包括合同价款、承包范围、双方权利与义务、合同价款支付、合同价款调整、工程结算办法、违约责任、保修范围及内容等。

(三)合同控制

合同控制包括合同实施过程中对工程变更的控制、索赔管理、违约管理等。

1. 合同实施过程中对工程变更的控制

工程变更的提出、审查、批准、实施等过程应当按施工合同进行。

1)变更类型

根据工程的需要并经发包人同意,监理人可能指示承包人实施的变更类型有:增加或减少施工合同中的任何一项工作内容,取消施工合同中任何一项工作(但被取消的工作不能转由发包人或其他承包人实施),改变施工合同中任何一项工作的标准或性质,改变工程建筑物的形式、基线、标高、位置或尺寸,改变施工合同中任何一项工程经批准的施工计划、施工方案,追加为完成工程所需的任何额外工作,增加或减少合同项目的工程量超过合同约定百分比等。

2)工程变更的提出

专用合同条款中写明的当事人,可依据施工合同约定或工程需要提出工程变更建议;设计单位可依据有关规定或设计合同约定在其职责与权限范围内提出对工程设计文件的变更建议;承包人可依据监理人的指示,或根据工程现场实际施工情况提出变更建议;监理人可依据有关规定、规范,或根据现场实际情况提出变更建议。

3)工程变更建议书的提交

工程变更建议书提交时,应当考虑留有为发包人与监理人对变更建议进行审查、批准,设计单位进行变更设计以及承包人进行施工准备的合理时间;在特殊情况下,如出现危及人身、工程安全或财产严重损失的紧急事件,工程变更不受时间限制,但监理人仍应当督促变更提出单位及时补办相关手续。

4)工程变更审查

监理人对工程变更建议书的审查应当符合下列要求:工程变更后,不能降低工程质量标准,不能影响工程建成后的功能和使用寿命;工程变更在施工技术上可行、可靠;变更工程引起的费用及工期变化经济合理;变更工程不对后续施工产生不良影响。

监理人审核承包人提交的工程变更报价时的处理原则如下:如果施工合同工程量清单中有适用于变更工作内容的项目,应当采用该项目的单价或合价;如果施工合同工程量清单中无适用于变更工作内容的项目,可引用施工合同工程量清单中类似项目的单价或合价作为合同双方变更议价的基础;如果施工合同工程量清单中无此类似项目的单价或合价,或单价或合价明显不合理或不适用的,经协商后由承包人依照招标文件确定的原则和编制依据重新编制单价或合价,经监理人审核后报发包人确认。当发包人与承包人协商不能一致时,监理人应当确定合适的暂定单价或合价,通知承包人执行。

5)工程变更的实施

经监理人审查同意的工程变更建议书需报发包人批准;经发包人批准的工程变更,应当由发包人委托原设计单位负责完成具体的工程变更设计工作;监理人核查工程变更设计文件、图纸后,应当向承包人下达工程变更指示,承包人据此组织工程变更的实施;监理人根据工程的具体情况,为避免耽误施工,可将工程变更内容分两次向承包人下达:先发布变更指示(变更设计文件、图纸),指示其实施变更工作;待合同双方进一步协商确定工程变更的单价或合价后,再发出变更通知(变更工程的单价或合价)。

2. 索赔管理

监理人受理承包人提交的合同索赔意向,但不接受未按施工合同约定的索赔程序和时限提出的索赔要求;监理人在收到承包人的索赔意向通知后,将核查承包人的当时记录,指示承包人做好延续记录,要求承包人提供进一步的支持性资料。

监理人在收到承包人的中期索赔申请报告或最终索赔申请报告后,将进行以下工作:依据施工合同约定,对索赔的有效性、合理性进行分析和评价;对索赔支持性资料的真实性逐一进行分析和审核;对索赔的计算依据、计算方法、计算过程、计算结果及其合理性逐项进行审查;对于由施工合同双方共同责任造成的经济损失或工期延误,应当通过协商一致,公平合理地确定双方分担的比例;必要时要求承包人再提供进一步的支持性资料。

监理人应当在施工合同约定的时间内做出对索赔申请报告的处理决定,报送发包人并抄送承包人。如果合同双方或其中任一方不接受监理人的处理决定,则按争议解决办法处理。

监理人在承包人提交了完工付款申请后,不再接受承包人提出的在工程移交证书颁发前所发生的任何索赔事项;在承包人提交了最终付款申请后,不再接受承包人提出的任何索赔事项。

3. 违约管理

1）承包人违约

对于承包人违约，监理人将依据施工合同约定进行下列工作：在及时进行查证和认定事实的基础上，对违约事件的后果做出判断；及时向承包人发出书面警告，限其在收到书面警告后的规定时限内予以弥补和纠正；在承包人收到书面警告的规定时限内仍不采取有效措施纠正其违约行为或继续违约，严重影响工程质量、进度，甚至危及工程安全时，监理人应当限令其停工整改，并在规定时限内提交整改报告；在承包人继续严重违约时，监理人应当及时向发包人报告，说明承包人违约情况及可能造成的影响。

当发包人向承包人发出解除合同通知后，监理人应当协助发包人按照合同约定派员进驻现场接收工程，处理解除施工合同后的有关合同事宜。

2）发包人违约

对于发包人违约，监理人将依据施工合同约定进行下列工作：由于发包人违约，工程施工无法正常进行，在收到承包人书面要求后，监理人应当及时与发包人协商，解决违约行为，赔偿承包人的损失，并促使承包人尽快恢复正常施工；在承包人提出解除施工合同要求后，监理人应当协助发包人尽快进行调查、认证和澄清工作，并在此基础上，按有关规定和施工合同约定处理解除施工合同后的有关合同事宜。

（四）合同档案与信息管理

合同档案与信息管理是监理人、发包人、承包人都要做的工作。监理人应当督促承包人按有关规定和施工合同约定做好工程资料档案的管理工作；监理人应当按有关规定及监理合同约定，做好监理资料档案的管理工作，凡要求立卷归档的资料，应当按照规定及时归档；监理资料档案应当妥善保管；在监理服务期满后，对应当由监理人负责归档的工程资料档案逐项清点、整编、登记造册，向发包人移交。

例如，某工程项目文件档案信息管理要求如下：①各承包人的竣工资料必须符合××档案《建设工程文件归档整理规范》的有关规定，同时移交给发包人竣工资料两份以上，合同中规定的其他资料，随竣工资料一同移交。②由设计签发的有关问题及洽商记录或发包人发出的工作联络单，监理人及各承包人应准确、完整地进行收集归档，作为设计变更及结算的依据。③发包人方的专业人员要将各承包人的报告（如周进度报告、月度进度报告、季度进度报告及总结等）、监理报告（如监理月报、年度总结等）、设计协调会纪要等进行全面收集、整理、归档。④承包人的各项施工技术资料应有专人及时办理、收集、整理，待工程竣工时归档，避免遗失不全。⑤各项技术资料均应按××要求全部使用《××建设工程施工技术资料统一用表》，否则，不予接受。⑥技术资料填写或复写时应使用黑色墨水和黑色的复写纸。由承包人报送档案局的资料，第一页原件留给承包人，第二页送给监理人，第三页送给发包人；由监理人报送当地档案局的归档资料，第一页原件留给监理人，第二页送给承包人，第三页送给发包人；经济签证资料，第一页给发包人，第二页给承包人，第三页给监理人。⑦工程中所有资料及文档，提倡使用电子信息化管理。

第二节　水利工程施工合同的投资目标控制

一、水利工程施工合同的投资目标控制概念

水利工程施工合同的投资目标控制，就是将投资控制在批准的限额内，建成质量和技术性能满足设计要求的工程。即建设各方根据施工合同有关条款、施工图纸，对工程项目投资目标进行风险分析，制定防范对策；控制计量与支付，防止或减少索赔，控制工程变更，预防和减少风险干扰；按照合同规定付款，避免延误工期，确保实际投资不超过项目计划投资额。相关概念如下：

签约合同价指签订合同时合同协议书中写明的，包括了暂列金额、暂估价的合同总金额。合同价格指承包人按合同约定完成了包括缺陷责任期内的全部承包工作后，发包人应付给承包人的金额，包括在履行合同过程中按合同约定进行的变更和调整。费用指为履行合同所发生的或将要发生的所有合理开支，包括管理费和应分摊的其他费用，但不包括利润。暂列金额指已标价工程量清单中所列的暂列金额，用于在签订协议书时尚未确定或不可预见变更的施工及其所需材料、工程设备、服务等的金额，包括以计日工方式支付的金额。暂估价指发包人在工程量清单中给定的用于支付必然发生但暂时不能确定价格的材料、设备以及专业工程的金额。计日工指对零星工作采取的一种计价方式，按合同中的计日工子目及其单价计价付款。质量保证金（或称保留金）指按约定用于保证在缺陷责任期内履行缺陷修复义务的金额。

（一）发包人在合同投资目标控制中的主要工作

发包人委托监理工程师，按照招标文件工程量清单上的内容，通过计量、确认，按合同规定支付给承包人费用，再通过自己及监理工程师严格的合同管理，控制各种变更、价差、违约、索赔、计日工等方面费用的发生和扩大，努力减少合同外的支出。

以小浪底工程为例，发包人在开工进场时的合同责任和义务包括以下几方面：

（1）安排监理提前进场和开展工作，为监理提供合同文件和图纸资料；

（2）* 按合同规定的要求办理施工场地移交，对涉外工程，移交的场地多为封闭式的；

（3）* 施工图纸供应；

（4）必需的水电、通信、交通等生产、生活条件；

（5）现场测量、坐标控制点网的移交；

（6）* 按规定时间提供预付款；

（7）负责办理由发包人投保的保险；

（8）根据工程进展，牵头组织和建立质量管理、治安保卫、施工安全、环境保护、工程验收组织。

上述工作通常由发包人聘用的监理工程师组织实施，带 * 号的项目是合同中的重要约定，如果发包人不能兑现，将构成违约，违约即会发生索赔。尽管如此，承包方大量索赔的实现，以及工程的贷款建设，使小浪底工程的完工结算大大超出了静态预算。

(二)监理人在合同投资目标控制中的主要工作

审批承包人提交的资金流计划;协助发包人编制合同项目的付款计划;根据工程实际进展情况,对合同付款情况进行分析,提出对资金流的调整意见;审核工程付款申请,签发付款证书;根据施工合同约定进行价格调整;根据授权处理工程变更所引起的工程费用变化事宜;根据授权处理合同索赔中的费用问题;审核完工付款申请,签发完工付款证书;审核最终付款申请,签发最终付款证书。

(三)承包人在合同投资目标控制中的主要工作

建立合同实施的保证体系,严格按合同管理,严格按程序执行,严格按制度办事;及时与监理沟通,实行动态管理,保证进度按计划执行,质量按合同要求达标,投资无偏差或在控制之内,不发生反索赔事件;在资金筹措与设备、物料供应方面,保证及时按质、按量到位,避免延误工期,增加投资;加强合同执行过程中的变更确认管理,避免无收益变更,及时索赔,避免错失索赔机会;合理规避可控风险,共同进行投资控制;重视合同文件的管理,做到合同文件的及时归档,为各项工作及索赔提供支持。

二、建设各方对工程量清单的管理

《水利工程工程量清单计价规范》(GB 50501—2007,自 2007 年 7 月 1 日起实施,以下简称《清单计价规范》)适用于水利枢纽、水力发电、引(调)水、供水、灌溉、河湖整治、堤防等新建、扩建、改建、加固工程的招标投标工程量编制和计价活动。其附录 A 适用于水利建筑工程,附录 B 适用于水利安装工程,是编制水利工程工程量清单的依据,与正文具有同等效力。

工程量清单的作用在于,它是招标人编制工程标底的依据、投标人确定投标报价的依据、计算工程价款和合同结算的依据。工程量清单是表现招标工程的分类分项工程项目、措施项目、其他项目的名称和相应数量的明细清单,由分类分项工程量清单、措施项目清单、其他项目清单和零星工作项目清单组成,详见《清单计价规范》。

《清单计价规范》中的强制性条文,必须严格执行。其内容如下:

分类分项工程量清单,应当根据本规范附录 A、附录 B 规定的项目编码、项目名称、项目主要特征、计量单位、工程量计算规则、主要工作内容和一般适用范围进行编制;

项目编码,一至九位应当按本规范附录 A、附录 B 的规定设置,十至十二位应当根据招标工程的工程量清单项目名称由编制人设置,并应当自 001 起顺序编码;

项目名称,应当参照本规范附录 A、附录 B 中的项目名称,考虑项目主要特征并结合招标工程的实际确定,出现未包括项目时,编制人可作补充;

计量单位,应当按本规范附录 A、附录 B 中规定的计量单位确定;

工程数量,应当按本规范附录 A、附录 B 中规定的工程量计算规则和相关条款说明计算,有效位数规定见本规范;

其他内容详见本规范。

(一)工程量清单

关于工程量清单,《水利水电工程标准施工招标文件》(2009 年版)规定如下。

1. 工程量清单说明

(1)工程量清单应与招标文件中的投标人须知、通用合同条款、专用合同条款、技术标准和要求(合同技术条款)、图纸等一起阅读和理解。

(2)工程量清单仅是投标人投标报价的共同基础。除另有约定外,工程量清单中的工程量是根据招标设计图纸计算的用于投标报价的估算工程量,不作为最终结算工程量。最终结算工程量是承包人实际完成并符合技术标准和要求(合同技术条款)规定,按施工图纸计算的有效工程量。

(3)工程量清单中各项目的工作内容和要求应符合相关技术标准和要求(合同技术条款)的规定。

(4)工程价款的支付遵循合同条款的约定。

2. 投标报价说明

1)工程量清单报价表组成

工程量清单报价表由以下表格组成:

(1)投标总价。

(2)工程项目总价表。

(3)分组工程量清单报价表。

(4)计日工项目报价表。

(5)工程单价汇总表。

(6)工程单价费(税)率汇总表。

(7)投标人生产电、风、水、砂石基础单价汇总表。

(8)投标人生产混凝土配合比材料费表。

(9)招标人供应材料价格汇总表(若招标人提供)。

(10)投标人自行采购主要材料预算价格汇总表。

(11)招标人提供施工机械台时(班)费汇总表(若招标人提供)。

(12)投标人自备施工机械台时(班)费汇总表。

(13)总价项目分解表。

(14)工程单价计算表。

(15)人工费单价汇总表。

2)工程量清单报价表填写规定

(1)除招标文件另有规定外,投标人不得随意增加、删除或涂改招标文件工程量清单中的任何内容。工程量清单中列明的所有需要填写的单价和合价,投标人均应填写;未填写的单价和合价,视为已包括在工程量清单的其他单价和合价中。

(2)工程量清单中的工程单价是完成工程量清单中一个质量合格的规定计量单位项目所需的直接工程费、间接费、企业利润和税金,并考虑到风险因素。投标人应根据规定的工程单价组成内容确定工程单价。除另有规定外,对有效工程量以外的超挖、超填工程量,施工附加量,加工、运输损耗量等,所消耗的人工、材料和机械费用均应摊入相应有效工程量的工程单价内。

(3)投标金额(价格)均应以人民币表示。

(4)投标总价应按工程项目总价表合计金额填写。

(5)工程项目总价表中组号和工程项目名称按招标文件工程量清单中的相应内容填写,并按分组工程量清单报价表中相应项目合计金额填写。暂列金额按招标文件工程项目总价表中的相应内容填写。

(6)分组工程量清单报价表中的序号、项目名称、计量单位、工程数量,按招标文件分组工程量清单报价表的相应内容填写,并填写相应项目的单价和合价。

工程量清单的项目分组按单位工程或专项工程模式进行。

模式一:按单位工程分组。分组工程量清单报价表中的序号分为四段数字,其分段含义为:

□第一段—□第二段—□第三段—□第四段

第一段数字为分组号,代表单位工程序号;第二段数字为专业工程序号,与技术标准和要求(合同技术条款)中各章的章号一致;第三段数字为该专业工程下属的子项序号;第四段数字为第三段数字所指工程子项的下属孙项序号。

模式二:按技术标准和要求(合同技术条款)各章的专项工程进行分组。分组工程量清单报价表中的序号分为四段数字,其分段含义为:

□第一段□第二段—□第三段—□第四段

第一段数字为分组号,代表专项工程序号,与技术标准和要求(合同技术条款)中各章的章号一致;第二段数字为单位工程序号,同一单位工程在各分组工程量清单报价表中序号的第二段数字相同;第三段数字为该单位工程下属的子项序号;第四段数字为第三段数字所指工程子项的下属孙项序号。

(7)计日工项目报价表的序号,人工、材料、机械的名称、型号规格以及计量单位,按招标文件计日工项目报价表中的相应内容填写,并填写相应项目单价。

(8)辅助表格填写:

①工程单价汇总表,按工程单价计算表中的相应内容、价格(费率)填写。

②工程单价费(税)率汇总表,按工程单价计算表中的相应内容、费(税)率填写。

③投标人生产电、风、水、砂石基础单价汇总表,按基础单价分析计算成果的相应内容、价格填写,并附相应基础单价的分析计算书。

④投标人生产混凝土配合比材料费表,按表中工程部位、混凝土强度等级(附抗渗、抗冻等级)、水泥强度等级、级配、水灰比、相应材料用量和单价填写,填写的单价必须与工程单价计算表中采用的相应混凝土材料单价一致。

⑤招标人供应材料价格汇总表,按招标人供应的材料名称、型号规格、计量单位和供应价格填写,并填写经分析计算后的相应材料预算价格,填写的预算价格必须与工程单价计算表中采用的相应材料预算价格一致(若招标人提供)。

⑥投标人自行采购主要材料预算价格汇总表,按表中的序号、材料名称、型号规格、计量单位和预算价格填写,填写的预算价格必须与工程单价计算表中采用的相应材料预算价格一致。

⑦招标人提供施工机械台时(班)费汇总表,按招标人提供的机械名称、型号规格和招标人收取的台时(班)折旧费填写;投标人填写的台时(班)费用合计金额必须与工程单

价计算表中相应的施工机械台时(班)费单价一致(若招标人提供)。

⑧投标人自备施工机械台时(班)费汇总表,按表中的序号、机械名称、型号规格、一类费用和二类费用填写,填写的台时(班)费合计金额必须与工程单价计算表中相应的施工机械台时(班)费单价一致。

⑨投标人应对工程量清单中的总价项目编制总价项目分解表,每个总价项目一份,项目编号和名称应与工程量清单一致。

⑩投标金额大于或等于投标总标价万分之五的工程项目,必须编报工程单价计算表。工程单价计算表,按表中的施工方法、序号、名称、型号规格、计量单位、数量、单价、合价填写,填写的人工、材料和机械等基础价格,必须与人工费单价汇总表、基础材料单价汇总表、主要材料预算价格汇总表及施工机械台时(班)费汇总表中的单价相一致,填写的其他直接费、现场经费、间接费、企业利润和税金等费(税)率必须与工程单价费(税)率汇总表中的费(税)率相一致。

⑪人工费单价汇总表应按人工费单价计算表的内容、价格填写,并附相应的人工费单价计算表。

工程量清单报价表组成如下(见表3-1~表3-14):

投标总价

________(项目名称)________(标段名称)

合同编号:________

投标总价人民币(大写):________元

(¥):________元

表3-1 工程项目总价表

合同编号(投标项目合同号):________

工程名称:________(项目名称)________(标段名称)

组号	项目分组名称	金额(元)	备注
	合计(A)		

暂列金额(B)________

投标总报价(A)+(B)________

表3-2 工程单价汇总表

合同编号(投标项目合同号):________

工程名称:________(项目名称)________(标段名称)

序号	项目名称	计量单位	人工费	材料费	机械使用费	其他直接费	现场经费	间接费	企业利润	税金	合计

表 3-3　分组工程量清单报价表

合同编号(投标项目合同号):________

工程名称:________(项目名称)________(标段名称)

组号:________　　　　　　　　　　　　　　分组名称:________

序号	项目名称	计量单位	工程数量	单价(元)	合价(元)	备注
合　计 (汇入工程项目总价表)						

表 3-4　计日工项目报价表

合同编号(投标项目合同号):________

工程名称:________(项目名称)________(标段名称)

序号	名称	型号规格	计量单位	单价(元)	备注
1	人工				
2	材料				
3	机械				

表 3-5　工程单价费(税)率汇总表

合同编号(投标项目合同号):________

工程名称:________(项目名称)________(标段名称)

序号	工程部位	工程单价费(税)率(%)					备注
		其他直接费	现场经费	间接费	企业利润	税金	
一	建筑工程						
二	安装工程						

表 3-6　投标人生产电、风、水、砂石基础单价汇总表

合同编号(投标项目合同号)：________

工程名称：________(项目名称)________(标段名称)

序号	名称	型号规格	计量单位	人工费	材料费	机械使用费				合计	备注

表 3-7　投标人生产混凝土配合比材料费表

合同编号(投标项目合同号)：________

工程名称：________(项目名称)________(标段名称)

序号	工程部位	混凝土强度等级	水泥强度等级	级配	水灰比	预算材料量(kg/m^3)						单价($元/m^3$)	备注
						水泥	砂	石					

表 3-8　招标人供应材料价格汇总表

合同编号(投标项目合同号)：________

工程名称：________(项目名称)________(标段名称)

序号	材料名称	型号规格	计量单位	供应价格(元)	预算价格(元)

表 3-9　招标人自行采购主要材料预算价格汇总表

合同编号(投标项目合同号)：________

工程名称：________(项目名称)________(标段名称)

序号	材料名称	型号规格	计量单位	预算价格(元)	备注

表 3-10　投标人提供施工机械台时(班)费汇总表

合同编号(投标项目合同号):________

工程名称:________(项目名称)________(标段名称)　　　　单位:元/台时(班)

序号	机械名称	型号规格	招标人收取的折旧费	投标人应计算的费用								合计
				维修费	安拆费	人工	柴油	电			小计	

表 3-11　投标人自备施工机械台时(班)费汇总表

合同编号(投标项目合同号):________

工程名称:________(项目名称)________(标段名称)　　　　单位:元/台时(班)

序号	机械名称	型号规格	一类费用				二类费用						合计
			折旧费	维修费	安拆费	小计	人工	柴油	电			小计	

表 3-12　总价项目分解表

合同编号(投标项目合同号):________

工程名称:________(项目名称)________(标段名称)

序号	项目名称	计量单位	工程数量	单价(元)	合价(元)	备注

表 3-13　工程单价计算表

________工程

单价编号：________　　　　定额单位：________

施工方法：

序号	名称	型号规格	计量单位	数量	单价(元)	合价(元)
1	直接工程费					
1.1	人工费					
1.2	材料费					
1.3	机械使用费					
1.4	其他直接费					
1.5	现场经费					
2	间接费					
3	企业利润					
4	税金					
	合计					

表 3-14　人工费单价汇总表

合同编号(投标项目合同号)：________

工程名称：________(项目名称)________(标段名称)

序号	工种	单位	单价(元)	备注

(二)工程量清单单价的组成

1. 工程量清单单价的计算

工程量清单中的单价，是进行工程计量支付的依据，是投标单位通过对清单中所列项目逐一分析、计算确定的。《清单计价规范》规定：分类分项工程量清单计价采用的工程单价，据本规范规定的工程单价组成内容，按招标设计文件、图纸、规范附录 A 和附录 B 中的“主要工作内容”确定，除另有规定外，对有效工程量以外超挖、超填的工程量，施工附加量，加工、运输损耗量等，所消耗的人工、材料和机械费用，均应当摊入相应有效工程量的工程单价之内；措施项目清单的金额，应当根据招标文件的要求以及工程的施工方案，以每一项措施项目为单位，按项计价；其他项目清单，由招标人按估算金额确定；零星工作项目清单的单价，由投标人确定。

2. 基础单价

按招标文件的规定，根据招标项目涵盖的内容，投标人一般应当编制以下基础单价，作为编制分类分项工程单价的依据：人工费单价，主要材料预算价格，电、风、水单价，砂石料单价，块石、料石单价，混凝土配合比对应的材料费，施工机械台时（班）费。

3. 工程单价的组成

工程量清单中的每一项单价，一般应当包括：工程直接费用（包括人工费、材料费、机械使用费），施工管理费，企业利润，税金。具体内容见《清单计价规范》。

（三）发包人对工程量清单的管理

实行工程量清单计价招标投标的水利工程，其招标标底、投标报价的编制，合同价款的确定与调整以及合同价款的结算，均要依据清单的说明、内容、工作范围和技术条款的计量支付规定进行。因此，发包人在编制招标文件时，应当特别注意防止清单中各项内容出现重复或漏项，避免引发双重支付和索赔。

水利工程工程量清单项目及其计算规则，要按照《清单计价规范》执行和补充。

工程量清单报价表由以下部分组成：①投标总价；②工程项目总价表（只有一个单项工程时，可不填此表）；③单项工程费汇总表（只有一个单位工程时，可不填此表）；④单位工程费汇总表；⑤分部分项工程量清单计价表；⑥分部分项工程量清单综合单价分析表；⑦措施项目清单计价表；⑧措施项目费分析表；⑨其他项目清单计价表；⑩零星工作项目计价表；⑪规费计价表；⑫主要设备材料价格表。

（四）承包人对工程量清单的管理

招标文件提供的工程量清单仅供承包人投标报价参考。承包人报价时不允许对工程量清单的项目、数量进行调整和改变，但允许承包人根据施工图纸自行校核招标文件提供的工程量清单。校核后有差错的，其差错部分的项目或工程量在清单内另列并报价。

在实行工程量清单计价招标投标的水利工程承包项目中，工程量清单是施工承包合同的重要组成部分。承包人在编制投标文件时，对工程量清单中每一项目的单价，都应当仔细加以分析，目的是确定出一个既合理又具有竞争性的定价，力求既能中标，又可以增加赢利。

（五）监理人对工程量清单的管理

（1）招标前。招标前介入时，对拟用工程量清单数量进行复核，有助于打好管理基础。

（2）编制监理规划和有关细则。在编制监理规划和有关细则时要紧密结合工程量清单计价模式，提高规划、细则的可操作性。

（3）现场结算控制。熟悉管理依据，把握控制重点。熟悉工程量清单计价规范、造价管理部门公布的有关物价指数、工资指数等指导性文件，各项合同文件（包括施工合同、材料供应合同、设备采购合同），招标投标文件，设计图纸、设计变更、会审记录、技术核定单、会议纪要及施工组织设计等技术资料。

监理人对工程量清单的管理主要体现在以下两方面。

1. 工程量控制

《清单计价规范》规定，分部分项工程的工程量，不论是由于合同工程量清单有误或遗漏，还是由于设计变更引起新的工程量清单项目或清单项目工程数量的增减，均应按实际进行调整，以体现谁引起风险事件，谁承担风险损害责任的原则。

现场监理工程师应及时准确计量现场发生的实际工程量，在计量时应以清单计价中工程量计算规则和合同约定为准，同时应注意以下几点：所有完成的工程量应经承包单位自检合格并经过监理人员验收合格，否则不予计量。分部分项工程量应是构成工程实体的工程量，即净工程量，为保证施工质量或操作而增加的工程量已包括在报价中，计量时不应考虑，例如土方开挖中因放坡、操作面、机械进出施工工作面等增加的施工量已包括在土方报价内，不得进行工程量计算。这一点与以往"定额计价"不同。原工程量清单中已列而投标人未填报单价的项目视其费用已包含在其他项目中，不得重新再计算工程量（如发生变更增减，按变更数量计算调整）。监理投资控制工程师必须熟悉图纸，熟悉本工程的工程量清单并及时掌握现场情况，对于清单工程量和变更增减量心中有数，承包单位报审工程量时有报增不报减情况，监理工程师应严格把关，按照实际情况核实，明察秋毫，防微杜渐。

2. 单价控制

单价控制相对于工程量控制工作量要小，其最主要的控制依据就是投标人的投标报价。监理工程师在审核工程结算时应把握好三个原则，积极协调，以理服人。清单项目相同的按投标单价执行；类似于清单项目的参照投标单价进行相应调整后执行；新增的清单项目由承包单位报单价，经监理、发包人核定后执行。

三、建设各方对工程计量的管理

（一）发包人对工程计量的管理

发包人依据施工合同约定，认定工程计量程序，通过监理人（按程序工作）实现对工程计量的管理。

（二）工程计量方法与计量计算

工程量计量的方法包括现场计量、按设计图纸计量、仪表计量、按单据计算、按监理人批准方法计量、包干计价等。计量计算包括质量计量的计算、面积计量的计算、体积计量的计算、长度计量的计算等。

（三）承包人对已完成工程计量的管理

施工合同工程量清单中开列的工程量是招标时的估算工程量，不是承包人为履行合同应当完成的和用于结算的实际工程量。结算的工程量应当是承包人实际完成的并按本合同有关计量规定计量的工程量。

承包人应当按合同规定的计量办法，按月对已完成的质量合格的工程进行准确计量，并在每月末随同月付款申请单，按工程量清单的项目分项向监理人提交完成工程量的月报表和有关计量资料；监理人对承包人提交的工程量月报表有疑问时，可以要求承包人派员与监理人共同复核，并可要求承包人按施工合同相关条款的规定进行抽样复测，承包人应当积极配合和指派代表协助监理人进行复核并按监理人的要求提供补充的计量资料；

如果承包人未按监理人的要求派代表参加复核,则监理人复核修正的工程量应当被视为该部分工程的准确工程量;监理人认为有必要时,可要求与承包人联合进行测量计量,承包人应当遵照执行;承包人完成了工程量清单中每个项目的全部工程量后,监理人应当要求承包人派员与其共同对每个项目的历次计量报表进行汇总和核实,并可要求承包人提供补充计量资料,以确定该项目最后一次进度付款的准确工程量,如承包人未按监理人的要求派员参加,则监理人最终核实的工程量应当被视为该项目完成的准确工程量。

(四)监理人对已完成工程计量的管理

监理人对已完成工程计量的管理,包括以下几个方面。

可支付的工程量应同时符合以下条件:经监理签认,并符合施工合同约定或发包人同意的工程变更项目的工程量以及计日工;经质量检验合格的工程量;承包人实际完成,并按施工合同有关计量规定计量的工程量。

在监理签发的施工图纸(包括设计变更通知)所确定的建筑物设计轮廓线和施工合同文件约定应扣除或增加计量的范围内,应按有关规定及施工合同文件约定的计量方法和计量单位进行计量。

工程计量应符合以下程序:工程项目开工前,监理人应监督承包人按有关规定或施工合同约定完成原始地面地形以及计量起始位置地形图的测绘,并审核测绘成果;工程计量前,监理应审查承包人计量人员的资格和计量仪器设备的精度及率定情况,审定计量的程序和方法;在接到承包人的计量申请后,监理人应审查计量项目、范围、方式,审核承包人提交的计量所需的资料、工程计量已具备的条件,若发现问题,或不具备计量条件,应督促承包人进行修改和调整,直至符合计量条件要求,方可同意进行计量;监理机构应会同承包人共同进行工程计量,或监督承包人的计量过程,确认计量结果,或依据施工合同约定进行抽样复核;在付款申请签认前,监理人应对支付工程量汇总成果进行审查;若监理机构发现计量有误,可重新进行审核、计量,进行必要的修正与调整。

当承包人完成了每个计价项目的全部工程量后,监理人应要求承包人与其共同对每个项目的历次计量报表进行汇总和总体量测,核实该项目的最终计量工程量。

四、建设各方对各种工程款支付的管理

(一)发包人对各种工程款支付的管理

发包人只对经监理人签字确认的、经审查无误的付款证书支付工程款项。未经监理人签字确认的付款证书,发包人不支付任何工程款项。发包人发现监理人签字确认的付款证书存在问题,可责令其修正,发现监理人和承包人恶意串通事件,可以提交司法机关处理。

(二)监理人对各种工程款支付的管理

《水利工程建设监理规定》第 17 条规定:监理人应当协助专用合同条款中写明的当事人,编制付款计划,审查提交的资金流计划,按照合同约定核定工程量,签发付款凭证。未经总监理工程师签字,专用合同条款中写明的当事人不得支付工程款。监理人对各种工程款支付的管理,按照《水利工程建设项目施工监理规范》(以下简称《监理规范》)要求和施工合同进行。

1. 付款申请的受理和审查

付款申请表填写应符合规定，证明材料齐全；申请付款项目、范围、内容、方式符合施工合同约定；质量检验签证齐备；工程计量合理、有效、准确；付款单价及合价无误。

只有计量结果被认可，监理人方可受理承包人提交的付款申请；承包人应按照《监理规范》附录E的表格式样，在施工合同约定的期限内填报付款申请报表；监理人在接到承包人付款申请后，应当在施工合同约定时间内完成审核。

承包人的申请资料不全或不符合要求，造成付款证书签证延误，承包人承担责任。

2. 预付款支付

监理人在收到承包人的工程预付款申请后，应当审核承包人获得工程预付款已具备的条件，条件具备、额度准确时，可签发工程预付款付款证书；应当在审核工程价款之月支付申请的同时，审核工程预付款应当扣回的额度，并汇总已扣回的工程预付款总额；监理人在收到承包人的工程材料预付款申请后，应当审核承包人提供的单据和有关证明资料，并按合同约定随工程价款的月付款一起支付。

预付款包括工程预付款、永久工程材料预付款。

1）工程预付款

工程预付款的总金额应不低于合同价格的10%，分两次支付给承包方。第一次预付的金额应当不低于工程预付款的40%。工程预付款总金额的额度和分次付款比例，应当根据工程的具体情况，由发包人通过编制合同资金流计划予以测定，并在专用合同条款中规定。工程预付款专用于合同工程。

第一次预付款应当在协议书签署后21天内，并在承包方向发包人提交了经发包人认可的预付款保函后支付。发包人应当在支付前将上述预付款保函复印件送监理人，由监理人出具付款证书，交发包人作为支付凭证。预付款保函在预付款被发包人扣回前一直有效，保函金额为本次预付款金额，但可根据以后预付款扣回的金额相应递减。

第二次预付款需待承包方主要设备进入工地后，其估算价值已达到本次预付款金额时，由承包方提出书面申请，经监理人核实后出具付款证书提交给发包人，发包人在收到监理人出具的付款证书后14天内支付给承包方。

工程预付款由发包人从月进度付款中扣回。在合同累计完成金额达到专用合同条款规定的开始扣款数额时开始扣款，直至合同累计完成金额达到专用合同条款规定的全部扣清数额时全部扣清。

在每次进度付款时，累计扣回的金额按式（3-1）计算

$$R = \frac{A}{(F_2 - F_1)S}(C - F_1 S) \tag{3-1}$$

式中 R——每次进度付款中累计扣回的金额；

A——工程预付款总金额；

S——合同价格；

C——合同累计完成金额；

F_1——按专用合同条款规定开始扣款时合同累计完成金额达到合同价格的比例；

F_2——按专用合同条款规定全部扣清时合同累计完成金额达到合同价格的比例。

上述合同累计完成金额均指价格调整前且未扣保留金的金额。

2)永久工程材料预付款

专用合同条款中规定的形成合同永久工程的主要材料到达工地,并满足以下条件后,承包方可向监理人提交材料预付款支付申请单,要求给予材料预付款:材料符合技术条款的要求;材料已到达工地,并经承包方和监理人共同验收清点后入库;承包方按监理人的要求提交了材料的订货单、收据或价格证明文件;到达工地的材料由承包方保管,如果发生损坏、遗失或变质,由承包方负责。预付款金额为经监理人审核后的实际材料价格的90%,在月进度付款中支付。预付款在付款月后的6个月内,在月进度付款中,每月按预付款金额的1/6平均扣还。

3.工程价款的月支付

承包方应当在每月末按监理人规定的格式提交月进度付款申请单(一式四份),并附有施工合同"完成工程量的计量"条款规定的完成工程量的月报表。该申请单包括以下内容:已完成的工程量清单中永久工程及其他项目的应付金额;经监理人签认的当月计日工支付凭证标明的应付金额;工程材料预付款金额;价格调整金额;根据合同规定,承包方有权得到的其他金额;扣除应当由发包人扣还的工程预付款和永久工程材料预付款金额;扣除应当由发包人扣留的保留金金额;扣除按合同规定承包方应当付给发包人的其他金额。

在施工过程中,监理人在收到月进度付款申请单后的14天内,审核承包方提出的月付款申请,同意后签发工程价款的月付款证书,提出应当到期支付给承包方的金额。工程价款的月支付属工程施工合同的中间支付,监理人可按照施工合同的约定,对中间支付的金额进行修正和调整,并签发付款证书。通过对以往历次已签证的月进度付款证书的汇总和复核,监理人有权对发现的错、漏或重复之处进行修正或更改,承包方亦有权提出此类修正或更改,经双方复核同意的此类修正或更改应当列入月进度付款证书中予以支付或扣除。

发包人在收到监理人签证的月进度付款证书并审批后,将相关款项支付给承包方,支付时间不应超过监理人收到月进度付款申请单后28天。如果不按期支付,则应当从逾期第一天起按专用合同条款中规定的逾期付款违约金加付给承包方。

4.工程变更支付

监理人应当依照施工合同约定或工程变更指示所确定的工程款支付程序、办法及工程变更项目施工进展情况,在工程价款之月支付的同时进行工程变更支付。

5.计日工支付

监理人可指示承包人,以计日工方式完成一些未包括在施工合同中,特殊的、零星的、漏项的或紧急的工作内容。在指示下达后,监理人应当检查和督促承包人按指示的要求实施,在完成后确认其计日工工作量,并签发有关付款证明;监理人在下达指示前应当取得发包人批准;承包人可将计日工支付随工程价款之月支付一同申请。

6.保留金支付

监理人应当从第一个月开始,在给承包方的月进度付款中,按专用合同条款规定百分比的金额扣留保留金(其计算额度不包括预付款和价格调整金额),直至扣留的保留金额达到专用合同条款规定的数额为止;在签发单位工程或部分工程的临时移交证书后,将其相应的保留金额度的一半在月进度付款中支付给承包方；在签发合同工程移交证书后14天内，由监理人出具保留金付款证书，发包人将保留金总额的一半支付给承包方；监理人在合同全部工程的保修期满时，出具支付剩余保留金的付款证书，发包人应当在收到上述付款证书后14天内将剩余的保留金支付给承包方；如果保修期满时，监理人认为还有部分剩余缺陷工程，需要承包方完成，报发包人同意后，监理人有权在付款证书中扣留与剩余工作所需金额相应的保留金余额，直到工作全部完成后再支付完全部保留金。

【例3-1】 工程项目由A、B、C、D四个分项工程组成，合同工期为6个月。施工合同规定：

(1)向承包人支付的10%工程预付款，在4、5、6月结算时分月均摊抵扣；

(2)保留金为合同总价的5%，每月从承包人的当月工程进度款中扣留10%，直至扣完；

(3)工程进度款逐月结算，不考虑物价调整；

(4)分项工程累计实际完成工程量超出计划完成工程量的20%时，该分项工程工程量超出部分的结算单价调整系数为0.95。

各月计划完成工程量及全费用单价如表3-15所示，各月实际完成的工程量见表3-16。

问题：

1. 该工程预付款为多少万元？应扣留的保留金为多少万元？

2. 各月应抵扣的预付款各是多少万元？

3. 根据表3-16提供的数据，各月监理人应确认的工程进度款为多少万元？

表3-15 各月计划完成工程量及全费用单价

分项工程	计划完成工程量(m^3)						全费用单价(元/m^3)
	1月	2月	3月	4月	5月	6月	
A	500	750					180
B		600	800				480
C			900	1 100	1 100		360
D					850	950	300

表3-16 各月实际完成的工程量 (单位：m^3)

分项工程	1月	2月	3月	4月	5月	6月
A	560	550				
B		680	1 050			
C			450	1 350	1 300	
D					850	950

解：因为没考虑临时移交证书之后的问题，不涉及保留金的支付，所以本题只考虑保留金的扣留与预付款的扣回。

1. 合同价

$(500+750)\times180+(600+800)\times480+(900+1\,100+1\,100)\times360+(850+950)\times$

300 = 255.30(万元)。

(1)工程预付款为:255.30×10% = 25.53(万元)。

(2)保留金为:255.30×5% = 12.77(万元)。

2. 各月应抵扣的工程预付款

第4月开始每月扣:25.53÷3 = 8.51(万元),即4月8.51万元,5月8.51万元,6月8.51万元。

3. 监理人应确认的工程进度款

(1)1月:

实际完成工程量超过了计划工程量,应确认的工程进度款为:560×180×0.9 = 90 720(元) = 9.07万元。

应扣保留金为:9.07×0.1 = 0.91(万元),支付:9.07 - 0.91 = 8.16(万元)。

(2)2月:

A分项工程累计计划完成工程量的120%,即:(500 + 750)×(1 + 20%) = 1 500(m^3);

A分项工程累计实际完成工程量为:560 + 550 = 1 110(m^3)。

因为1 110 m^3 < 1 500 m^3,所以A分项工程结算单价不调整。

应确认的工程进度款为:(550×180 + 680×480)×0.9 = 382 860(元) = 38.29万元。

应扣保留金为:38.29×0.1 = 3.83(万元),支付:38.29 - 3.83 = 34.46(万元)。

(3)3月:

B分项工程累计计划完成工程量的120%,即:(600 + 800)×(1 + 20%) = 1 680(m^3);

B分项工程累计实际完成工程量为:680 + 1 050 = 1 730(m^3)。

因为1 730 m^3 > 1 680 m^3,所以B分项工程超出计划工程量20%部分的结算单价应调整。超出计划工程量20%部分的工程量为:1 730 - 1 680 = 50(m^3)。

相应的结算单价调整为:480×0.95 = 456(元/m^3)。

应确认的工程进度款为:[(1 050 - 50)×480 + 50×456 + 450×360]×0.9 = 598 320(元) = 59.83万元。

应扣保留金为:59.83×0.1 = 5.98(万元),支付:59.83 - 5.98 = 53.85(万元)。

(4)4月:

C分项工程累计计划完成工程量的120%,即:(900 + 1 100)×(1 + 20%) = 2 400(m^3);

C分项工程累计实际完成工程量为:450 + 1 350 = 1 800(m^3)。

因为1 800 m^3 < 2 400 m^3,所以C分项工程结算单价不调整。

应确认的工程进度款为:1 350×360 = 486 000(元) = 48.60万元。

欠扣保留金:255.30×5% - 0.91 - 3.83 - 5.98 = 2.05(万元);

可扣保留金:48.60×0.1 = 4.86(万元)。

二者取小值,扣保留金:2.05万元。至此,保留金扣留完毕。

应扣预付款:8.51万元。可以支付工程款:48.60 - 2.05 - 8.51 = 38.04(万元)。

(5)5 月:

C 分项工程累计计划完成工程量的 120%,即:900 + 1 100 + 1 100 = 3 100(m^3);

C 分项工程累计实际完成工程量为:450 + 1 350 + 1 300 = 3 100(m^3)。

因为 3 100 m^3 = 3 100 m^3,所以 C 分项工程结算单价不调整。

应确认的工程进度款为:1 300 × 360 + 850 × 300 = 723 000(元) = 72.30 万元。

应扣预付款:8.51 万元。可以支付工程款:72.30 − 8.51 = 63.79(万元)。

(6)6 月:

应确认的工程进度款:950 × 300 = 285 000(元) = 28.50 万元。

应扣预付款:8.51 万元。可以支付工程款:28.50 − 8.51 = 19.99(万元)。

至此,预付款全额扣回。

相关计算结果见表 3-17。

表 3-17 进度款计算结果 (单位:万元)

月份	0	1	2	3	4	5	6
工程预付款	25.53						
确认的进度款		9.07	38.29	59.83	48.60	72.30	28.50
保留金扣除		0.91	3.83	5.98	2.05		
扣回的预付款					8.51	8.51	8.51
累计完成的进度款		9.07	47.36	107.19	155.79	228.09	256.59
支付的进度款		8.16	34.46	53.85	38.04	63.79	19.99
累计支付的进度款	25.53	33.69	68.15	122.00	160.04	223.83	243.82

7. 完工支付要求

在合同工程移交证书颁发后的 28 天内,承包方应当按监理人批准的格式提交一份完工付款申请单(一式四份),并附有下述内容的详细证明文件:至移交证书注明的完工日期止,根据合同所累计完成的全部工程价款金额;承包方认为根据合同应当支付给他的追加金额和其他金额。

监理人应当在收到承包方提交的完工付款申请单后的 28 天内完成复核,并与承包方协商修改后,在完工付款申请单上签字和出具完工付款证书报送发包人审批。

发包人应当在收到上述完工付款证书后的 42 天内加以审核,审核内容包括,到移交证书上注明的完工日期止,承包人按施工合同约定累计完成的工程金额、承包人认为还应当得到的其他金额、发包人认为还应当支付或扣除的其他金额,审批后支付给承包方。如果发包人不按期支付,则应当按"支付时间"条款规定的相同办法,将逾期付款违约金付给承包方。

8. 最终支付要求

1)最终付款申请单

承包方在收到按规定颁发的保修责任终止证书后的 28 天内,按监理人批准的格式,向监理人提交一份最终付款申请单(一式四份),该申请单应当包括以下内容,并附有关的证明文件:按合同规定已经完成的全部工程价款金额,按合同规定应当付给承包方的追加金额,承包方认为应当付给他的其他金额。

如果监理人对最终付款申请单中的某些内容有异议,有权要求承包方进行修改和提供补充资料,直至正式提交经监理人同意的最终付款申请单为止。

2)结清单

承包方向监理人提交最终付款申请单的同时,应当向发包人提交一份结清单,并将结清单的副本提交监理人。该结清单应当证实最终付款申请单的总金额是根据合同规定应当付给承包方的全部款项的最终结算金额。但结清单只在承包方收到退还的履约担保证件和发包人已付清监理人出具的最终付款证书中应当付的金额后才生效。

3)最终付款证书和支付时间

监理人在收到最终付款申请单和结清单副本后的14天内,向发包人出具一份最终付款证书,由其审批。最终付款证书应当说明:按合同规定和其他情况应当最终支付给承包方的合同总金额,发包人已支付的所有金额以及发包人有权得到的全部金额。

发包人审查监理人提交的最终付款证书后,如果确认还应当向承包方付款,则应当在收到该证书后的42天内支付给承包方。如果确认承包方应当向发包人付款,则发包人应当通知承包方,承包方应当在收到通知后的42天内付还发包人。

不论是发包人或承包方,如果不按期支付,均应当按"支付时间"条款规定的相同办法,将逾期付款违约金付给对方。如果承包方和监理人未能就最终付款的内容和额度取得一致意见,监理人应当对双方已同意的部分内容和额度出具临时付款证书,报送发包人审批后支付。但承包方有权将尚未取得一致的付款内容按"争议的提出"条款规定,提交争议评审组评审。

监理人应当及时审核承包人在收到保修责任终止证书后提交的最终付款申请及结清单,签发最终付款证书,报发包人批准。审核内容包括:承包人按施工合同约定和经监理人批准已完成的全部工程金额;承包人认为还应当得到的其他金额;发包人认为还应当支付或扣除的其他金额。

(三)承包人对各种工程款支付的管理

承包人严格按照《监理规范》附录E的表格式样,按施工合同约定内容,在施工合同约定的期限内,填报付款申请报表,避免申请资料不全或不符合要求,造成付款证书签证延误及影响工程款及时收回情况出现。

具体如:在合同谈判时就要斟酌考虑工程款的支付,详细说明工程的支付条件、时间、方式及违约处罚,从法律层面上保护好自己的正当权益;在合同执行过程中,做好各项工程事务的记录,严格履行合约条款内容,保证自身行为合理合法;一定要在施工合同约定的期限内,根据合约标单格式、内容,详细填写工程款支付申请书的内容,并及时完成申报及后续工作,每项完成工程的子目要附发包人或监理相关人员的认可证明,每次申请可增加附加内容,如施工照片、合约条款等,总之要有充分的依据;对于故意推托,要敢于诉诸法律。

承包人车辆外出行驶所需的场外公共道路的通行费、养路费和税款等由承包人承担。

承包人应遵守有关交通法规,严格按照道路和桥梁的限制荷重安全行驶,并服从交通管理部门的检查和监督。由承包人负责运输的超大件或超重件,应由承包人负责向交通管理部门办理申请手续,发包人给予协助。运输超大件或超重件所需的道路和桥梁临时加固改造费用和其他有关费用,由承包人承担,但专用合同条款另有约定的除外。因承包人运输造成施工场地内外公共道路和桥梁损坏的,由承包人承担修复损坏的全部费用和可能引起的赔偿。上述也适用于水路运输和航空运输,其中"道路"一词的含义包括河道、航线、船闸、机场、码头、堤防以及水路或航空运输中的其他相似结构物;"车辆"一词的含义包括船舶和飞机等。

五、建设各方对价格调整的管理

合同规定的价格调整种类有两种:物价波动引起的价格调整和法律变化引起的价格调整。

(一)物价波动引起的价格调整

采用价格指数调整价格差额。人工、材料和设备等价格波动影响合同价格时,根据投标函附录中的价格指数和权重表约定的数据,按约定公式计算差额并调整合同价格。价格指数应首先采用有关部门提供的价格指数,缺乏上述价格指数时,可用有关部门提供的价格代替。在计算调整差额时得不到现行价格指数的,可暂用上一次价格指数计算,并在以后的付款中再按实际价格指数进行调整。约定的变更导致原定合同中的权重不合理时,由监理人与承包人和发包人协商后进行调整。由于承包人原因未在约定的工期内竣工的,则对原约定竣工日期后继续施工的工程,在使用价格调整公式时,应采用原约定竣工日期与实际竣工日期的两个价格指数中较低的一个作为现行价格指数。

(二)法律变化引起的价格调整

在基准日后,法律变化导致承包人在合同履行中所需要的工程费用发生除物价波动引起的价格调整外的增减时,监理人应根据法律及国家或省(自治区、直辖市)有关部门的规定,按相关条款商定或确定需调整的合同价款。

六、建设各方对解除合同关系结算的管理

施工合同解除,可能因承包人违约造成,也可能因发包人违约造成,还可能因不可抗力造成。施工合同解除后的支付,首先要界定合同解除类型,确定支付原则,由承包人提出,监理人按施工合同约定,审核并签发由发包人批准的付款证书。

(一)承包人违约引起合同终止的估价与结算管理

监理人应当就合同解除前承包人应当得到,但未支付的下列工程价款和费用签发付款证书,但应当扣除根据施工合同约定应当由承包人承担的违约费用:已实施的永久工程合同金额;工程量清单中列有的、已实施的临时工程合同金额和计日工金额;为合同项目施工合理采购、制备的材料、构配件、工程设备的费用;承包人依据有关规定、约定,应当得到的其他费用。

(二)发包人违约引起合同终止的估价与结算管理

监理人应当就合同解除前承包人所应当得到,但未支付的下列工程价款和费用签发

付款证书：已实施的永久工程合同金额；工程量清单中列有的、已实施的临时工程合同金额和计日工金额；为合同项目施工合理采购、制备的材料、构配件、工程设备的费用；承包人退场费用；解除施工合同给承包人造成的直接损失；承包人依据有关规定、约定，应当得到的其他费用。

（三）不可抗力致使合同解除的结算管理

监理人应当根据施工合同约定，就承包人应当得到，但未支付的下列工程价款和费用签发付款证书：已实施的永久工程合同金额；工程量清单中列有的、已实施的临时工程合同金额和计日工金额；为合同项目施工合理采购、制备的材料、构配件、工程设备的费用；承包人依据有关规定、约定，应当得到的其他费用。

（四）监理人对合同解除后结算的管理

监理人在界定合同解除类型并确定支付原则后，依据施工合同对承包人违约、发包人违约、不可抗力致使三类施工合同解除的支付规定，由承包人提出，监理人按施工合同约定，审核并签发由发包人批准的付款证书。按施工合同约定，监理人协助发包人及时办理施工合同解除后的工程接收工作。

第三节　水利工程施工合同的质量目标控制

为了达到项目投资目的，进行水利工程施工合同的质量目标管理，确保工程质量至关重要。它需要承包人具有完备的质量管理体系，在工程施工过程中始终贯彻质量管理体系程序，严格按照合同规定的质量标准，全方位接受监理、设计、质量监督和发包人等对工程施工质量的检查、监督和指导。

一、建设各方的质量检查职责和权力

（一）承包人的质量管理与质量检查职责

1. 承包人的质量管理

保证工程施工的质量是承包人的基本义务，承包人应当建立健全工程质量保证体系，切实在组织上和制度上落实质量管理工作，确保工程质量。具体工作如下：

承包人应在施工场地设置专门的质量检查机构，配备专职质量检查人员，建立完善的质量检查制度。承包人应按技术标准和要求（合同技术条款）约定的内容与期限，编制工程质量保证措施文件，包括质量检查机构的组织及其岗位责任、质量检查人员的组成、质量检查程序和实施细则等，提交监理人审批。监理人应在技术标准和要求（合同技术条款）约定的期限内批复承包人。承包人应加强对施工人员的质量教育和技术培训，定期考核施工人员的劳动技能，严格执行规范和操作规程。

2. 承包人的质量检查职责

承包人应按合同约定对材料、工程设备以及工程的所有部位及其施工工艺进行全过程的质量检查和检验，并作详细记录，编制工程质量报表，报送监理人审查。

为了方便监理人复核检验以及质量监督机构检查、竣工验收，便于日后发现问题时查找原因，作为发生合同争议时的原始记录，承包人应当建立一套全部工程的质量记录和报

表，可按照《评定规程》要求进行。

（二）监理人的质量检查权力

监理人有权对工程的所有部位及其施工工艺、材料和工程设备进行检查和检验。承包人应为监理人的检查和检验提供方便，包括监理人到施工场地，或制造、加工地点，或合同约定的其他地方进行察看和查阅施工原始记录。承包人还应按监理人指示，进行施工场地取样试验、工程复核测量和设备性能检测以及监理人要求进行的其他工作，提供试验样品，提交试验报告和测量成果。监理人的检查和检验，不免除承包人按合同约定应负的责任。

1. 监理人进行施工过程质量控制的职责和权力

督促承包人按施工合同约定对工程所有部位和工程使用的材料、构配件和工程设备的质量进行自检，并按规定向监理人提交相关资料；采用现场察看、查阅施工记录以及对材料、构配件、试样等进行抽检的方式对施工质量进行严格控制；及时对承包人可能影响工程质量的施工方法以及各种违章作业行为发出调整、制止、整顿直至暂停施工的指示；严格进行旁站监理工作，特别注重对易引起渗漏、冻融、冲刷、汽蚀等的工程部位的质量控制；单元工程（或工序）未经监理人检验或检验不合格，承包人不得开始下一单元工程（或工序）的施工；发现承包人使用的材料、构配件、工程设备以及施工设备或其他原因可能导致工程质量不合格或造成质量事故时，及时发出指示，要求承包人立即采取措施纠正，必要时，责令其停工整改；发现施工环境可能影响工程质量时，指示承包人采取有效的防范措施，必要时停工整改；对施工过程中出现的质量问题及其处理措施或遗留问题进行详细记录和拍照，保存好相片或录像带等相关资料；参加工程设备供货人组织的技术交底会议；监督承包人按照工程设备供货人提供的安装指导书进行工程设备的安装；审核承包人提交的设备启动程序，并监督承包人进行设备启动与调试工作。

2. 监理人检验已经完成单元工程质量的权力

监理人根据《水电水利基本建设工程单元工程质量等级评定标准》（DL/T 5113—2005）和抽样检测结果，复核永久性工程（包括主体工程及附属工程）工程质量：承包人应当首先对工程施工质量进行自检，未经承包人自检或自检不合格、自检资料不完善的单元工程（或工序），监理人有权拒绝检验；对承包人经自检合格后报验的单元工程（或工序）质量，监理人按有关标准和施工合同约定的要求进行检验，检验合格后方予以签认；采用跟踪检测、平行检测方法对承包人的检验结果进行复核；平行检测和跟踪检测工作由具有国家规定资质条件的检测机构承担，平行检测费用由发包人承担；工程完工后需覆盖的隐蔽工程、工程的隐蔽部位，应当通过监理人验收合格后方可覆盖；在工程设备安装完成后，督促承包人按规定进行设备性能试验，并提交设备操作和维修手册。

平行检测的检测数量，混凝土试样不应当少于承包人检测数量的3%，重要部位每种标号的混凝土最少取样1组；土方试样不应当少于承包人检测数量的5%，重要部位至少取样3组。跟踪检测的检测数量，混凝土试样不应当少于承包人检测数量的7%，土方试样不应当少于承包人检测数量的10%。

监理人对临时工程的质量检验，按照发包人组织监理、设计及施工等单位研究决定的，并上报相应的质量监督机构核备的标准执行。

3. 监理人处理已经发生的工程质量事故的权力

质量事故发生后，承包人应当按规定及时提交事故报告；监理人接到承包人按规定及时提交的事故报告后，在向发包人报告的同时，应指示承包人及时采取必要的应急措施并保护现场，作好相应记录；监理人应当积极配合事故调查组进行工程质量事故调查、事故原因分析，参与提出处理意见等；监理人应当指示承包人按照批准的工程质量事故处理方案和措施对事故进行处理。经监理人检验合格后，承包人方可进入下一阶段施工。

（三）发包人的质量管理与质量检查职责

发包人的质量管理责任和义务如下：

应当将工程发包给具有相应资质等级的单位，不得将建设工程肢解发包；应当依法对工程建设项目的勘察、设计、施工、监理以及与工程建设有关的重要设备、材料等的采购进行招标；必须向有关的勘察、设计、施工、工程监理等单位提供与建设工程有关的原始资料，且原始资料必须真实、准确、齐全；不得迫使承包方以低于成本的价格竞标，不得任意压缩合理工期，不得明示或者暗示设计单位或者承包人违反工程建设强制性标准，降低工程建设质量；应当将施工图设计文件报县级以上人民政府建设行政主管部门或者其他有关部门审查，施工图设计文件未经审查批准不得使用。

必须实行监理的工程，应当委托具有相应资质等级的工程监理人进行监理，也可以委托具有工程监理相应资质等级并与被监理工程的施工承包单位没有隶属关系或者其他利害关系的该工程设计单位进行监理。

在领取施工许可证或者开工报告前，应当按照国家有关规定办理工程质量监督手续；按照合同约定，由发包人采购建筑材料、建筑构配件和设备的，发包人应当保证建筑材料、建筑构配件和设备符合设计文件和合同要求，发包人不得明示或者暗示承包人使用不合格的建筑材料、建筑构配件和设备；涉及建筑主体和承重结构变动的装修工程，发包人应当在施工前委托原设计单位或者具有相应资质等级的设计单位提出设计方案，没有设计方案的，不得施工；房屋建筑使用者在装修过程中，不得擅自变动房屋建筑主体和承重结构。

收到具备竣工验收条件的竣工报告后，应当组织设计、施工、工程监理等有关单位进行竣工验收，经验收合格方可交付使用；应当严格按照国家有关档案管理的规定，及时收集、整理建设项目各环节的文件资料，建立、健全建设项目档案，并在建设工程竣工验收后，及时向建设行政主管部门或者其他有关部门移交建设项目档案。

在工程施工质量检验方面，发包人应当对承包人自检和监理人抽检过程进行督促检查，对上报工程质量监督机构核备、核定的工程质量等级进行认定。

二、建设各方对投入人员的管理

水利工程施工期间，工程投入人员的素质、职业资格、稳定情况，对水利工程施工合同质量目标控制的影响不容忽视。因此，建设各方对投入人员的管理工作，是一项基本的工作。

（一）发包人对监理人投入人员的过程管理

有效的监理是水利工程施工合同质量目标控制的保障。因此，在水利工程施工合同实施期间，发包人有必要加强对监理人投入人员的过程管理。主要管理内容包括：依据监理合同对监理人和监理人员的监理工作进行检查；监理人更换总监理工程师须事前经发包人同意，发包人有权要求监理人更换不称职的监理人员，直至合同终止；有权要求监理人提交监理月报和监理工作范围内的专题报告。

（二）监理人对承包人投入人员的管理

监理人对承包人投入人员的管理，主要包括以下内容。

1. 监理人对承包人安排投入人员情况的检查

承包人是否为其雇用人员提供了必要的工作和生活条件，如住房、膳食、交通和办公室等，是否支付酬金；承包人是否保证了安排在工地的主要管理人员、专业技术骨干相对稳定，是否频繁调动，能否保证工程连续有效地进行，能否确保不因人员调动影响工程进展。

2. 监理人对承包人提交的管理机构和人员情况报告的检查

承包人是否在接到开工通知后按合同规定的时间提交了管理机构和人员情况报告；检查承包人进场后的人员配备是否满足工程施工需要，是否满足监理人与承包人的对口联系工作；监理人认为有必要时，可以要求承包人定期提交工地人员变动情况报告，检查变动后的人员素质、数量是否满足工程施工需要。

3. 监理人对承包人投入人员上岗资格的审查

检查承包人在技术岗位和特殊工种的投入人员，是否持有国家和有关部门统一考试或考核的资格证明；如果监理人认为有必要，承包人需要在投入人员上岗前，对投入人员进行岗位培训、理论和操作的考试考核，合格者准予上岗，不合格者不准上岗。监理人有权随时检查承包人投入人员的工作能力、上岗资格证明中载明的资格等级。

4. 监理人有权要求承包人撤换投入人员

监理人有权要求承包人撤换不能胜任本职工作、行为不端或玩忽职守的任何人员。方式是先警告，无效后由总监理工程师正式向项目经理发出撤换人员的书面通知；对于承包人项目经理的撤换，方式必须是，由发包人向承包人的法人代表提出。

（三）承包人对所投入人员的自我管理

1. 承包人对投入人员选派的管理

承包人应按合同约定指派项目经理，并在约定的期限内到职。承包人更换项目经理应事先征得发包人同意，并应在更换前 14 天通知发包人和监理人。承包人项目经理短期离开施工场地，应事先征得监理人同意，并委派代表代行其职责。承包人项目经理应按合同约定以及监理人的指示，负责组织合同工程的实施。在情况紧急且无法与监理人取得联系时，可采取保证工程和人员生命财产安全的紧急措施，并在采取措施后 24 小时内向监理人提交书面报告。承包人为履行合同发出的一切函件均应盖有承包人授权的施工场地管理机构章，并由承包人项目经理或其授权代表签字。承包人项目经理可以授权其下属人员履行其某项职责，但事先应将这些人员的姓名和授权范围通知监理人。

承包人应在接到开工通知后 28 天内，向监理人提交承包人在施工场地的管理机构以及人员安排的报告，其内容应包括管理机构的设置、各主要岗位的技术和管理人员名单及其资格，以及各工种技术工人的安排状况。承包人应向监理人提交施工场地人员变动情况的报告。为完成合同约定的各项工作，承包人应向施工场地派遣或雇用足够数量的下列人员：具有相应资格的专业技工和合格的普工，具有相应施工经验的技术人员，具有相应岗位资格的各级管理人员。承包人安排在施工场地的主要管理人员和技术骨干应相对稳定。承包人更换主要管理人员和技术骨干时，应取得监理人的同意。特殊岗位的工作人员均应持有相应的资格证明，监理人有权随时检查。监理人认为有必要时，可进行现场考核。

承包人应对其项目经理和其他人员进行有效管理。监理人要求撤换不能胜任本职工作、行为不端或玩忽职守的承包人项目经理和其他人员的，承包人应予以撤换。

2. 承包人对投入人员的保障管理

承包人应与其雇用的人员签订劳动合同，并按时发放工资。承包人应按劳动法的规定安排工作时间，保证其雇用人员享有休息和休假的权利。因工程施工的特殊需要占用休假日或延长工作时间的，应不超过法律规定的限度，并按法律规定给予补休或付酬。承包人应为其雇用人员提供必要的食宿条件，以及符合环境保护和卫生要求的生活环境；在远离城镇的施工场地，还应配备必要的伤病防治和急救的医务人员与医疗设施。承包人应按国家有关劳动保护的规定，采取有效的防止粉尘、降低噪声、控制有害气体和保障高温、高寒、高空作业安全等的劳动保护措施。其雇用人员在施工中受到伤害的，承包人应立即采取有效措施进行抢救和治疗。承包人应按有关法律规定和合同约定，为其雇用人员办理保险。承包人应负责处理其雇用人员因工伤亡事故的善后事宜。

三、建设各方在材料和工程设备供应环节的管理

（一）发包人对自己提供的材料和工程设备的管理

按合同规定由发包人提供的工程设备的名称、规格、数量、交货地点和计划交货日期均规定在专用合同条款中。承包人应当根据合同进度计划的进度安排，提交一份满足工程设备安装要求的交货日期计划报送监理人审批，并抄送发包人；监理人收到上述交货日期计划后，应当与发包人和承包人共同协商确定交货日期，并应向承包人提交材料和工程设备。

发包人应在材料和工程设备到货 7 天前通知承包人，承包人应会同监理人在约定的时间内，赴交货地点共同进行验收。发包人提供的材料和工程设备运至交货地点验收后，由承包人负责接收、卸货、运输和保管。

发包人提供的工程设备不能按期交货时，应当事先通知承包人，并应当按施工合同中关于承包人要求延长工期的处理条款规定办理，因此增加的费用和工期延误责任由发包人承担。

发包人要求按专用合同条款中规定的提前交货期限提前交货时，承包人不应当拒绝，但发包人应承担承包人由此增加的费用；承包人要求更改交货日期时，应当事先报监理人批准，否则由于承包人要求提前交货或不按时提供所增加的费用和（或）工期延误责任由承包人承担，由于承包人要求更改交货时间或地点所增加的费用和（或）工期延误责任由承包人承担。

如果发包人提供的工程设备的规格、数量或质量不符合合同要求，承包人有权拒绝，

并可要求发包人更换,由此增加的费用和(或)工期延误责任由发包人承担。发包人交货日期拖后,或由于发包人原因发生交货日期延误及交货地点变更等情况的,发包人应承担由此增加的费用和(或)工期延误责任,并向承包人支付合理利润。

材料和工程设备专用于合同工程。运入施工场地的材料、工程设备,包括备品备件、安装专用工器具与随机资料,必须专用于合同工程,未经监理人同意,承包人不得运出施工场地或挪作他用。随同工程设备运入施工场地的备品备件、专用工器具与随机资料,应由承包人会同监理人按供货人的装箱单清点后共同封存,未经监理人同意不得启用。承包人因合同工作需要使用上述物品时,应向监理人提出申请。禁止使用不合格的材料和工程设备。

(二)承包人对自己提供的材料和工程设备的管理

除约定由发包人提供的材料和工程设备外,承包人负责采购、运输和保管完成合同工作所需的材料和工程设备。承包人应按专用合同条款的约定,将各项材料和工程设备的供货人及品种、规格、数量和供货时间等报送监理人审批。承包人应向监理人提交其负责提供的材料和工程设备的质量证明文件,并满足合同约定的质量标准。

对承包人提供的材料和工程设备,承包人应会同监理人进行检验和交货验收,查验材料合格证明和产品合格证书,并按合同约定和监理人指示,进行材料的抽样检验和工程设备的检验测试,检验和测试结果应提交监理人,所需费用由承包人承担。

1. 承包人设备应当及时进入工地

合同规定的承包人设备,应当按合同进度计划(在施工总进度计划尚未批准前,按协议书商定的设备进点计划)进入工地,并需经监理人核查后投入使用。如果承包人需变更合同规定的承包人设备,须经监理人批准。

2. 承包人的材料和设备应当专用于合同工程

承包人运入工地的所有材料和设备应当专用于合同工程;承包人除在工地内转移这些材料和设备外,未经监理人同意,不得将上述材料和设备中的任何部分运出工地,但承包人从事运送工作的人员和外出接运货物的车辆不要求办理同意手续;承包人在征得监理人同意后,可以按不同施工阶段的计划撤走属于自己的闲置设备。

3. 承包人提供的施工设备和临时设施管理

承包人应按合同进度计划的要求,及时配置施工设备和修建临时设施。进入施工场地的承包人设备需经监理人核查后才能投入使用。承包人更换合同约定的承包人设备的,应报监理人批准。除专用合同条款另有约定外,承包人应自行承担修建临时设施的费用;需要临时占地的,应由发包人办理申请手续并承担相应费用。

4. 承包人旧有施工设备的管理

承包人的旧有施工设备进入工地前必须按有关规定进行年检和定期检修,并应当由具有设备鉴定资格的机构出具检修合格证或经监理人检查后才准进入工地。承包人还应当在旧有施工设备进入工地前提交主要设备的使用和检修记录,并应当配置足够的备品备件,以保证旧有施工设备的正常运行。

5. 承包人租用的施工设备的管理

发包人拟向承包人出租施工设备时,应当在专用合同条款中写明各种租赁设备的型号、规格、完好程度和租赁价格;承包人可以根据自身的条件选租发包人的施工设备,如果承包人计划租赁发包人提供的施工设备,则应当在投标时提出选用的租赁设备清单和租用时间,并在报价中计算相应的租赁费用,中标后另行签订协议;承包人从其他人处租赁施工设备时,则应当在签订的租赁协议中明确规定以下内容:在协议有效期内如果承包人违约而解除合同,发包人或发包人邀请承包本合同的其他承包人,可以相同的条件取得该施工设备的使用权。

(三)监理人对承包人投入工程设备的管理

监理人有权拒绝承包人提供的不合格材料或工程设备,并要求承包人立即进行更换。监理人应在更换后再次进行检查和检验,由此增加的费用和(或)工期延误责任由承包人承担。监理人发现承包人使用了不合格的材料和工程设备,应即时发出指示要求承包人立即改正,并禁止在工程中继续使用不合格的材料和工程设备。

监理人有权要求承包人增加和更换施工设备。监理人一旦发现承包人使用的施工设备影响工程进度和质量,有权要求承包人增加和更换施工设备,承包人应当及时增加和更换,因此增加的费用和工期延误责任由承包人承担。

四、建设各方对材料和工程设备的检查检验管理

《评定规程》中,关于工程质量检查与验收的强制性条文规定如下:

承包人应当按《水电水利基本建设工程单元工程质量等级评定标准》(以下简称《评定标准》)及有关技术标准对中间产品及水泥、钢材等原材料质量进行全面检查,不合格产品不得使用。主要原材料的重要检验项目和依据标准见《评定规程》,其他材料的检验项目和依据参考相关规定。承包人应当及时将原材料、中间产品及单元工程(工序)质量检验结果送监理人复核,并按月将施工质量情况及时报送监理人,由监理人汇总分析后上报发包人和工程质量监督机构。

水工金属结构、启闭机及机电产品进场后,应当按有关合同条款进行交货检验和验收。安装前,承包人应当检查是否有出厂合格证、设备安装说明书及有关技术文件;对在运输和存放过程中发生的变形、受潮、损坏等问题,应当及时记录、备案,并进行妥善处理。无出厂合格证或不符合质量标准的产品不得用于工程中。交货验收办法应当按有关合同条款规定。水工金属结构及启闭机产品指由有生产许可证的工厂(或工地加工厂)制造的压力钢管、拦污栅、闸门、启闭机等,机电产品指由厂家生产的水轮发电机组及其辅助设备、电气设备、变电设备等,其质量状况直接影响安装后的工程质量是否合格。因此,进场后应当按有关合同条款进行交货检验和验收。

承包人应当严格按《评定标准》检验工序及单位工程质量,作好施工记录,并填写"水利水电工程施工质量评定表"。建设(监理)单位根据自己抽检的资料,核定单元工程质量等级。发现不合格单元工程,应当按设计要求及时进行处理,合格后才能进行后续单元工程施工。对施工中的质量缺陷,要记录、备案,进行统计分析,并计入相应单元工程质量评定表"评定意见"栏内。

(一)对承包人负责采购的材料和工程设备的检查检验管理

承包人提供的材料和工程设备由承包人负责检验和交货验收,验收时应当同时查验

材质证明和产品合格证书。承包人还应当按技术条款的规定进行材料的抽样检验和工程设备的检验测试,并将检验结果提交监理人,其所需费用由承包人承担。有必要时,监理人可要求参加交货验收,承包人应当为监理人对交货验收的监督检查提供一切方便。监理人参加交货验收,但是不免除承包人在检验和交货验收中应当负的责任。

(二)对发包人提供的工程设备的检验测试管理

发包人提供的工程设备,应当由发包人和承包人在合同规定的交货地点共同进行交货验收,并由发包人正式移交给承包人。承包人应当按技术条款的规定进行工程设备的检验测试,并将检验结果提交监理人,其所需费用由承包人承担。工程设备安装后,如果发现工程设备存在缺陷,应当由监理人与承包人共同查找原因,如果属于设备制造不良引起的缺陷,应当由发包人负责;如果属于承包人运输和保管不慎或安装不良引起的损坏,应当由承包人负责。发包人提供的材料或工程设备不符合合同要求的,承包人有权拒绝,并可要求发包人更换,由此增加的费用和(或)工期延误责任由发包人承担。

发包人提供的施工设备或临时设施在专用合同条款中约定。

(三)对检查检验时间、地点和费用的管理

对合同规定的各种材料和工程设备,应当由监理人与承包人商定进行检查或检验的时间和地点。如果监理人因特殊情况无法按时派出监理人员到场,承包人可自行检查或检验,并立即将检查或检验结果提交监理人。除合同另有规定外,监理人应当在事后确认承包人提交的检查或检验结果。如果监理人对承包人自行检查或检验的结果有疑问,可按监理人的质量检查权力的规定进行抽样检验。若检验结果证明该材料或工程设备质量不符合合同要求,则应当由承包人承担抽样检验的费用;若检验结果证明该材料或工程设备质量符合合同要求,则应当由发包人承担抽样检验的费用。

(四)对未按规定检查检验、额外检验、重新检验的管理

1. 未按规定进行检查和检验

若承包人未按合同规定对材料和工程设备进行检查和检验,监理人可以指示承包人按合同规定补作检查和检验,承包人应当遵照执行,并应当承担所需的检查检验费用和工期延误责任。

2. 额外检验和重新检验

如果监理人要求承包人对某项材料和工程设备进行的检查和检验在合同中未作规定,监理人可以指示承包人增加额外检验,承包人应当遵照执行,但应当由发包人承担额外检验的费用和工期延误责任。不论何种原因,如果监理人对以往的检验结果有疑问,可以指示承包人重新检验,承包人不得拒绝。如果重新检验结果证明这些材料和工程设备不符合合同要求,则应当由承包人承担重新检验的费用和工期延误责任;如果重新检验结果证明这些材料和工程设备符合合同要求,则应当由发包人承担其重新检验的费用和工期延误责任。

(五)对不合格材料和工程设备的管理

1. 禁止使用不合格的材料和工程设备

工程使用的一切材料和工程设备均应当满足技术条款和施工图纸规定的品级、质量标准和技术特性。监理人在工程质量的检查检验中发现承包人使用了不合格的材料和工程设备时,可以随时发出指示,要求承包人立即改用合格的材料和工程设备,并禁止在工程中继续使用这些不合格的材料和工程设备。

2. 不合格的工程部位、材料和工程设备的处理

由于承包人使用了不合格材料和工程设备造成了工程损害,监理人可以随时发出指示要求承包人立即采取措施进行补救,直到彻底清除工程的不合格部位以及不合格的材料和工程设备,因此增加的费用和工期延误责任由承包人承担。

如果承包人无故拖延或拒绝执行监理人的上述指示,则发包人有权委托其他承包人执行该项指示,因此增加的费用和利润及工期延误责任由承包人承担。

3. 工程中出现检验不合格的项目时的处理

原材料、中间产品一次抽样检验不合格时,应当及时对同一取样批次另取两倍数量进行检验,如仍不合格,则该批次原材料或中间产品不合格,不得使用;单元工程(工序)质量不合格时,应当按合同要求进行处理或返工重做,并经重新检验且合格后方可进行后续工程施工;混凝土(砂浆)试件抽样检验不合格时,应当委托具有相应资质等级的工程质量检测机构对相应工程部位进行检验,如仍不合格,由发包人组织有关单位进行研究,并提出处理意见;工程完工后的质量抽检不合格,或其他检验不合格的工程,应当按有关规定进行处理,合格后才能进行验收或后续工程施工;工程设备无出厂合格证或不符合质量标准,不得用于工程中。

(六)对承包人不按合同规定进行检查检验的管理

如果承包人不按合同的规定完成监理人指示的检查检验工作,监理人可以指派自己的人员或委托其他有资质的检验机构或人员进行检查检验,承包人不得拒绝,并应当提供一切方便,因此增加的费用和工期延误责任由承包人承担。

五、建设各方对现场试验的管理

(一)材料试验

承包人负责进行材料和工艺的现场试验与室内试验,并按规定报送监理工程师审核批准,但承包人应当对试验数据和试验成果的正确性与准确性负责。按照监理工程师的要求,每月报送进入现场和出现场的机械设备数量与型号,报送进入现场的材料数量和耗用量等。在订购材料之前,应当根据监理工程师的要求,将材料样品报送审核,或将材料送到监理工程师指定的实验室进行试验,试验结果报送监理工程师审核批准。对进场材料,要随时抽样检查其质量是否合格。

承包人应当在工地建立自己的实验室,配备足够的人员和设备,按合同规定和监理人的指示进行各项材料试验,并为监理人进行质量检查和检验提供必要的试验资料与原始记录。监理人在质量检查和检验过程中如果需抽样试验,所需试件应当由承包人提供,监理人可以使用承包人的试验设备,承包人应当予以协助。上述试验所需提供的试件和监理人使用试验设备所需的费用由承包人承担。

(二)工艺试验

承包人应当按合同规定和监理人的指示进行现场工艺试验,除合同另有规定外,其所需费用由承包人承担。在施工过程中,如果监理人要求承包人进行额外的现场工艺试验,

承包人应当遵照执行，但所需费用由发包人承担。

六、建设各方对隐蔽工程和工程隐蔽部位的管理

《堤防工程施工质量评定与验收规程》（SL 239—1999）规定，重要隐蔽工程及工程关键部位经承包人自评合格后，由发包人或其委托监理、质量监督、设计、施工、管理运行等单位组成联合小组，共同核定其质量等级。

隐蔽工程泛指地基开挖、地基处理、基础工程、地下防渗工程、地基排水工程、地下建筑工程等所有在完工后被覆盖的工程。主要建筑物的隐蔽工程中，涉及严重影响建筑物安全或使用功能的单元工程称为重要隐蔽单元工程，如主坝坝基开挖中涉及断层或裂隙密集带的单元工程是重要隐蔽单元工程。主要建筑物指失事后将造成下游灾害或严重影响工程效益的建筑物，如堤坝、泄洪建筑物、输水建筑物、电站厂房及泵站等。

重要隐蔽单元工程（关键部位单元工程）质量等级签证表见《堤防工程施工质量评定与验收规程》。

（一）对覆盖前验收的管理

隐蔽工程和工程的隐蔽部位经承包人自检确认具备覆盖条件后的24小时内，承包人应当通知监理人进行验收，通知应当按规定的格式说明验收地点、内容和验收时间，并附有承包人自检记录和必要的验收资料。监理人应当按通知约定的时间指派监理人员到场进行验收，在监理人员确认质量符合技术条款要求，并在验收记录上签字后，承包人才能进行覆盖。

（二）对验收后重新检验的管理

监理人按施工合同“覆盖前的验收”条款规定验收后，或监理人未到场验收而承包人按施工合同“监理人未到场验收”条款规定自行覆盖后，如果监理人事后对质量有怀疑，可要求承包人对已覆盖的部位进行钻孔探测以至揭开重新检验，承包人应当遵照执行。其重新检验所需增加的费用和工期延误责任，按施工合同“额外检验和重新检验”条款及“监理人对以往的检验结果有疑问”条款办理。

（三）对监理人未到场验收的处理

监理人应当在约定的时限内到场进行隐蔽工程和工程隐蔽部位的验收，不得无故缺席或拖延。如果监理人因特殊情况无法按时派出监理人员到场验收，应当通知承包人延期验收或批准承包人认真作好现场记录后自行覆盖。

（四）对承包人私自覆盖的处理

承包人未及时通知监理人到场验收，私自将隐蔽部位覆盖，监理人有权指示承包人进行钻孔探测以至揭开进行检验，因此增加的费用和工期延误责任由承包人承担。

七、建设各方对测量放线环节的管理

（一）对施工测量的管理

承包人负责施工放样和测量。所有施工测量的原始数据、原始图纸均须经监理工程师检查、校核、签字批准，但承包人对放样测量的平面位置、高程、线型和坡度等数据的准确性负责。监理工程师的检查和批准，并不免除承包人的责任。

承包人应当负责施工过程中的全部施工测量放线工作,并应当自行配置所需合格的人员、仪器、设备和其他物品。监理人可以指示承包人在监理人员监督下进行抽样复测,当复测中发现有错误或出现超过合同约定的误差时,承包人必须按监理人指示进行修正或补测,发包人将不为上述指示所增加的复测工作另行支付费用。

(二)对施工控制网及其使用的管理

除专用合同条款另有约定外,施工控制网由承包人负责测设,发包人应在合同协议书签订后的14天内,向承包人提供测量基准点、基准线和水准点及其相关资料。承包人应在收到上述资料后的28天内,将施测的施工控制网资料提交监理人审批。监理人应在收到报批件后的14天内批复承包人。承包人应负责管理施工控制网点。施工控制网点丢失或损坏的,承包人应及时修复。承包人应承担施工控制网点的管理与修复费用,并在工程竣工后将施工控制网点移交发包人。承包人应负责施工过程中的全部施工测量放线工作,并配置合格的人员、仪器、设备和其他物品。发包人应对其提供的测量基准点、基准线和水准点及其书面资料的真实性、准确性和完整性负责。发包人提供的上述基准资料错误导致承包人测量放线工作返工或造成工程损失的,发包人应当承担由此增加的费用和(或)工期延误责任,并向承包人支付合理利润。承包人发现发包人提供的上述基准资料存在明显错误或疏忽的,应及时通知监理人。

监理人需要使用施工控制网的,承包人应提供必要的协助,发包人不再为此支付费用。其他承包人需要使用上述施工控制网时,承包人应当按监理人的指示为其提供必要的条件。除合同另有规定外,有关提供条件的内容和费用应当在监理人的协调下另行签订协议。如果达不成协议,则由监理人做出决定,有关各方遵照执行。

八、建设各方在完工验收与保修中的管理

建设各方验收依据的法规有:《水利工程建设项目验收管理规定》(水利部令第30号,2007年4月1日起实施,以下简称《管理规定》);《水利水电建设工程验收规程》(SL 223—2008,2008年6月3日起实施,以下简称《验收规程》)。

《验收规程》规定:水利水电工程验收,按验收主持单位可分为法人验收和政府验收。法人验收包括分部工程验收、单位工程验收、水电站(泵站)中间机组启动验收、合同工程完工验收等,政府验收包括阶段验收、专项验收和竣工验收等。验收主持单位可根据工程建设需要增设验收的类别和具体要求。

当工程具备验收条件时,应当及时组织验收,未经验收或验收不合格的工程,不得交付使用或进行后续工程施工。在竣工验收前已经建成并能够发挥效益、需要提前投入使用的单位工程,在投入使用前应当进行投入使用验收。

(一)单位工程验收和施工期运行管理

1.单位工程验收

单位工程完工并具备验收条件时,承包人应当及时通过监理人向发包人提出验收申请报告,格式参见《验收规程》附录D。发包人应当在收到验收申请报告之日起10个工作日内决定是否同意进行验收,并应当在组织单位工程验收前10个工作日内通知质量和安全监督机构。主要建筑物单位工程验收应当通知法人验收监督管理机关。法人验收监督

管理机关可视情况决定是否列席验收会议,质量和安全监督机构派员列席验收会议。

需要提前投入使用的单位工程应当进行单位工程投入使用验收。单位工程投入使用验收由发包人主持。根据工程具体情况,经发包人同意,单位工程投入使用验收也可由其委托的单位主持。单位工程投入使用验收须满足相关条件:工程投入使用后不影响其他工程正常施工,其他工程施工也不影响该单位工程安全运行;已经初步具备运行管理条件,需移交运行管理单位,发包人与运行管理单位也已经签订提前使用协议书;已经具备安全运行条件。单位工程验收鉴定要求详见《管理规定》及《验收规程》。

2. 部分工程投入使用验收

项目施工工期因故拖延,且预期完成计划不确定的工程项目,部分已完成工程需要投入使用的,应当进行部分工程投入使用验收。在部分工程投入使用验收申请报告中,应当包含项目施工工期拖延的原因、预期完成计划的有关情况和部分已完成工程提前投入使用的理由等内容。

部分工程投入使用验收应当具备以下条件:拟投入使用工程已按批准设计文件规定的内容完成,并已通过相应的法人验收;拟投入使用工程已具备运行管理条件;工程投入使用后不影响其他工程正常施工,并且其他工程施工不影响部分工程的安全运行(包括采取防护措施);发包人与运行管理单位已签订部分工程提前使用协议;工程调度运行方案已编制完成;度汛方案已经有管辖权的防汛指挥部门批准,相关措施已落实。

部分工程投入使用验收包括以下主要内容:检查拟投入使用工程是否已按批准设计完成,检查工程是否已具备正常运行条件,鉴定工程施工质量,检查工程的调度运用、度汛方案落实情况,对验收中发现的问题提出处理意见,讨论并通过部分工程投入使用验收鉴定书。

部分工程投入使用验收鉴定书格式见《验收规程》附录 M。部分工程投入使用验收鉴定书是部分工程投入使用运行的依据,也是承包人向发包人交接和发包人向运行管理单位移交的依据。

提前投入使用的部分工程如有单独的初步设计,可组织进行单项工程竣工验收,验收工作参照《验收规程》有关规定进行。

3. 施工期运行

上述的单位工程或部分工程,发包人如果需要在施工期投入运行,应当对其局部建筑物承受施工运行荷载的安全性进行复核,获得可以确保安全的证明后方可在施工期投入运行。如果因此导致承包人修复缺陷和损坏的困难增加,并引发费用增加,增加部分应当通过监理人进行协商,由发包人合理负担。

(二)完工验收与移交证书管理

1. 完工验收

合同工程完成后,应当进行合同工程完工验收。如果合同工程中只有一个单位工程(分部工程),宜将单位工程(分部工程)验收与合同工程完工验收一并进行,但应当同时满足相应的验收条件。

(1)合同工程完工验收应当由发包人主持。验收工作组由发包人以及与合同工程有关的勘测、设计、监理、施工、主要设备制造(供应)等单位的代表组成。

(2)合同工程具备验收条件时,承包人应当向发包人提出验收申请报告。验收申请报告格式见《验收规程》附录 D。发包人应当在收到验收申请报告之日起 20 个工作日内决定是否同意进行验收。

(3)合同工程完工验收应当具备以下条件:合同范围内的工程项目已按合同约定完成,工程已按规定进行有关验收,观测仪器和设备已测得初始值及施工期各项观测值,工程质量缺陷已按要求进行处理,工程完工结算已完成,施工现场已经进行清理,需移交发包人的档案资料已按要求整理完毕,合同约定的其他条件。

(4)合同工程完工验收包括以下主要内容:检查合同范围内工程项目和工作完成情况;检查施工现场清理情况;检查已投入使用工程运行情况;检查验收资料整理情况;鉴定工程施工质量;检查工程完工结算情况;检查历次验收遗留问题的处理情况;对验收中发现的问题提出处理意见;确定合同工程完工日期;讨论并通过合同工程完工验收鉴定书,格式见《验收规程》附录 H。验收鉴定书正本数量可按参加验收单位、质量和安全监督机构以及归档所需要的份数确定。自验收鉴定书通过之日起 30 个工作日内,该鉴定书由发包人发送有关单位,并报送法人验收监督管理机关备案。

2. 工程移交及遗留问题处理

1)工程交接

通过合同工程完工验收或投入使用验收后,发包人与承包人应当在 30 个工作日内组织专人负责工程的交接工作,交接过程应当有完整的文字记录并由双方交接负责人签字;发包人与承包人应当在施工合同或验收鉴定书约定的时间内完成工程及其档案资料的交接工作;工程办理具体交接手续的同时,承包人应当向发包人递交工程质量保修书,其格式见《验收规程》附录 U,保修书的内容应当符合合同约定的条件;工程质量保修期从工程通过合同工程完工验收之日开始计算,但合同另有约定的除外。在承包人递交了工程质量保修书、完成施工场地清理以及提交了有关竣工资料后,发包人应当在 30 个工作日内向承包人颁发合同工程完工证书,其格式见《验收规程》附录 V。

2)工程移交

工程通过投入使用验收后,发包人宜及时将工程移交运行管理单位管理,并与其签订工程提前启用协议;在竣工验收鉴定书印发后 60 个工作日内,发包人与运行管理单位应当完成工程移交手续;工程移交内容应当包括工程实体、其他固定资产和工程档案资料等,应当按照初步设计等有关批准文件进行逐项清点,并办理移交手续;办理工程移交,应当有完整的文字记录和双方法定代表人签字。

3)验收遗留问题及尾工处理

有关验收成果性文件应当对验收遗留问题有明确的记载,影响工程正常运行的,不得作为验收遗留问题处理;验收遗留问题和尾工的处理由发包人负责;发包人应当按照竣工验收鉴定书、合同约定等要求,督促有关责任单位完成处理工作;验收遗留问题和尾工处理完成后,有关单位应当组织验收,并形成验收成果性文件,发包人应当参加验收并负责将验收成果性文件报竣工验收主持单位;工程竣工验收后,应当由发包人负责处理的验收遗留问题,发包人已撤销的,由组建或批准组建发包人的单位或其指定的单位处理完成。

4)工程竣工证书颁发

工程竣工证书是发包人全面完成工程项目建设管理任务的证书,也是工程参建单位完成相应工程建设任务的最终证明文件。颁发竣工证书应当符合以下条件:竣工验收鉴定书已印发,工程遗留问题和尾工处理已完成并通过验收。

工程质量保修期满以及验收遗留问题和尾工处理完成后,发包人应当向工程竣工验收主持单位申请领取竣工证书,申请报告应当包括工程移交情况、工程运行管理情况、验收遗留问题、尾工处理情况、工程质量保修期有关情况;竣工验收主持单位应当自收到发包人申请报告后30个工作日内决定是否颁发工程竣工证书,其格式见《验收规程》附录X(正本)和附录Y(副本);工程竣工证书数量按正本三份和副本若干份颁发,正本由发包人、运行管理单位和档案部门保存,副本由工程主要参建单位保存。

(三)对发包人不按时验收的管理

如果监理人确认工程已具备完工验收条件,发包人在收到承包人完工验收申请报告后不及时组织验收,或者验收通过后无故不颁发移交证书,从承包人发出完工验收申请报告之日56天后的次日起,由发包人承担工程照管费用。

(四)对保修期、保修责任和保修责任终止证书的管理

1.保修期

水利工程保修期从工程移交证书写明的工程完工日起算,一般不少于一年。有特殊要求的工程,其保修期限在合同中规定。工程质量出现永久性缺陷的,承担责任的期限不受以上保修期限制。水利工程在规定的保修期内,出现工程质量问题,一般由原承包人承担保修责任,所需费用由责任方承担。

2.保修责任

工程未移交发包人前,承包人应当负责照管和维护,移交后承包人应当承担保修期内的缺陷修复工作。如果工程移交证书颁发时,尚有部分未完工程需在保修期内继续完成,则承包人还应当负责该未完工程的照管和维护工作,直至完工后移交给发包人为止。

在工程移交证书颁发前,即使工程已完工,承包人仍有责任照管和维护工程。工程移交证书颁发后,承包人将已完工程移交给发包人时,其工程的照管和维护责任也同时移交给发包人,但承包人还应当按合同规定履行保修责任,直至颁发保修责任终止证书为止。

承包人应当在合同规定的期限内完成工地清理工作并按期撤退其人员、施工设备和剩余材料。在颁发全部工程、单位工程和部分工程移交证书前,承包人应当清理该工程移交证书所涉及的那部分场地上的多余材料、施工设备、临时工程和其他物品以及废弃物等,并撤离多余的施工人员,但应当保留在保修期内继续工作的人员及需用的材料、施工设备和临时工程,直至发包人颁发保修责任终止证书为止。

3.工程质量保修责任终止证书

工程质量保修期满后30个工作日内,发包人应当向承包人颁发工程质量保修责任终止证书,其格式见《验收规程》附录W,但保修责任范围内的质量缺陷未处理完成的除外。

(五)质量事故处理后工程质量的检查验收

《堤防工程施工质量评定与验收规程》规定:工程质量事故处理后,应当按照处理方案的要求,重新进行工程质量监测和评定。

第四节　水利工程施工合同的进度目标控制

水利工程施工合同的进度目标控制，是指参建各方从不同角度控制施工工作按进度计划进行，确保施工任务在规定的合同工期内完成。

一、建设各方对施工进度的管理

（一）承包人对施工进度计划制定、修订的管理

1. 合同进度计划

承包人应当按技术条款规定的内容和时限以及监理人的指示，编制施工总进度计划，提交监理人审批。监理人应当在技术条款规定的时限内批复承包人。经监理人批准的施工总进度计划（即合同进度计划）作为控制合同工程进度的依据，并据此编制年、季和月进度计划报送监理人。根据施工总进度计划和监理人的指示控制工程进展。

2. 修订进度计划

不论何种原因，当工程的实际进度与合同进度计划不符时，承包人应当按监理人的指示，在 14 天内提交一份修订进度计划报送监理人审批，监理人应当在收到该进度计划后 14 天内批复承包人，批准后的修订进度计划作为合同进度计划的补充文件。当监理人认为需要修订进度计划时，承包人应按监理人的指示，在 14 天内向监理人提交修订的进度计划，并附调整计划的相关资料，提交监理人审批。监理人应在收到修订的进度计划后 14 天内批复。

不论何种原因造成施工进度计划的拖后，承包人均应当按监理人的指示采取有效措施赶上进度，在向监理人提交修订的进度计划的同时，承包人应当编制一份赶工措施报告，报送监理人审批。赶工措施应当以保证工程按期完工为前提，调整和修改进度计划。

在履行合同过程中，由于发包人的下列原因造成工期延误的，承包人有权要求发包人延长工期和（或）增加费用，并支付合理利润，需要修订合同进度计划的，按照在约定的期限内完成合同工程的约定办理：①增加合同工作内容；②改变合同中任何一项工作的质量要求或其他特性；③发包人迟延提供材料、工程设备或变更交货地点的；④因发包人原因导致的暂停施工；⑤提供图纸延误；⑥未按合同约定及时支付预付款、进度款；⑦发包人造成工期延误的其他原因。

由于承包人原因，未能按合同进度计划完成工作，或监理人认为承包人施工进度不能满足合同工期要求的，承包人应采取措施加快进度，并承担加快进度所增加的费用。由于承包人原因造成工期延误，承包人应支付逾期竣工违约金。逾期竣工违约金的计算方法在专用合同条款中约定。承包人支付逾期竣工违约金，不免除承包人完成工程及修补缺陷的义务。

当工程所在地发生危及施工安全的异常恶劣气候时，发包人和承包人应按照约定，及时采取暂停施工或部分暂停施工措施。异常恶劣气候条件解除后，承包人应及时安排复工。异常恶劣气候条件造成的工期延误和工程损坏，应由发包人与承包人参照约定协商处理，即除专用合同条款另有约定外，不可抗力导致的人员伤亡、财产损失、费用增加和

（或）工期延误等后果，由合同双方按以下原则承担：①永久工程，包括已运至施工场地的材料和工程设备的损害，以及因工程损害造成的第三者人员伤亡和财产损失，由发包人承担；②承包人设备的损坏由承包人承担；③发包人和承包人各自承担其人员伤亡和其他财产损失及其相关费用；④承包人的停工损失由承包人承担，但停工期间应监理人要求照管工程和清理、修复工程的金额由发包人承担；⑤不能按期竣工的，应合理延长工期，承包人不需支付逾期竣工违约金，发包人要求赶工的，承包人应采取赶工措施，赶工费用由发包人承担。若合同一方当事人延迟履行，在延迟履行期间发生不可抗力的，不免除其责任。不可抗力发生后，发包人和承包人均应采取措施尽量避免和减少损失的扩大，任何一方没有采取有效措施导致损失扩大的，应对扩大的损失承担责任。合同一方当事人因不可抗力不能履行合同的，应当及时通知对方解除合同。合同解除后，承包人应按照约定撤离施工场地。已经订货的材料、设备由订货方负责退货或解除订货合同，不能退还的货款和因退货、解除订货合同发生的费用，由发包人承担，未及时退货造成的损失由责任方承担。合同解除后的付款，参照约定或商定。界定异常恶劣气候条件的范围在专用合同条款中约定。

3.单位工程进度计划

监理人认为有必要时，承包人应当按监理人指示的内容和时限，并根据合同进度计划的进度控制要求编制单位工程进度计划报送监理人。

4.提交资金流估算表

承包人应当在向监理人提交施工总进度计划的同时，按专用合同条款规定的格式向监理人提交按月的资金流估算表。估算表应当包括承包人计划向发包人获取的全部款额，以供发包人参考。此后，如监理人提出要求，承包人还应当按监理人的指示，在指定的时限内提交修订的资金流估算表。

（二）监理人对施工进度计划的审核与审批管理

《水利工程建设监理规定》（水利部令第28号）第16条规定：监理单位应当协助项目法人编制控制性总进度计划，审查被监理单位编制的施工组织设计和进度计划，并督促被监理单位实施。

1.控制性总进度计划的编制要求

监理人应当在工程项目开工前，依据施工合同约定的工期总目标、阶段性目标等，协助发包人编制控制性总进度计划；随着工程进展和施工条件的变化，监理人应当及时提请发包人对控制性总进度计划进行必要的调整。

2.施工进度计划的审批要求

监理人应当在工程项目开工前，依据控制性总进度计划，审批承包人提交的施工进度计划。在施工过程中，依据施工合同约定，审批各单位工程进度计划，逐阶段审批年、季、月的施工进度计划。

施工进度计划审批程序如下：承包人应当在施工合同约定的时间内向监理人提交施工进度计划；监理人应当在收到施工进度计划后及时进行审查，提出明确审批意见，必要时召集由发包人、设计单位参加的施工进度计划审查专题会议，听取承包人的汇报，并对有关问题进行分析研究；如施工进度计划中存在问题，监理人应当提出审查意见，交承包人进行修改或调整；审批承包人提交的施工进度计划或修改、调整后的施工进度计划。

施工进度计划审查的主要内容包括:在施工进度计划中有无项目内容漏项或重复的情况,施工进度计划与合同工期和阶段性目标的响应性与符合性,施工进度计划中各项目之间逻辑关系的正确性与施工方案的可行性,关键路线安排和施工进度计划实施过程的合理性,人力、材料、施工设备等资源配置计划和施工强度的合理性,材料、构配件、工程设备供应计划与施工进度计划的衔接关系,所编施工项目与其他各标段施工项目之间的协调性,施工进度计划的详细程度和表达形式的适宜性,对发包人提供施工条件要求的合理性,其他应当审查的内容。

3. 实际施工进度的检查与协调要求

监理人应当编制描述实际施工进度状况和用于进度控制的各类图表;监理人应当督促承包人做好施工组织管理,确保施工资源的投入,并按批准的施工进度计划实施;监理人应当作好实际工程进度记录,以及承包人每日的施工设备、人员、原材料的进场记录,并审核承包人的同期记录;监理人应当对施工进度计划的实施全过程,包括施工准备、施工条件和进度计划的实施情况,进行定期检查,对实际施工进度进行分析和评价,对关键路线的进度实施重点跟踪检查;监理人应当根据施工进度计划,协调有关参建各方之间的关系,定期召开生产协调会议,及时发现、解决影响工程进度的干扰因素,促进施工项目的顺利开展。

4. 施工进度计划的调整要求

监理人在检查中发现实际工程进度与施工进度计划发生了实质性偏离时,应当要求承包人及时调整施工进度计划;监理人应当根据工程变更情况,公正、公平处理工程变更所引起的工期变化事宜,当工程变更影响施工进度计划时,监理人应当指示承包人编制变更后的施工进度计划;监理人应当依据施工合同和施工进度计划及实际工程进度记录,审查承包人提交的工期索赔申请,提出索赔处理意见报发包人;施工进度计划的调整涉及总工期目标、阶段目标、资金使用等的较大变化时,监理人应当提出处理意见,报发包人批准。

5. 监理人应当督促承包人按施工合同约定、按时提交月、年施工进度报表

为了掌握施工现场的实际情况,及时解决存在的问题,监理人应当督促承包人按月向监理人提交工程进度月报表。通过月报表,监理人可以了解工程进度、形象进度、本月现场承包人员情况、本月现场施工设备及使用情况、本月材料进库和消耗量及库存量情况、本月完成的工程量和累计完成的工程量、现场工程设备、水文气象条件、存在的问题、需要发包人和监理人解决的问题等。同时,年度结束时,承包人应及时提交年度施工进度报表。

(三)发包人对施工进度计划的管理

发包人应当按合同规定,履行约定义务,支付工程价款,及时组织验收,避免因发包人原因造成停建、缓建或窝工,保证施工任务在规定的合同工期内完成,并及时交付使用。

二、建设各方对开工通知、工程进度月报表、完工日期的管理

(一)对开工通知的管理

1. 审批开工申请

为了控制施工合同项目按照施工合同要求进行,满足投资、工期、质量的目标控制要

求,对开工申请要严格审批。开工条件包括:监理人应当在施工合同约定的期限内,经发包人同意后向承包人发出进场通知,要求承包人按约定及时调遣人员和施工设备、材料进场,进行施工准备,进场通知中应当明确合同工期起算日期;监理人应当协助发包人向承包人移交施工合同约定应当由发包人提供的施工用地、道路、测量基准点以及供水、供电、通信设施等开工的必要条件;承包人完成开工准备后,应当向监理人提交开工申请;监理人在检查发包人和承包人的施工准备满足开工条件后,签发开工令。

2. 未按施工合同约定时间开工的处理

由于承包人原因,工程未能按施工合同约定时间开工,监理人应当通知承包人在约定时间内提交赶工措施报告,并说明延误开工原因,因此增加的费用和工期延误造成的损失由承包人承担。由于发包人原因,工程未能按施工合同约定时间开工,监理人在收到承包人提出的顺延工期的要求后,应当立即与发包人和承包人共同协商补救办法,因此增加的费用和工期延误造成的损失由发包人承担。

3. 分部工程开工、单元工程开工与混凝土浇筑开仓

对分部工程开工,监理人应当审批承包人报送的每一分部工程开工申请,审核承包人递交的施工措施计划,检查各分部工程的开工条件,确认后签发分部工程开工通知;对单元工程开工,第一个单元工程在分部工程开工申请获批准后自行开工,后续单元工程凭监理人签发的上一单元工程施工质量合格证明开工;对混凝土浇筑开仓,监理人应当审核承包人报送的混凝土浇筑开仓报审表,符合开仓条件后,方可签发。

(二)工程进度的月报表管理

承包人按月向监理人提交工程进度月报表,有利于监理人了解和掌握施工现场的实际情况,了解存在的问题,及时加以解决。月报表内容包括:工程进度概述,形象进度描述,本月现场承包人员报表,本月现场施工设备及使用情况清单,本月材料进库清单和消耗量、库存量,本月完成的工程量和累计完成的工程量,现场工程设备清单,水文气象资料,存在的问题,需要发包人和监理人解决的问题等。

(三)对完工日期的管理

完工日期指在施工合同中规定的全部工程、单位工程或部分工程完工和通过完工验收后在移交证书(或临时移交证书)中写明的完工日。全部工程、单位工程和部分工程的要求完工日期规定在专用合同条款中,承包人应当在上述规定的完工日期内完工或在规定可能延后或提前的完工日期内完工。

专用合同条款中规定的全部工程、单位工程和部分工程的完工日期为合同要求的完工日期;在合同实施过程中,工程进度可能提前或拖后,完工验收后在移交证书(或临时移交证书)中写明的完工日为用以结算的实际完工日期。

三、建设各方对暂停施工与复工的管理

(一)监理人暂停施工指示

监理人认为有必要时,可向承包人作出暂停施工的指示,承包人应按监理人指示暂停施工。不论何种原因引起的暂停施工,暂停施工期间承包人应负责妥善保护工程并提供安全保障。

由于发包人的原因发生暂停施工的紧急情况，且监理人未及时下达暂停施工指示的，承包人可先暂停施工，并及时向监理人提出暂停施工的书面请求。监理人应在接到书面请求后的24小时内予以答复，逾期未答复的，视为同意承包人的暂停施工请求。

1. 监理人可视情况决定是否暂停

在发生下列情况之一时，监理人可视情况决定是否下达暂停施工通知：

发包人要求暂停施工；承包人未经许可即进行主体工程施工；承包人未按照批准的施工组织设计或工法施工，并且可能会出现工程质量问题或造成安全事故隐患；承包人有违反施工合同的行为。

2. 监理人应当下达暂停施工通知

在发生下列情况之一时，监理人应当下达暂停施工通知：

工程继续施工将会对第三者或社会公共利益造成损害；为保证工程质量、安全所必要；发生了须暂时停止施工的紧急事件；承包人拒绝服从监理人的管理，不执行监理人的指示，从而将对工程质量、进度和投资控制产生严重影响；其他应当下达暂停施工通知的情况。

3. 监理人下达暂停施工通知，应当征得发包人同意

发包人应当在收到监理人暂停施工通知报告后，在约定时间内予以答复；如果发包人逾期未答复，则视为其已同意，监理人可据此下达暂停施工通知，并根据停工的影响范围和程度，明确停工范围。

4. 承包人提出暂停施工的处理

如果由于发包人的责任需要暂停施工，而监理人未及时下达暂停施工通知，在承包人提出暂停施工的申请后，监理人应当在施工合同约定的时间内予以答复。

（二）承包人暂停施工的责任

因下列暂停施工增加的费用和（或）工期延误责任由承包人承担：

（1）承包人违约引起的暂停施工；

（2）由于承包人原因，为工程合理施工和安全保障所必需的暂停施工；

（3）承包人擅自暂停施工；

（4）承包人其他原因引起的暂停施工；

（5）专用合同条款约定由承包人承担的其他暂停施工。

（三）发包人暂停施工的责任

发包人原因引起的暂停施工造成工期延误的，承包人有权要求发包人延长工期和（或）增加费用，并支付合理利润。

属于下列任何一种情况引起的暂停施工，均为发包人的责任：

（1）发包人违约引起的暂停施工；

（2）不可抗力的自然或社会因素引起的暂停施工；

（3）专用合同条款中约定的其他发包人原因引起的暂停施工。

（四）暂停施工后的复工

暂停施工后，监理人应与发包人和承包人协商，采取有效措施积极消除暂停施工的影响。当工程具备复工条件时，监理人应立即向承包人发出复工通知。承包人收到复工通

知后,应在监理人指定的期限内复工。

承包人无故拖延和拒绝复工的,由此增加的费用和工期延误责任由承包人承担;因发包人原因无法按时复工的,承包人有权要求发包人延长工期和(或)增加费用,并支付合理利润。

(五)暂停施工以后的管理

下达暂停施工通知后,监理人应当指示承包人妥善照管工程,并督促有关方及时采取有效措施,排除影响因素,为尽早复工创造条件;在具备复工条件后,监理人应当及时签发复工通知,明确复工范围,并督促承包人执行;监理人应当及时按施工合同约定处理工程停工引起的与工期、费用等有关的问题。

如果暂停施工持续56天以上,则按如下方法处理:如果监理人在下达暂停施工指示后56天内仍未给予承包人复工通知,除非该项停工属于承包人责任的暂停施工,否则,承包人可向监理人提交书面通知,要求监理人在收到书面通知后28天内准许已暂停施工的工程或其中一部分工程继续施工。监理人逾期不予批准时,如果暂时停工仅影响合同中部分工程,承包人有权按施工合同中关于变更条款的规定,将此项停工工程视做可取消的工程,并通知监理人;如果暂时停工影响整个工程,承包人有权视为发包人违约,按施工合同中关于发包人违约的规定办理。如果发生由承包人责任引起的暂停施工,承包人在收到监理人暂停施工指示后56天内不积极采取措施复工造成工期延误,则应当视为承包人违约,可按施工合同中关于承包人违约的规定办理。

四、建设各方对工期延误及提前的管理

(一)工期延误责任的界定与处理

1.承包人的工期延误与处理

由于承包人原因,未能按合同进度计划完成工作,或监理人认为承包人施工进度不能满足合同工期要求的,承包人应采取措施加快进度,并承担加快进度所增加的费用。对承包人原因造成的工期延误,承包人应支付逾期竣工违约金。逾期竣工违约金的计算方法在专用合同条款中约定。承包人支付逾期竣工违约金,不免除承包人完成工程及修补缺陷的义务。

2.发包人的工期延误与处理

在履行合同过程中,由于发包人的下列原因造成工期延误的,承包人有权要求发包人延长工期和(或)增加费用,并支付合理利润。需要修订合同进度计划的,按照合同进度计划修订条款的约定办理。

(1)增加合同工作内容;

(2)改变合同中任何一项工作的质量要求或其他特性;

(3)发包人迟延提供材料、工程设备或变更交货地点的;

(4)发包人原因导致的暂停施工;

(5)提供图纸延误;

(6)未按合同约定及时支付预付款、进度款;

(7)发包人造成工期延误的其他原因。

3. 工期延误的处理方式

根据国家有关法律、行政法规和行业惯例，处置延误工期的方式有：工程不能按施工合同规定的工期交付使用的，承包人向发包人按合同中有关协议条款约定支付违约金，承包人并仍应当继续履行合同。若承包人严重违约致使双方合作已无可能，发包人不得不终止合同又同第三方订立合同完成剩余工程，因此造成的损失由承包人承担。工程不能按施工合同规定的工期交付使用时，如工程采用招标方式，发包人可直接扣除承包人中标后所缴的保证金，金额不足违约金的可继续向承包人索赔。如遇工程量变化和设计变更，一周内非承包人原因停水、停电、停气造成停工累计超过8小时，不可抗力、合同中约定或发包人代表同意给予顺延的其他情况，经发包人代表确认，工期相应顺延。承包人在以上情况发生5天内，就延误的内容和因此发生的经济支出向发包人代表提出报告。发包人代表在收到报告后5天内给予确认、答复，逾期不予答复，即可视为延期要求已被确认。

（二）对承包人要求延长工期的管理

1. 发包人工期延误的处理

发生发包人工期延误的事件时，承包人应当立即通知发包人和监理人，并在发出该通知的28天内向监理人提交一份细节报告，详细申述发生该事件的情节和对工期的影响程度，并按规定修订进度计划和编制赶工措施报告提交监理人审批。如果发包人要求修订的进度计划仍应当保证工程按期完工，则应当由发包人承担由于采取赶工措施所增加的费用。

2. 承包人采取了赶工措施而无法实现工程按期完工

如果事件的持续时间较长或事件影响工期较长，当承包人采取了赶工措施而无法实现工程按期完工时，除应当按上述规定的程序办理外，承包人应当在事件结束后的14天内提交一份补充细节报告，详细申述要求延长工期的理由，并最终修订进度计划。此时发包人除按规定承担赶工费用外，还应当按规定程序批准给予承包人延长工期的合理天数。

3. 监理人对发包人工期延误和赶工也无法按期完工的处理

若发包人工期延误和承包人采取了赶工措施而无法实现工程按期完工，监理人应当及时调查核实承包人提交的细节报告和补充细节报告，并在审批修订进度计划的同时，与发包人和承包人协商确定延长工期的合理天数和补偿费用的合理额度，并通知承包人，抄送发包人。

（三）对不同提前工期要求的管理

1. 承包人提前工期

承包人征得发包人同意后，在保证工程质量的前提下，如果能按合同规定的完工日期提前完工，则应当由监理人核实提前天数，并由发包人按专用合同条款中的规定向承包人支付提前完工奖金。

2. 发包人要求提前工期

发包人要求承包人提前合同规定的完工日期时，由监理人与承包人共同协商，采取赶工措施和修订合同进度计划，并由发包人和承包人按成本加奖金的办法签订提前完工协议。其协议内容应当包括：提前的时间和修订后的进度计划，承包人的赶工措施，发包人为赶工提供的条件，赶工费用和奖金。

3. 监理人对赶工的处理

由于承包人的原因提前完工,或按发包人要求提前完工,监理人应当指示承包人调整施工进度计划,编制赶工措施报告,在审批后发布赶工指示,并督促承包人执行。同时,监理人应当按照施工合同约定处理赶工引起的费用事宜。

【案例分析3-1】

大功引黄灌区节水续建配套项目,在肖官桥节制闸工程施工中的索赔事件。

事件1发生:承包人按照合同约定和监理工程师的指示,组织人员、设备等进场后,在进行闸室段基础开挖时,发现地质条件与发包人提供的不符,地基承载力达不到设计要求。

事件1经过:承包人及时向监理工程师和发包人进行了通报。经发包人、设计单位和监理工程师共同到现场查看后,作出了工程变更的决定,由设计单位重新进行地质勘探,并提出地基处理变更设计方案。一周后设计单位提交了地基处理设计方案,并由监理工程师下达承包人执行。

事件2发生:在工程施工进入高峰期的月份,由于灌区春灌放水和下雨,工程停工2周。

事件2经过:承包人按照合同约定的程序,提出了追加3周工期和增加相应费用的索赔要求。

索赔处理:监理工程师在接到承包人的索赔申请后及时进行了处理。设计变更给承包人造成的工期延误和费用增加,应当予以补偿;灌区春灌放水和下雨,均发生在合同工期以内,承包人应预见到这一问题,由此造成的工期延误和费用增加不予补偿。

处理决定:工期延长1周,补偿工程变更给承包人造成的费用损失,并按合同约定进行支付。

处理效果:承包人和发包人都十分满意。

小　结

本章明确了施工合同管理的概念,总结了水行政主管部门及相关部门对施工合同管理的方式与角度,揭示了发包人、监理人、承包人对施工合同的不同管理,简单介绍了水利工程施工合同文件,对施工合同实施的管理进行了一般性分析。

从投资目标控制角度,揭示了建设各方对工程量清单、工程计量、各种工程款支付、调价的管理及合同解除后的结算管理。

从质量目标控制角度,剖析了建设各方的质量检查职责权力、对投入人员的管理、在材料和工程设备供应环节的管理、对材料与工程设备的检查检验管理、对现场试验的管理、对隐蔽工程和工程隐蔽部位的管理、对测量放线环节的管理以及在完工验收与保修中的管理。

从进度目标控制角度,探讨了进度目标控制的概念,建设各方对施工进度、开工通知、工程进度月报表、完工日期、暂停施工与复工、工期延误及提前的管理。

本章从不局限于监理人的角度进行阐述，为学生将来可能在发包方、承包方的工作，提供一个宽泛的铺垫。这只是一个开始，希望通过相关法规的学习实践，形成适合不同人才的不同技能。

复习思考题

3-1　在水利工程施工合同文件中，发包方一般有哪些义务和责任？承包方一般有哪些义务和责任？

3-2　监理人对承包方人员、材料和设备的管理，主要从哪些方面进行？

3-3　承包方月进度付款申请单应包括哪些主要内容？

3-4　发包方的哪些行为构成合同违约？承包方的哪些行为构成合同违约？

3-5　监理人下达停工指示和复工指示需要满足什么条件？

3-6　完工支付应当具备什么条件？

3-7　在某供应合同中，付款条款对付款期的定义是“货到全付款”，而该供应是分批进行的。在合同执行中，供应方认为，合同解释为“货到，全付款”，即只要第一批货到，购买方即“全付款”；而购买方认为，合同解释应为“货到全，付款”，即货全到后，再付款。从字面上看，两种解释都可以。双方争执不下，各不让步，最终法院判定本合同无效，不予执行。根据合同文件的解释原则，本案例实质上还有其他的解释吗？

3-8　在某工程中，发包人在招标文件中提出工期为24个月。在投标书中，承包人的进度计划也是24个月。中标后承包人向监理工程师提交3份详细进度计划，说明18个月即可竣工，并论述了18个月工期的可行性。监理工程师认可了承包人的计划。在工程实施过程中，发包人原因(设计图纸拖延等)造成工程停工，影响了工期，但是，实际总工期仍小于24个月。承包人可以成功地进行工期和与工期相关的费用索赔吗？

3-9　在某水利工程中，承包人按发包人提供的地质勘察报告作了施工方案，并投标报价。开标后发包人向承包人发出了中标函。由于该承包人以前曾在本地区进行过水利工程的施工，按照以前的经验，他觉得发包人提供的地质报告不准确，实际地质条件可能复杂得多，所以在中标后做详细的施工组织设计时，他修改了挖掘方案，为此增加了不少设备和材料费用。结果现场开挖完全证实了承包人的判断，承包人向发包人提出了两种方案费用差别的索赔，但被发包人否决。发包人的理由是：按合同规定，施工方案设计是承包人应负的责任，他应保证施工方案的可用性、安全性、稳定性和效率。承包人变换施工方案是从他自己的责任角度出发的，不能给予赔偿。实质上，承包人的这种预见性为发包人节约了大量的工期和费用。如果承包人不采取变更措施，施工中出现新的与招标文件不一样的地质条件，此时再变换方案，发包人要承担工期延误责任及与它相关的费用赔偿、原方案的费用和新方案的费用、低效率损失等。但由于承包人行为不当，其处于一个非常不利的地位。如果要取得索赔的成功，你认为承包人从中标开始，就应该注重哪些环节？

3-10　某工程有A、B、C、D、E五个单项工程。合同规定由发包人提供水泥。在实际施工中，发包人没能按合同规定的日期供应水泥，造成工程停工待料。根据现场工程资料和合同双方的通信等证明，发包人水泥提供不及时对工程施工造成如下影响：A单项工程

500 m^3 混凝土基础推迟 21 天，B 单项工程 850 m^3 混凝土基础推迟 7 天，C 单项工程 225 m^3 混凝土基础推迟 10 天，D 单项工程 480 m^3 混凝土基础推迟 10 天，E 单项工程 120 m^3 混凝土基础推迟 27 天。承包人在一揽子索赔中，对发包人材料供应不及时造成工期延长提出索赔如下：总延长天数 = 21 + 7 + 10 + 10 + 27 = 75（天），平均延长天数 = 75/5 = 15（天），工期索赔值 = 15 + 5 = 20（天），这里附加 5 天为考虑它们的不均匀性对总工期的影响。这样做合适吗？工期索赔常常是根据什么决定的？

3-11 （案例分析题）在某仓库安装工程中，合同文件主要包括合同条款，图纸，按标准的工程量计算方法做出的工程量表。在施工过程中，发生了一些与施工合同不符的问题。问题如下，请分析后加以解答。

1. 混凝土质量问题

1）合同分析

与本项索赔有关的合同条款内容有：

第 1 条　承包人应当完成合同图纸上标明的、合同工程量表中描述或提出的工程。

第 4 条　涉及的变更不应当给承包人带来损失。

第 11.6 款　如果建筑师认为变更已经给承包人造成直接损失或开支，建筑师应当亲自或指示估算师确定这些损失或开支的数量。

第 12.1 款　合同总额包括工程的质量和数量，由合同工程量表中的内容规定。除规范中另有专门说明外，工程量表应当根据标准的工程量计算方法做出。

第 12.2 款　合同工程量表中的描述或数量上的任何错误、遗漏，应当由建筑师予以纠正，并应当看做建筑师所要求的变更。

2）问题

在图纸和工程量表中，对某些预应力混凝土楼板和梁的质量描述存在差异。图纸中，规定其质量标准为“C25P”，而工程量表中规定其质量标准为“C20P”。

3）合同实施过程

在第一次现场会议上，承包人的代理人提出了这一问题，并要求建筑师确认应当执行哪一个标准，得到的回答是“按图纸执行”。

由于按第 12.1 款，承包人报价必须按合同工程量表规定的质量和数量计算。而现在必须根据建筑师的指令，按图纸采用高标号混凝土，这造成承包人费用的增加。承包人对质量差异及时地向建筑师提出索赔要求。

4）思考

该索赔合理吗？索赔额如何计算？

2. 基础挖方工程问题

1）合同分析

涉及基础挖方工程索赔的合同规定，除上面所作的几点分析外，还有：承包人应当对自己报价的正确性负责；地基开挖中，只有出现“岩石”才允许重新计价。

工程量表中对应的基础开挖数量为 145 m^3，承包人所报的单价为 0.83 英镑/m^3。

2）合同实施过程

在施工中承包人发现：按实际工程量，工程量表中基础开挖的数量为错误数据，应当为 1 450 m^3，而不是 145 m^3；承包人的该分项工程单价也有错误，合理报价应当为 2.83 英镑/m^3，而不是 0.83 英镑/m^3。实际上，在报价确认前，承包人已发现该分项工程的单价错误，但觉得该项工程量较小，影响不大，所以未纠正报价的错误。同时基础开挖难度增加，地质情况与勘察报告中说明的不一样，出现大量的建筑物碎块、钢筋、角铁以及碎石和卵石，造成开挖费用的增加。

3）承包人的要求

（1）由于基础开挖难度增加，合同单价增加 2 英镑/m^3。问：按施工合同规定，该要求可以吗？

（2）纠正单价错误。问：按施工合同规定，该要求可以吗？

3. 模板工程问题

1）合同分析

涉及该项索赔的合同规定，除前面的几点外，还有：

按合同所规定的标准的计算方法，模板工程应当单独立项计算，不能在混凝土价格中包含模板工程费用。

工程量表中关于该基础混凝土项目的规定为：挖槽厚度超过 300 mm 的基础混凝土强度等级为 C10，包括毗邻开挖面的竖直面的模板及拆除，共 331 m^3。

2）承包人的要求

承包人提出模板工程的索赔要求，理由是，按合同规定的工程量计算方法，模板应当单独立项计价，而合同中将它归入每立方米混凝土价格中是不合适的。所以，应当将基础混凝土的模板工程作为遗漏的项目单独计价。

3）思考

将基础混凝土的模板工程作为遗漏的项目单独计价，该要求能否成立？为什么？

4. 基础混凝土支模空间开挖问题

1）合同分析

同前述。

2）承包人的要求

虽然上述的基础混凝土模板索赔未能成功，但这些模板的施工需要一定的空间，须有额外开挖，这在合同工程量表中没有包括。对此，承包人提出索赔要求。

3）思考

该索赔能否成立？为什么？

第四章　水利工程变更与索赔的管理

知识点

工程变更与施工索赔的概念、发生的原因、处理的程序及它们之间的关系，索赔的程序、计算及报告编写的内容和要求。

教学目标

通过本章的学习，了解工程变更和施工索赔是现代工程管理的一项常见的、重要的内容；熟悉工程变更和施工索赔的程序；掌握工程变更和施工索赔的分(种)类、工程变更的价格调整及施工索赔的计算，如何减少或预防索赔。

第一节　水利工程变更的管理

一、工程变更的概念和内容

在工程项目实施过程中，按照合同约定的程序，监理人根据工程需要，下达指令对招标文件中的原设计或经监理人批准的施工方案进行的在材料、工艺、功能、构造、尺寸、技术指标、工程数量及施工方法等任一方面的改变，统称为工程变更。

建设项目施工过程中，工程变更几乎是不可避免的。

《水利水电工程标准施工招标文件》(2009 年版)（以下简称《水利水电工程标准文件》）在第 4 章第 1 节通用合同条款第 15.1 款对工程变更的范围和内容作了如下规定：

在履行合同中发生以下情形之一，应按照本款规定进行变更。

(1)取消合同中任何一项工作，但被取消的工作不能转由发包人或其他人实施；

(2)改变合同中任何一项工作的质量或其他特性；

(3)改变合同工程的基线、标高、位置或尺寸；

(4)改变合同中任何一项工作的施工时间或改变已批准的施工工艺或顺序；

(5)为完成工程需要追加的额外工作；

(6)增加或减少专用合同条款中约定的关键项目工程量超过其工程总量的一定数量百分比。

上述第(1) ~ (6)目的变更内容引起工程施工组织和进度计划发生实质性变动和影响其原定的价格时，才予调整该项目的单价。第(6)目情形下单价调整方式在专用合同条款中约定。

二、工程变更的原则和程序

(一)原则

工程变更是合同文件中设计图纸或技术规范由于不适应工程实际情况的要求而必须进行的变动。工程变更应遵循以下基本原则:

(1)节约资金或其他资源;

(2)加快或保证工程进度;

(3)提高(确保)工程质量;

(4)更好地适应社会、经济及环境的要求。

如果由承包人的责任造成的或承包人为方便施工而提出的变更,所增加的费用由承包人承担。

(二)程序

在履行合同过程中,经发包人同意,监理人可按合同约定的变更程序向承包人作出变更指示,承包人应遵照执行。没有监理人的变更指示,承包人不得擅自变更。

工程变更的程序及内容可参考以下步骤进行。

1. 工程变更的提出

无论是发包人、监理人、设计单位,还是承包人,认为原设计图纸或技术规范不适应工程实际情况时,可提出书面变更建议。

变更建议应阐明要求变更的依据,并附必要的图纸和说明。工程变更建议书包括以下主要内容:

(1)变更的原因及依据。

(2)变更的内容及范围。

(3)变更引起的合同价的增加或减少。

(4)变更引起的合同期的提前或延长。

(5)为审查所必须提交的附图及其计算资料等。

监理人收到承包人的书面建议后,应与发包人共同研究,确认存在变更的,应在收到承包人书面建议后的 14 天内作出变更指示(变更指示应说明变更的目的、范围、内容、工程量及其进度和技术要求,并附有关图纸和文件)。经研究后不同意作为变更的,应由监理人书面答复承包人。

在合同履行过程中,发生《水利水电工程标准文件》第 15.1 款约定情形的,监理人可向承包人发出变更意向书。变更意向书应说明变更的具体内容和发包人对变更的时间要求,并附必要的图纸和相关资料。变更意向书应要求承包人提交包括拟实施变更工作的计划、措施和竣工时间等内容的实施方案。发包人同意承包人根据变更意向书要求提交的变更实施方案的,由监理人发出变更指示。

变更指示只能由监理人发出。承包人收到变更指示后,应按变更指示进行变更工作。

2. 对工程变更建议书的审查

监理人负责对工程变更建议书进行审查,审查的基本原则是:

(1)工程变更的必要性与合理性。

(2)变更后不降低工程的质量标准,不影响工程完建后的运行与管理。

(3)工程变更在技术上必须可行、可靠。

(4)工程变更的费用及工期是经济合理的。

(5)工程变更尽可能不对后续施工在工期和施工条件上产生不良影响。

监理人在工程变更审查中,应充分与发包人、设计单位、承包人进行协商,对变更项目的单价和总价进行估算,分析因此而引起的该项工程费用增加或减少的数额。

3. 工程变更的批准与设计

如该项工程变更属于监理人权限范围之内,监理人可作出决定。对于不属于监理人权限范围之内的工程变更,则应提交发包人在规定的时间内给予审批。

工程变更获得批准后,由发包人委托原设计单位负责完成具体的工程变更设计工作,设计单位应在规定时间内提交工程变更设计文件,包括施工图纸。如果原设计单位拒绝进行工程变更设计,发包人可委托其他单位设计。

若承包人收到监理人的变更意向书后认为难以实施此项变更,应立即通知监理人,说明原因并附详细依据。监理人与承包人和发包人协商后确定撤销、改变或不改变原变更意向书。

4. 工程变更估价

除专用合同条款对期限另有约定外,承包人应在收到变更指示或变更意向书后的 14 天内,向监理人提交变更的单价或价格,即变更报价书,报监理人审查、发包人核批。

变更报价书应根据合同约定的估价原则,详细开列变更工作的价格组成及其依据,并附必要的施工方法说明和有关图纸。

变更工作影响工期的,承包人应提出调整工期的具体细节。监理人认为有必要时,可要求承包人提交要求提前或延长工期的施工进度计划及相应施工措施等详细资料。

除专用合同条款对期限另有约定外,监理人应在收到承包人变更报价书后 14 天内,根据《水利水电工程标准文件》第 15.4 款约定的估价原则,商定或确定变更价格。

5. 工程变更令发布与实施

发包人批准了确定的单价或价格以后,由监理人向承包人下达工程变更令,承包人据此组织工程变更的实施,工程变更令应包括两部分内容,即变更的文件和图纸以及变更的价格。

为避免耽误施工,监理人可以根据工程的具体情况,分两次下达工程变更令。第一次发布的变更令主要是变更设计文件和图纸,指示承包人继续工作;第二次发布的变更令主要是发包人核批的工程变更单价和价格。

工程变更令必须是书面的,当监理人发出口头指令时,其后在规定的时间内应以书面证实。一旦发出变更令,承包人必须予以执行。承包人对工程变更令的内容,如单价不满意时,可以提出索赔要求。

6. 工程变更计量与支付

承包人在完成工程变更的内容后,按月支付的要求申请进行工程计量与支付。图 4-1是某工程的工程变更流程图。

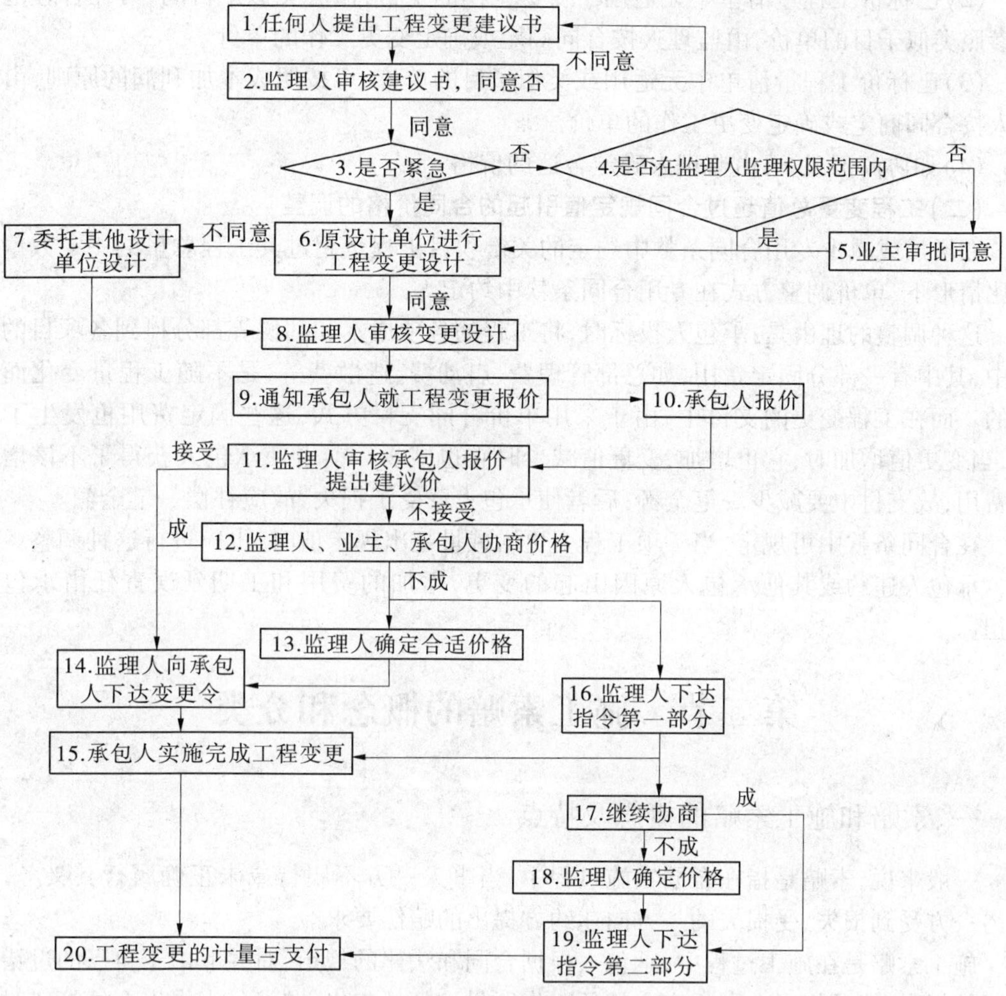

图 4-1 工程变更流程图

三、工程变更的价格调整

《水利水电工程标准文件》第 15.1 款范围内的变更项目未引起工程施工组织和进度计划发生实质性变动和不影响其原定的价格时，不予调整该项目的单价。

如引起工程施工组织和进度计划发生实质性变动和影响其原定的价格，按以下两种情况处理。

（一）工程变更引起本项目和其他项目的单价或合价的调整

任何一项变更引起合同工程或部分工程的施工组织和进度计划发生实质性变动，以致影响本项目和其他项目的单价或合价时，发包人和承包人均有权要求调整本项目和其他项目的单价或合价，监理人应与发包人和承包人协商确定。这种情况下按以下原则进行价格调整：

（1）已标价工程量清单中有适用于变更工作的子目的，采用该子目的单价。

(2)已标价工程量清单中无适用于变更工作的子目,但有类似子目的,可在合理范围内参照类似子目的单价,由监理人按合同商定或确定变更工作的单价。

(3)已标价工程量清单中无适用或类似子目的单价,可按照成本加利润的原则,由监理人按合同商定或确定变更工作的单价。

(4)如协商不成,可由监理人确定合适的价格。

(二)工程变更总值超过合同规定值引起的合同价格的调整

在增加或减少专用合同条款中约定的关键项目工程量超过其工程总量的一定数量百分比情形下,单价调整方式在专用合同条款中约定。

这种调整的理由是:承包人投标时,将工程的各项成本和利税等都分摊到各项目的单价中,其中有一部分固定费用,如总部管理费、启动费、遣散费等,是不随工程量变化而变化的。而在工程变更的支付中,由于采用单价合同支付方式,这些固定费用也发生了变化,当变更值增加时,它也增加,变更值减少时它也减少。前者使承包人获得了不该增加的费用,故支付中要减少一笔金额;后者使承包人蒙受了损失,故应补偿一笔金额。

在合同条款中可规定,当一项工程变更增减量超出规定值时,也应进行这种调整。

承包人违约或其他承包人原因引起的变更,增加的费用和工期延误责任由承包人承担。

第二节　施工索赔的概念和分类

一、索赔和施工索赔的概念及特点

一般来说,索赔是指在合同实施过程中,当事人一方不履行或未正确履行其义务,而使另一方受到损失,受损失的一方向违约方提出的赔偿要求。

施工索赔是在施工过程中,承包人根据合同和法律的规定,对并非由于自己的过错所造成的损失,或承担了合同规定之外的工作所付的额外支出,向发包人提出在经济或时间上要求补偿的权利。从广义上讲,施工索赔还包括发包人对承包人的索赔。

以上对施工索赔的定义可以说明施工索赔具有下列几个特点:

(1)索赔是合理合法的。索赔作为一种合同赋予双方的、具有法律意义的权利主张,是一种合法的正当权利要求,不是无理争利。它是依据合同和法律的规定,向承担责任方索回不应该由自己承担的损失,这完全是合理合法的。

(2)索赔是双向的。合同的双方都可向对方提出索赔要求,被索赔方可以对索赔方提出异议,阻止对方的不合理的索赔要求。在工程施工合同中,发包人与承包人存在相互间索赔的可能性,承包人可向发包人提出索赔,发包人也可向承包人提出索赔。

实际施工中发生的索赔,多数是承包人向发包人提出的索赔,而由于发包人向承包人的索赔,一般无须经过烦琐的索赔程序,其遭受的损失可以从发包人向承包人的支付款中扣除或由履约保函中兑取,所以合同条款多数只规定承包人向发包人索赔的处理程序和方法。

(3)索赔必须建立在损害后果已客观存在的基础上,必须以法律或合同为根据。不论是经济损失或时间损失,没有损失的事实而提出索赔也是不能成立的。只有一方有违约或违法事实,受损害方才能向违约方提出索赔。

(4)索赔的依据是签订的合同和有关法律、法规和规章。索赔成功的主要依据是合同和法律及与此有关的证据。没有合同和法律依据,没有依据合同和法律提出的各种证据,索赔不能成立。

(5)索赔应采用明示的方式,即索赔应该有书面文件,索赔的内容和要求应该明确而肯定。

(6)施工索赔的目的性。在工程施工中,索赔的目的是补偿索赔方在工期和经济上的损失。索赔的结果是索赔方应获得的经济或其他赔偿。

二、索赔是合同管理的一项正常业务

工程建设中出现索赔是很正常的,合同条款将索赔视为一种正常的业务;规定了索赔的程序,以及有关条款中涉及索赔事项的具体措施,使索赔成为合同双方维护自身权益、解决不可预见事项的途径,从而保证合同的顺利履行。根据经验,一般工程索赔额为合同价的7% ~8%是很正常的。我国鲁布革水电站引水系统的施工,总索赔金额为合同价的2.83%,被世界银行专家称为是"少见的低索赔"。

在合同中写入索赔条款体现了风险分摊的原则,保证了承包人在不是由于他本身的原因或责任而遭受损失时,可以得到补偿的权利,也可以使承包人在投标时提出一个中肯的报价。反之,如果合同规定不允许索赔,意味着承包人将承担全部风险,这明显是不合理的;另外,它也使承包人在投标时普遍抬高报价,以应付可能发生的各种风险,在中标后会设法降低成本借以补偿所遭受的损失,而使质量受到影响,这对发包人当然也是不利的。所以,在合同中写入索赔条款不仅是公平合理的,而且也是对双方都有利的。

三、施工索赔的重要意义

从上述索赔的概念、索赔的特点等问题的分析和说明可以看出,施工索赔在工程项目管理上有着重要的意义。

(一)索赔是合同管理的重要环节

索赔和合同管理有直接的联系,合同是索赔的依据。整个索赔处理的过程是执行合同的过程,所以常称施工索赔为合同索赔。

承包人从工程投标之日开始就要对合同进行分析。项目开工以后,合同管理人员要将每日实施合同的情况与原合同分析的结果相对照,一旦出现合同规定以外的情况,或合同实施受到干扰,承包人就要研究是否就此提出索赔。日常单项索赔的处理可由合同管理人员来完成。重大的一揽子索赔要依靠合同管理人员从日常积累的工程文件中提供证据,以供合同管理方面的专家进行分析。因此,要想索赔必须加强合同管理。

(二)索赔是计划管理的动力

计划管理一般是指项目实施方案、进度安排、施工顺序、劳动力及机械设备材料的使用与安排。而要索赔必须分析在施工过程中实际实施的计划与原计划的偏离程度。比如,工期索赔只有通过实际施工与原计划的关键路线的分析比较;才能成功,其费用索赔往往也是基于这种比较分析之上的。因此，在某种意义上讲，离开了计划管理，索赔将成为一句空话；反过来讲，要索赔就必须加强项目的计划管理，索赔是计划管理的动力。

（三）索赔是挽回成本损失的重要手段

在合同报价中最主要的工作是计算工程成本，承包人按合同规定的工程量和责任，合同所给定的条件以及当时项目的自然环境、经济环境作出成本估算。在合同实施过程中，由于这些条件和环境的变化，承包人的实际工程成本增加，承包人要想挽回这些实际工程成本的损失，只有通过索赔这种合法手段。

索赔是以赔偿实际损失为原则的，这就要求有可靠的工程成本计算的依据。所以，要搞好索赔，承包人必须建立完整的成本核算体系，及时、准确地提供整个工程以及分项工程的成本核算资料。只有这样，索赔计算才有可靠的依据。因此，索赔又能促进工程成本的分析和管理，以便确定挽回损失的数量。

（四）索赔要求提高文档管理的水平

索赔要有证据，证据是索赔报告的重要组成部分，证据不足或没有证据，索赔就不能成立。由于建筑工程比较复杂，工期又长，工程文件资料多，如果文档管理混乱，许多资料得不到及时整理和保存，就会给索赔证据的获得带来极大的困难。因此，加强文档管理，为索赔提供及时、准确、有力的证据有重要意义。承包人应委派专人负责工程资料和各种经济活动资料的收集，并分门别类地进行归档整理，特别要学会利用先进的计算机管理信息系统，提高对文档工作的管理水平，这对有效地进行索赔有很重要的意义。

总之，施工索赔是利用经济杠杆进行项目管理的有效手段，对承包人、发包人和监理人来说，处理索赔问题水平的高低，反映了他们项目管理水平的高低。索赔随着建筑市场的建立和发展，将成为项目管理中越来越重要的问题。

四、索赔与反索赔

索赔是双方面的，乙方可以向甲方提出索赔，甲方也可以向乙方提出索赔，这是由甲、乙双方平等的合同主体地位所决定的。根据国际工程施工索赔规范，目前普遍按索赔的对象来界定索赔与反索赔，通常把承包人就非承包人原因所造成的承包人的实际损失，向发包人提出的经济补偿或工期延长的要求，称为“索赔”；把发包人向承包人提出的、承包人违约而导致发包人损失的补偿要求，称为“反索赔”。

五、索赔的种类

施工索赔分类的方法很多，从不同的角度，有不同的分类方法。如按索赔的有关当事人可分为承包人同发包人之间的索赔、承包人同分包商之间的索赔、承包人同供货商之间的索赔、承包人向保险公司的索赔。按索赔的目的可分为工期索赔、经济索赔和综合索赔三种。按索赔的业务范围可分为施工索赔，即在施工过程中的索赔；商务索赔，指在物资采购、运输过程中的索赔。按索赔的对象可分为索赔和反索赔等。本书主要介绍与处理索赔有关的几种分类方法。

（一）按索赔的目的分类

索赔按其目的不同可以分为工期索赔、经济索赔和综合索赔三种。

1. 工期索赔

工期索赔是指承包人对某一事件的索赔要求是延长竣工时间,而没有费用赔偿问题。

2. 经济索赔

经济索赔则是仅要求费用赔偿,而无工期延长的要求。

3. 综合索赔

综合索赔则是对某一事件,承包人对费用赔偿与工期延长均有索赔要求。

按国际惯例,一份索赔报告只能提出一种索赔要求,所以对于综合索赔,虽然是同一事件,但是工期及经济的索赔,要分别编写两份报告。

(二)按索赔的依据分类

索赔的目的是为了得到费用损失补偿和工期延长,其依据是合同条款的规定。因此,索赔按合同的依据分类,可分为合同内索赔、合同外索赔和道义索赔三种。

1. 合同内索赔

合同内索赔是指承包人提出索赔的依据是明确规定应由发包人承担责任或风险的合同条款。此种索赔是以合同条款为依据,在合同中有明文规定的索赔,如工期延误、工程变更、监理人给出错误数据导致放线的差错、发包人不按合同规定支付进度款,等等。这种索赔,由于在合同中有明文规定,往往容易得到。

2. 合同外索赔

此种索赔一般难以直接从合同的某条款中找到依据,适用于虽然合同条款中未明确写明,但根据条款隐含的意思可以推定出应由发包人承担赔偿责任的情况,以及根据适用法律,发包人应承担责任的情况。可以从对合同条件的合理推断或同其他的有关条款联系起来论证该索赔是属合同规定的索赔。合同外索赔需要承包人非常熟悉合同和相关法律,并有比较丰富的索赔经验。

3. 道义索赔

道义索赔亦称通融索赔,这种索赔无合同和法律依据,它是在承包人明显有大量亏损的情况下,发包人给予一定的补偿,以有利于施工的一种特殊的索赔形式。承包人认为自己在施工中确实遭到很大的损失,要向发包人寻求优惠性质的额外付款,这只有在遇到通情达理的发包人时才有希望成功。一般在承包人的确克服了很多困难,使工程获得各方满意和成功,因而蒙受重大损失,提出索赔要求时,发包人可出自善意,给承包人一定的经济补偿。

工程建设中最常见的,是以合同条款为依据的合同内索赔。

(三)按索赔处理方式和处理时间分类

索赔按其处理方式和处理时间不同,可分为单项索赔和一揽子索赔。

1. 单项索赔

单项索赔是指在工程实施过程中,出现了干扰原合同的索赔事件,承包人为此事件提出的索赔。如发包人发出设计变更指令,造成承包人成本增加、工期延长,承包人为变更设计这一事件提出索赔要求,就可能是单项索赔。应当注意,单项索赔往往在合同中规定必须在索赔有效期内完成,即在索赔有效期内提出索赔报告,经监理人审核后交发包人批准。如果超过规定的索赔有效期,则该索赔无效。因此,对于单项索赔,必须保证合同管理人员对日常的每一个合同事件进行跟踪，一旦发现问题即应迅速研究是否对此提出索赔要求。

由于单项索赔涉及的合同事件比较简单，责任分析和索赔值计算不太复杂，金额也不会太大，双方往往容易达成协议，获得成功。

2. 一揽子索赔

一揽子索赔又称总索赔。它是指承包人在工程竣工前后，将施工过程中已提出但未解决的索赔汇总在一起，向发包人提出一份总索赔报告的索赔。

在合同实施过程中，当一些单项索赔问题比较复杂，不能立即解决时，可经双方协商同意留待以后解决，这即构成一揽子索赔。有的是发包人对索赔迟迟不作答复，采取拖延的办法，使索赔谈判旷日持久；有的是某些承包人对合同管理的水平差，平时没有注意对索赔的管理，忙于工程施工，当工程快完工时，发现自己亏了本，或发包人不付款时，才准备进行索赔，甚至提出仲裁或诉讼。

(四)按索赔发生的原因分类

索赔按其发生的原因分类，会有很多种。尽管每种索赔都有其独特的原因，但可以把这些原因按其特征归纳为三类，即延期索赔、施工加速索赔和不利现场条件索赔。

1. 延期索赔

延期索赔主要表现为由于发包人的原因不能按原定计划的时间进行施工所引起的索赔。如设计图纸错误和规范遗漏，设计者不能及时提交经审查或批准的图纸，从而引起延期索赔。

2. 施工加速索赔

施工加速索赔经常是延期或工程变更的结果，有时也被称为“赶工索赔”；而施工加速索赔与劳动生产率的降低关系极大，因此又被称为劳动生产率损失索赔。

3. 不利现场条件索赔

不利的现场条件是指合同的图纸和技术规范中所描述的条件与实际情况有实质性的不同，或虽合同中未作描述，但却是一个有经验的承包人无法预料的。一般指地下的水文地质条件，也包括某些隐藏着的不可知的地面条件。

不利现场条件索赔应归咎于确实不易预知的某个事实。如现场的水文地质条件在设计时全部弄得一清二楚几乎是不可能的，只能根据某些地质钻孔和土样试验资料来分析和判断。对现场进行彻底全面的调查将会耗费大量的成本和时间，一般发包人不会这样做，承包人在短短的投标报价时间内更不可能做这种现场调查工作。这种不利现场条件的风险由发包人来承担是合理的。

第三节　索赔的起因及依据

一、发生索赔的原因

索赔的发生是由工程建设的复杂性所决定的。尤其是水利工程，因受自然条件的影响很大，而很多因素却又很难在事先完全清楚，如水文气象条件，无法精确预测；又如地质资料，难以完全正确反映地下情况；水利工程一般规模较大，工作繁多，涉及面广，合同文件内容多、篇幅大，难免会有缺陷和不完备之处；在履行过程中，发包人也难免会有某些违约或应负责任而未能做好的工作，如征地移民工作，就可能受到当地民众的阻挠，一时不能解决而影响了施工进度等；水利工程的工期较长，在此期间，国家、地方政府的法规政策变化，更是发包人无法左右的。凡此种种，都可能引起承包人的索赔。

工程施工中常见的索赔，其原因大致可以从以下几个方面进行分析。

（一）合同文件引起的索赔

1. 合同文件的组成问题引起索赔

有些合同文件是在投标后通过讨论修改拟定的，如果在修改时已将投标前后承包人与发包人的往来函件澄清后写入合同补遗文件中并签字，则应说明正式合同签字以前的各种往来函件均已不再有效。有时发包人因疏忽，未宣布其往来的函件是否有效，此时，如果函件内容与合同内容发生矛盾，就容易引起双方争议并导致索赔。例如，一发包人发出的中标函写明"接受承包人的投标书和标价"，而该承包人的投标书中附有说明："钢材投标价采用当地生产供应的钢材的价格"。在工程施工中，当地钢材由于质量不好而被监理人拒绝，承包人不得不采用进口钢材，从而增加了工程成本。由于发包人已明确表示接受其投标书，承包人可就此提出索赔。

2. 合同缺陷引起索赔

合同缺陷是指合同文件的规定不严谨甚至前后矛盾、合同中的遗漏或错误。它不仅包括条款中的缺陷，也包括技术规程和图纸中的缺陷。监理人有权对此作出解释，但如果承包人执行监理人的解释后引起成本增加或工期延误，则有权提出索赔。

例如，"应抹平整"、"足够的尺寸"等，这样的词容易引起争议，因为没有给出"平整"的标准和多大的尺寸算"足够"。图纸、规范是"死"的，而建筑工程是千变万化的，人们从不同的角度，对它的理解也有所不同，这个问题本身就构成了索赔产生的外部原因。

（二）不可抗力和不可预见因素引起的索赔

1. 不可抗力的自然灾害

这是指飓风、超标准的洪水等自然灾害。一般规定，这类自然灾害引起的损失应由发包人承担，但承包人在这种情况下应采取措施，尽力减小损失。对由于承包人未尽努力而使损失扩大的那部分，发包人不承担赔偿的责任。

2. 不可抗力的社会因素

不可抗力的社会因素引起的损害是指发生战争、核装置的污染和冲击波、暴乱、承包人和其分包商的雇员以外人员的动乱和骚扰等而使承包人受到的损害。这些风险一般划归发包人承担，承包人不对由此造成的工程损失或人身伤亡负责，应得到损害前已完成的永久工程的付款和合理利润，以及一切修复费用和重建费用。这些费用还包括由特殊风险引起的费用增加。如果由于特殊风险而合同中止，承包人除可以获得应付的一切工程款和上述的损失费用外，还有权获得施工机具、设备的撤离费和人员的遣返费用等。

3. 不可预见的外界条件

这是指即使是有经验的承包人在招标阶段根据招标文件中提供的资料和现场勘察，都无法合理预见到的外界条件，如地下水、地质断层、溶洞等，但其中不包括气候条件（异常恶劣天气条件除外)。遇到此类条件,承包人受到损失或增加额外支出,经过监理人确认,可获得经济补偿和批准工期顺延的天数。但若为监理人认为承包人在提交投标书前根据介绍的现场情况、地质勘探资料应能预见到的情况,承包人在投标时理应予以考虑,可不同意索赔。

4. 施工中遇到地下文物或构筑物

在挖方工程中,如发现图纸中未注明的文物(不管是否有考古价值)或人工障碍(如公共设施、隧道、旧建筑物等),承包人应立即报告监理人到现场检查,共同讨论处理方案。如果新施工方案导致工程费用增加,如原计划的机械开挖改为人工开挖等,承包人有权提出经济索赔和工期索赔。

(三)发包人原因引起的索赔

1. 拖延提供施工场地及通道

因自然灾害影响或施工现场的搬迁工作进展不顺利等原因,发包人没能如期向承包人移交合格的、可以直接进行施工的现场,会导致承包人提出误工的经济索赔和工期索赔。

2. 拖延支付工程款

合同中均有支付工程款的时间限制,如果发包人不能按时支付工程进度款,承包人可按合同规定向发包人索付利息。严重拖欠工程款而使得承包人资金周转困难时,承包人除向发包人提出索赔要求外,还有权放慢施工进度,甚至可以因发包人违约而解除合同。

3. 指定分包商违约

指定分包商违约常常表现为未能按分包合同规定完成应承担的工作而影响了总承包人的施工,发包人对指定分包商的不当行为也应承担一定责任。例如,某地下电厂的通风竖井由指定分包商负责施工,因其管理不善而拖延了工程进度,影响到总承包人的施工。总承包人除根据与指定分包商签订的合同索赔窝工损失外,还有权向发包人提出延长工期的索赔要求。

4. 发包人提前占用部分永久工程

工程实践中,往往会出现发包人从经济效益方面考虑使部分单项工程提前投入使用,或从其他方面考虑提前占用部分工程等情况。如果合同未规定可提前占用部分工程,则提前使用永久工程的单项工程或部分工程所造成的后果,应由发包人承担;另一方面,提前占用工程影响了承包人的后续工程施工,影响了承包人的施工组织计划,增加了施工困难,则承包人有权提出索赔。

5. 发包人要求加速施工

一项工程遇到不属于承包人责任的各种情况,或发包人改变了部分工程的施工内容而必须延长工期,但是发包人又坚持要按原工期完工,这就迫使承包人赶工,并投入更多的机械、人力来完成工程,从而导致成本增加。承包人可以要求赔偿赶工措施费用,例如加班工资、新增设备租赁费和使用费、增加的管理费用、分包的额外成本等。

6. 发包人提供的原始资料和数据有差错

发包人应确保提供的原始资料和数据真实、准确、完整。发包人提供的原始资料和数据有差错导致承包人成本增加、工期延误,承包人可以提出索赔。

(四)监理人原因引起的索赔

1. 延误提供图纸或拖延审批图纸

如监理人延误向承包人提供施工图纸,或者拖延审批承包人负责设计的施工图纸,而使施工进度受到影响,承包人可以索赔工期,还可对延误导致的损失要求经济索赔。

2. 其他承包人的干扰

大型水利水电工程往往有多个承包人同时在现场施工。各承包人之间没有合同关系,他们各自与发包人签订合同,因此监理人有责任协调好各承包人之间的工作,以免彼此干扰,影响施工而引起承包人的索赔。如一承包人不能按期完成他的那部分工作,其他承包人的相应工作也将因此而推迟。在这种情况下,被迫延迟的承包人就有权提出索赔。在其他方面,如场地使用、现场交通等,各承包人之间都有可能发生相互间的干扰问题。

3. 重新检验和检查

监理人为了对工程的施工质量进行严格控制,除要进行合同中规定的检查试验外,还有权要求重新检验和检查,例如对承包人的材料进行多次抽样试验,或对已施工的工程进行部分拆卸或挖开检查,以及监理人要求在现场进行的工艺试验等。如果这些检查或检验表明其质量未达到技术规程所要求的标准,则试验费用由承包人承担;如检查或检验证明符合合同要求,则承包人除可向发包人提出偿付这些检查费用和修复费用外,还可以对由此引起的其他损失,如工期延误、工人窝工等要求赔偿。

4. 工程质量要求过高

合同中的技术规程对工程质量,包括材料质量、设备性能和工艺要求等,均作了明确规定。但在施工过程中,监理人有时可能不认可某种材料,而迫使承包人使用比合同文件规定的标准更高的材料,或者提出更高的工艺要求,则承包人可就此要求对其损失进行补偿或重新核定单价。

5. 对承包人的施工进行不合理干预

合同条款规定,承包人有权采取任何可以满足合同规定的进度和质量要求的施工顺序及方法。如果监理人不是采取建议的方式,而是对承包人的施工顺序及施工方法进行不合理的干预,甚至正式下达指令要承包人执行,则承包人可以就这种干预所引起的费用增加和工期延长提出索赔。

6. 暂停施工

项目实施过程中,监理人有权根据承包人违约或破坏合同的情况,或者因现场气候条件不利于施工,以及在为了工程的合理进行(如某分项工程或工程任何部位的安全)而有必要停工时,下达暂停施工的指令。如果这种暂停施工的命令并非因承包人的责任或原因所引起,则承包人有权要求工期赔偿,同时可以就其停工损失获得合理的额外费用补偿。

7. 提供的测量基准有差错

若提供的测量基准有差错,由此而引起的损失或费用增加,承包人可要求索赔。如果数据无误,而是承包人解释和运用不当所引起的损失,则应由承包人自己承担。

(五)价格调整引起的索赔

对于有调价条款的合同,在物资、劳务价格上涨时,发包人应对承包人所受到的损失给予补偿。它的计算不仅涉及价格变动的依据,还存在着对不同时期已购买材料的数量和涨价后所购材料数量的核算，以及未及早订购材料的责任等问题的处理。

（六）法规变化引起的索赔

如果在工程递交投标书截止日前28天内，工程所在国的国家和地方法令、法规或规章发生了变化，由此引起了承包人施工费用的额外增加，例如车辆养路费的提高、水电费涨价、相关税率增加或提高等，承包人有权提出索赔。监理人应与发包人协商后，对所增加费用予以补偿。

二、水利工程施工索赔的依据

水利工程施工索赔的依据是指承包人提出索赔所依据的合同条款。表4-1列举了《水利水电工程标准文件》通用合同条款中承包人可向发包人索赔的有关条款。

表4-1　承包人可向发包人索赔的有关条款

序号	合同条款	条款主题
1	2.3	延误提供施工场地
2	8.1.1	提供的基准资料错误
3	9.1.4 4.10.1	提供的气象和水文观测资料有误 现场地质勘探资料、水文气象资料有误
4	1.6.1，11.3	延误提供图纸
5	2.6，4.9，17.3.3	延误支付
6	4.3.7	发包人的指定分包使承包人增加额外费用
7	11.1.3	发包人延误开工
8	11.3，12.2	发包人或监理人暂停施工
9	12.5.1	暂停施工持续56天以上，监理人未下复工令
10	11.3	发包人的工期延误
11	11.6，5.2.4	发包人要求提前工期
12	14.1.3	监理人指令的额外检验和重新检验，结果合格
13	8.5	补充地质勘探
14	15.1	变更的工程量超过其工程总量的一定数量百分比
15	22.2.2	发包人违约，承包人暂停施工
16	22.2.3，22.2.4	发包人违约解除合同
17	21.3.4	因不可抗力解除合同
18	19.2.3	非承包人原因的缺陷修复
19	1.10.1	监理人指令对化石和文物的处理
20	1.11.1	发包人对承包人知识产权的侵害
21	5.2.6 13.6.2	交货日期延误及交货地点变更 发包人提供的材料和工程设备不合要求

第四节 施工索赔的程序

一、施工索赔的提出

(一)索赔意向书

发现索赔事项或意识到存在索赔的机会后,承包人要做的第一件事就是将自己的索赔意向书面通知监理人(发包人)。这种意向通知是非常重要的,它标志着一项索赔的开始。《水利水电工程标准文件》通用合同条款中第23.1款规定:承包人应在知道或应当知道索赔事件发生后28天内,承包人应向监理人递交索赔意向通知书,并说明发生索赔事件的事由。承包人未在前述28天内发出索赔意向通知书的,丧失要求追加付款和(或)延长工期的权利。在发出索赔意向通知书后28天内,向监理人正式递交索赔通知书。在索赔事件影响结束后的28天内,承包人应向监理人递交最终索赔通知书,说明最终要求索赔的追加付款金额和延长的工期,并附必要的记录和证明材料。

事先向监理人(发包人)通知索赔意向,这不仅是承包人要取得补偿首先必须遵守的基本要求之一,也是承包人在整个合同实施期间保持良好的索赔意识的最好办法。

承包人如要对某一事件进行索赔,应在索赔事件发生后的28天内,向发包人和监理人提交索赔意向书,目的是要求发包人及时采取措施消除或减轻索赔起因,以减少损失,并促使合同双方重视收集索赔事件的情况信息和证据,以利于索赔的处理。

索赔意向书,通常包括以下四个方面的内容:

(1)事件发生的时间和情况的简单描述;

(2)依据的合同条款和理由;

(3)有关后续资料的提供,包括及时记录和提供事件发展的动态;

(4)对工程成本和工期产生不利影响的严重程度,以期引起监理人(发包人)的注意。

一般索赔意向书仅仅是表明意向,应简明扼要,涉及索赔内容,但不涉及索赔金额。

(二)证据资料准备

索赔的成功很大程度上取决于承包人对索赔作出的解释和强有力的证明材料。因此,承包人在正式提出索赔报告前的资料准备工作极为重要,这就要求承包人注意记录和积累、保存以下各方面的资料,并可随时从中索取与索赔事件有关的证据资料:

(1)施工日志。应指定有关人员现场记录施工中发生的各种情况,包括天气、出工人数、设备数量及其使用情况、进度、质量情况、安全情况、监理人在现场有什么指示、进行了什么试验、有无特殊干扰施工的情况、遇到了什么不利的现场条件、多少人员参观了现场,等等。这种现场记录和日志有利于及时发现和正确分析索赔,可能是索赔的重要证据材料。

(2)来往信函。对与监理人、发包人和有关政府部门、银行、保险公司来往的信函,承包人必须认真保存,并注明发送和收到的详细时间。

(3)气象资料。在分析进度安排和施工条件时,天气是考虑的重要因素之一,因此要保持一份如实、完整、详细的天气情况记录,包括气温、风力、湿度、降雨量、暴雨雪、冰雹等。

(4)备忘录。承包人对监理人和发包人的口头指示和电话应随时书面记录,并请其核对书面记录、签字确认。

(5)会议纪要。承包人、发包人和监理人举行会议时要作好详细记录,对其主要问题形成会议纪要,并由会议各方签字确认。

(6)工程照片和工程声像资料。这些资料都是反映工程客观情况的真实写照,也是法律承认的有效证据,应拍摄有关资料并妥善保存。

(7)工程进度计划。承包人编制的经监理人或发包人批准同意的所有工程总进度、年进度、季进度、月进度计划都必须妥善保管。对任何与延期有关的索赔分析,工程进度计划都是非常重要的证据。

(8)工程核算资料。工人劳动计时卡和工资单、设备材料和零配件采购单、付款收据、工程开支月报、工程成本分析资料、会计报表、财务报表、货币汇率、物价指数、收付款票据等都应分类装订成册,这些都是进行索赔费用计算的基础。

(9)工程图纸。监理人和发包人签发的各种图纸,包括设计图、施工图、竣工图及其相应的修改图,应注意对照检查和妥善保存。对设计变更一类的索赔,原设计图和修改图的差异是索赔最有力的证据。

(10)招标投标文件。招标文件是承包人报价的依据,是工程成本计算的基础资料,是索赔时进行附加成本计算的依据。投标文件是承包人编报标价的成果资料,对施工所需的设备、材料列出了数量和价格,也是索赔的基本依据。

由此可见,高水平的文档管理信息系统,可为索赔进行资料准备和提供证据,是极为重要的。

(三)索赔报告的编写

索赔报告是承包人向监理人(发包人)提交的一份要求发包人给予一定经济(费用)补偿和(或)延长工期的正式报告,承包人应该在索赔事件对工程产生的影响结束后,尽快(一般合同规定28天内)向监理人提交正式的索赔报告。

索赔报告内容一般应包括索赔事件的发生情况与造成损害的情况、索赔的理由和根据、索赔的内容与范围、索赔额度的计算依据与方法等,并应附上必要的记录和证明材料。

如果索赔事件影响的延误时间较长,则承包人还应向监理人每隔一段时间提交中间索赔申请报告,并在索赔事件影响结束后28天内,向发包人和监理人提交最终索赔申请报告。

索赔报告的编写详见本章第七节。

(四)提交索赔报告

索赔报告编写完毕后,应及时提交给监理人,正式提出索赔。索赔报告提交后,承包人不能被动等待,应隔一定的时间,主动向对方了解索赔处理的情况,根据所提出的问题进一步作资料方面的准备,或提供补充资料,尽量为监理人处理索赔提供帮助,给予支持和合作。

索赔的关键问题在于"索",承包人不积极主动去"索",发包人没有任何义务去"赔"。因此,提交索赔报告本身就是"索",但要让发包人"赔",这还只是刚刚开始,承包人还有许多更艰难的工作。

二、索赔的处理

具体内容详见本章第十节。

三、索赔的支付

发包人和承包人在收到监理人的索赔处理决定后,应在 14 天内向监理人作出是否同意的答复。若双方均同意监理人的决定,则监理人应在收到答复后 14 天内,将确定的索赔金额列入当月付款证书中予以支付。

四、提交争议评审组进行评审

若发包人和承包人双方不能通过谈判解决,或其中的一方不同意监理人的索赔处理决定,则可以提请争议评审组评审解决直至仲裁。

(1)合同双方的争议,应首先由主诉方向争议评审组提交一份详细的申诉报告,并附有必要的文件图纸和证明材料。主诉方还应将上述报告的一份副本同时提交给被诉方。

(2)争议的被诉方收到主诉方申诉报告副本后的 28 天内,亦应向争议评审组提交一份申辩报告,并附有必要的文件图纸和证明材料。被诉方亦应将其报告的一份副本同时提交给主诉方。

(3)除专用合同条款另有约定外,争议评审组收到双方报告后的 14 天内,邀请双方代表和有关人员举行听证会,向双方调查和质询争议细节;必要时,争议评审组可要求双方提供进一步的补充材料,并邀请监理人代表参加听证会。

(4)除专用合同条款另有约定外,在听证会结束后的 14 天内,争议评审组应在不受任何干扰的情况下,进行独立和公正的评审,提出由全体专家签名的评审意见,提交发包人和承包人,并抄送监理人。

(5)若发包人和承包人接受争议评审组的评审意见,则应由监理人按争议评审组的评审意见拟定争议解决议定书,经争议双方签字后作为合同的补充文件,并遵照执行。

(6)若发包人和承包人或其中任一方不接受争议评审组的评审意见,并要求提交仲裁或提起诉讼,则任一方均可在收到上述评审意见后的 14 天内将仲裁意向通知另一方,并抄送监理人。若在上述期限内双方均未提出仲裁意向,则争议评审组的意见为最终决定,双方均应遵照执行。

第五节　工期索赔分析及计算

索赔计算是以具体的计算方法和计算过程,说明自己应得到的经济补偿的款额或工期延长的时间。如果说根据部分的任务是解决索赔能否成立的问题,则计算部分的任务就是决定应得到多少索赔款额和工期延长时间。前者是定性的,后者是定量的。

在款额计算部分,承包人必须给出确切的索赔款额度和工程延期造成的损失,如额外开支的人工费、材料费、设备费、管理费和所失利润。

承包人的计价方法应根据索赔事件的特点及自己所掌握的证据资料等因素来确定,

并注意每项开支额的合理性，指出相应证据资料的名称及编号。切忌采用笼统的计价方法和不实的开支款额。

索赔计算包括工期索赔计算和经济(费用)索赔计算。本节介绍工期索赔计算。经济(费用)索赔计算在下一节中介绍。

一、工程延期及工期索赔

在合同条款中，工期的概念是：原合同所规定的竣工期加上工程延期。其中，工程延期是指：按合同有关规定，由非承包人自身的原因所造成的、经监理人书面批准的合同竣工期限的延长。

在工程施工过程中，往往会发生一些未能预见的干扰事件，使施工不能顺利进行，预定的施工计划受到干扰，因而造成工期延误。对于并非承包人自身原因所引起的工期延误，承包人有权提出工期索赔，监理人则应在与发包人和承包人协商一致后，决定竣工期限延长的时间。导致工期延长的原因如下：

(1)任何形式的额外或附加工程。

(2)合同条款所提到的任何延误理由，如延期交图、工程暂停、延迟提供现场等。

(3)异常恶劣的气候条件。

(4)由发包人造成的任何延误干扰或阻碍。

(5)非承包人原因或责任的其他不可预见事件。

工期延误对合同双方都会造成一定的损失。发包人因工程不能及时交付使用、投入生产，不能按计划实现投资目的，从而失去赢利的机会；承包人则因工期延误增加管理成本及其他费用支出。如果工期延误的原因是承包人的失误，则承包人必须设法自费赶上工期，或按规定缴纳误期赔偿金并继续完成工程，或按照发包人的安排另行委托第三方完成所延误的工作并承担费用；如果工期延误并非承包人所致，则承包人可按合同规定和具体情况提出工期索赔，并进行因工期延长而造成费用损失的索赔。

二、工期索赔分析及处理应注意的问题

工期索赔除必须符合条款规定的索赔根据和索赔程序外，在具体分析延长工期的时间时，还必须注意如下几个问题。

(一)工期延误是指总工期的延误

索赔的工期延误指的是总工期的延误。对水利水电工程来讲，也可以指重要的阶段工期，如截流、第一台机组发电等，因为这种延误会影响竣工工期。

在实际工程中，工期延误总是发生在一项具体的工序或作业上，因此工期索赔分析必须判断发生在工序或作业上的延误是否会引起总工期或重要阶段工期的延误。

可用网络计划进行分析，一般来说，关键线路上关键工序的延误，会影响到总工期，因此是可以提出索赔的。而对非关键线路上工序的延误，当延误大于或等于该工序总时差时，因其不影响总工期就不能提出索赔。但是，关键线路是动态的，施工进度的变化也可能使非关键线路变成关键线路，因而非关键线路上工序的延误，也可能导致总工期的延误。这决定于工序的时差与延误时间的长短，须进行具体分析才能确定。

(二)工期延误的分类

在工程施工索赔工作中,通常把工期延误分成如下两类。

1. 可原谅的延误

也就是说,对承包人来说,这类工期延误不是承包人的责任,承包人是可以得到原谅的。这就是指发包人原因或客观影响引起的工期延误。对这类延误,承包人可以索赔。

2. 不可原谅的延误

这一类工期延误是承包人的原因引起的,如施工组织不好,工效不高,设备材料供应不足,以及由承包人承担风险的工期延误(如一般性的天气不好,影响了施工进度)。

对于不可原谅的延误,承包人是无权提出索赔的。

(三)处理原则

1. 按照不同类型的延误处理

对于上述两类不同的延误,索赔处理的原则是截然不同的。可原谅的延误情况,如果延误的责任者是发包人,则承包人不仅可以得到工期延长,还可以得到经济补偿。这种延误被称为"可原谅并给予补偿的延误"。虽然是可原谅的延误,但其责任者不是发包人,而是客观原因造成的时,承包人可以得到工期延长,但得不到经济补偿。这种延误被称为"可原谅但不给予补偿的延误"。不可原谅的延误情况,由于责任者是承包人,而不是发包人或客观的原因,承包人不但得不到工期延长,也得不到经济补偿。这种延误造成的损失,则完全由承包人负担。

工期延误的分类与处理原则归纳于表4-2。

表 4-2　工期延误的分类与处理原则

<table>
<tr><th>索赔事项</th><th>延误原因</th><th>是否可原谅</th><th>责任者</th><th>处理原则</th></tr>
<tr><td rowspan="3">工程进度延误</td><td>(1)修改计划
(2)施工条件变化
(3)发包人原因拖期
(4)监理人原因拖期</td><td rowspan="2">可原谅的延误</td><td>发包人</td><td>可给予工期延长
可补偿经济损失</td></tr>
<tr><td>(1)特殊反常的天气
(2)工人罢工
(3)天灾</td><td>客观原因</td><td>可给予工期延长
不给予经济补偿</td></tr>
<tr><td>(1)工效不高
(2)施工组织不好
(3)设备材料不足</td><td>不可原谅的延误</td><td>承包人</td><td>不延长工期
不补偿损失
承担工期延误损害赔偿费</td></tr>
</table>

2. 共同延误的处理

在实际施工过程中,工期延误有时是由两种(甚至三种)原因(承包人的原因,发包人的原因,客观的原因)同时造成的,这就是所谓的共同性的延误。

在共同延误的情况下,要具体分析哪一种情况的延误是有效的,一般遵照以下的原则,即判别哪一种原因是最先发生的,即找出"初始延误"者,它对延误负责。在初始延误发生作用的期间,其他并发的延误不承担延误的责任。

【例 4-1】 某水利工程在一段时间中，发生了设备损坏以及大雨、图纸供应延误三个事件，造成了关键工序的工期延误，分别是 6 天（7 月 1～6 日）、9 天（7 月 4～12 日）和 7 天（7 月 9～15 日）。试分析其应延长工期的天数。

解：分析如下：(1) 设备损坏是承包人的过失，属于不可原谅的工期延误；后两个事件为异常恶劣天气条件及监理人的差错，属于可原谅的工期延误，应予以工期补偿。

(2) 工期延误示意如下所示：

设备损坏的延误	1	2	3	4	5	6									
大雨的延误				4	5	6	7	8	9	10	11	12			
图纸供应的延误									9	10	11	12	13	14	15

①1～3 日为不可原谅的延误，不予补偿；②4～6 日为不可原谅延误与可原谅延误的重叠期，根据"初始延误"原则，按不可原谅延误计，不予补偿；③7～8 日为可原谅延误，补偿 2 天；④9～12 日为两个可原谅延误重叠期，可予补偿，但只计一次，故补偿 4 天；⑤13～15 日为可原谅延误，补偿 3 天。

因此，总计应补偿 9 天，即延长工期 9 天。

（四）合理选用参数及计算方法

当具体计算一个干扰事件的延误时间时，将采用各种数据和计算方法。这时，承包人与发包人都可能从各自的利益出发选用对自己有利的算法。监理人应在与发包人和承包人协商的基础上，确定合理的数据与方法。

【例 4-2】 某公路工程建设期间，7、8 两月连续下雨超过正常情况，致使土方工程停止施工，直接影响总工期而致工期延误。承包人提出工期索赔，并根据以下实际资料计算要求延长天数。

资料(1) 当地 7、8 月的 20 年降雨量平均值：

月份	降雨量(mm)	降雨天数(天)
7	175.0	14.1
8	181.2	12.8

资料(2) 当地 7、8 月当年的降雨量及降雨天数：

月份	降雨量(mm)	降雨天数(天)
7	243.0	16.7
8	254.5	15.0

资料(3) 当地 7、8 月实际工作天数：

月份	实际工作天数(天)
7	6
8	0

根据以上资料,分析计算如下。

(1)承包人提出延长天数的计算式为:

月份	预计可工作天数(天)	实际工作天数(天)	损失工作天数(天)
7	31 - 14.1 × 0.7* = 21.1	6	15.1
8	31 - 12.8 × 0.7 = 22.0	0	22.0
合计			37.1

注:*1 个雨天影响工作 0.7 天。

按上表所列,故要求补偿 37.1 天。

(2)发包人同意补偿,但提出不同的计算式:

月份	下雨天影响工作天数(天)		补偿天数(天)
	20 年平均	当年	
7	14.1 × 1.5* = 21.2	16.7 × 1.5 = 25.1	3.9
8	12.8 × 1.5 = 19.2	15.0 × 1.5 = 22.5	3.3
合计			7.2

注:* 1 个雨天影响工作 1.5 天。

因此,发包人提出补偿 7.2 天。

(3)监理人在与发包人、承包人协商后,认为一雨天影响工作天数,承包人的数据(0.7 天)不合理,应采用发包人的数据(1.5 天)。对于计算方法,发包人的计算式未考虑承包人在 7、8 两月中实际工作的情况,故选用了承包人的算式,计算结果如下:

月份	预计可工作天数(天)	实际工作天数(天)	损失工作天数(天)
7	31 - 14.1 × 1.5 = 9.85	6	3.85
8	31 - 12.8 × 1.5 = 11.80	0	11.80

因此,监理人决定补偿 3.85 + 11.80 = 15.65 ≈ 16(天),即工期延长 16 天,发包人与承包人均同意。

三、工期索赔的计算方法

工期索赔的计算方法主要有网络分析法、按实分析法和比例分析法。

(一)网络分析法

网络分析法的基本思路为:在执行原网络计划的施工过程中,现发生了一个或一些干扰事件,使网络中的某个或某些作业受到干扰而延长持续时间。将这些作业受干扰后的持续时间输入网络中,重新进行网络分析,得到一新计划工期。新计划工期与原计划工期之差即为总工期的影响,即工期索赔值。通常,如果该作业在关键线路上,则该作业持续时间的延长即为总工期的延长值。如果该作业在非关键线路上,其作业持续时间的延长对工程工期的影响,决定于这一延长超过其总时差的幅度。

应用网络分析法计算工期延长值是一种科学、合理的做法。在明确了干扰事件对各项作业时间的影响后,网络分析方法适用于各种干扰事件的索赔计算。

某工程的合同实施中,由承包人提供经监理人同意的施工进度计划,如图 4-2 所示。经分析知,计划的关键路线为 A—B—E—K—J—L 和 A—B—G—F—J—L,计划工期为 23 周。

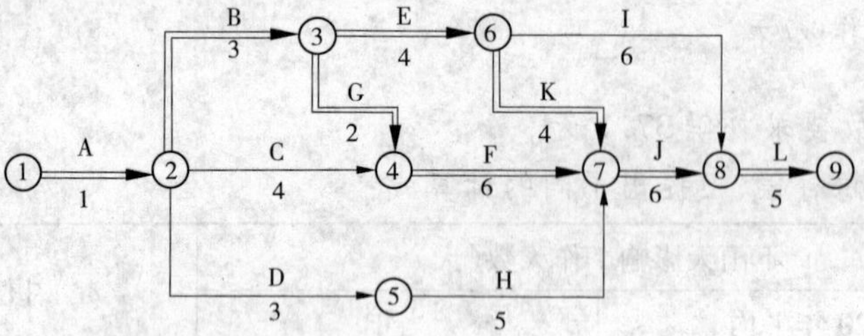

图 4-2　初始施工进度计划分析图　（单位:周）

在计划实施过程中受到外界干扰,施工进度产生如下变化:作业 E 的进度拖延 2 周,即实际上占用 6 周时间完成;作业 H 的进度拖延 3 周,即实际上占用 8 周时间完成。

经分析知,上述干扰事件的影响都不属于承包人的责任和风险,有理由向发包人提出工期索赔要求。将这些变化纳入施工进度计划中重新得到一新计划,如图 4-3 所示。经分析关键路线为 A—B—E—K—J—L,总工期为 25 周。即受到外界干扰,总工期延长 2 周。承包人在索赔报告中有理由提出的工期延长为 2 周。

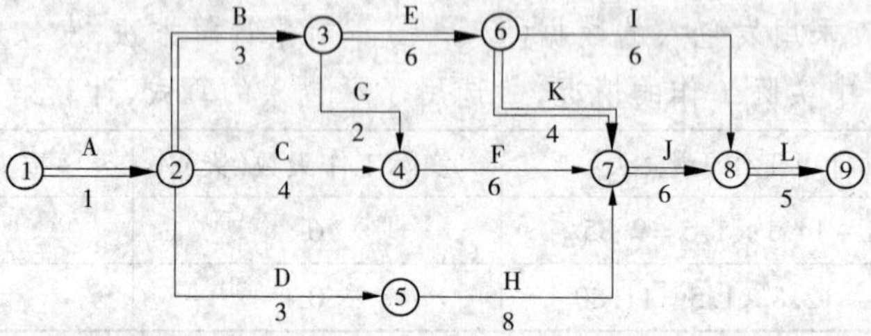

图 4-3　干扰后施工进度计划分析图　（单位:周）

(二)按实分析法

在合同实施中,推迟提供施工场地、对外交通、施工图纸,或监理人指令暂停施工,或出现罢工、恶劣气候条件和其他不可抗力因素,或发包人的其他责任,都会直接造成施工进度的拖延或中断,从而影响整个工程的工期。对于这种情况,一般工期索赔值按工程实际停滞时间,即从工程停工到重新开工这段时间计算。但如果干扰事件有后果要处理,还要加上清除后果的时间。如恶劣气候条件造成工地混乱,需要在开工前清理场地;需要重新招雇工人组织施工;重新安装和检修施工机械设备等。在这种情况下,可以监理人填写或签证的现场实际工程记录为证据提出索赔。

如某一工程,合同规定发包人应于 1990 年 3 月 31 日前向承包人提供施工图纸。但在实施过程中,监理人至 1990 年 4 月 30 日才提供了 70% 的图纸资料,其余 30% 直到

1990 年 8 月 31 日才提供。图纸提供的推迟,影响了施工进度,承包人提出工期索赔,索赔工期延长时间由下式计算:70% ×1 +30% ×5 =2.2(月)。

(三)比例分析法

如果某些工程无条件采用网络分析法,则也可按比例分析法大致计算工期延长值。

(1)工程量变化引起的工期延长。如工程量增加超过合同规定的承包人应承担的风险范围,承包人可以进行工期索赔,其计算公式为

$$T_C = T(\frac{Q_F}{Q_C} - 1) \tag{4-1}$$

$$Q_C = Q(R + 1) \tag{4-2}$$

式中 T_C——工期延长值;

T——合同工期;

Q_F——现场实际发生的工程量;

Q_C——承包人应承担的工程量(含风险损失);

Q——工程量清单中的估计工程量;

R——合同规定的承包人应承担的工程量变化风险率。

上述计算公式也可用于上文介绍的网络分析法中作业时间延长的计算,此时,T_C 为作业时间增加值,T 为此作业的原计划时间,而工程量均指此作业的工程量。

(2)新增项目引起的工期延长。可以价款为参数采用比例法进行计算:

$$T_C = \frac{C_n}{C} T_n \tag{4-3}$$

式中 T_C——工期延长值;

C ——原合同价;

C_n——新增工程价款;

T_n——新增工程实际作业时间。

(3)部分工程项目停工、返工、窝工、等待引起的工期延长,或发包人的原因或风险引起部分工程项目作业时间的延长,也可按比例法计算

$$T_C = \frac{C_d}{C} T_d \tag{4-4}$$

式中 T_C——工期延长值;

C ——原合同价;

C_d——受干扰部分工程的合同价;

T_d——受干扰部分工期的实际拖延值。

第六节 经济索赔分析及计算

一、确定经济索赔金额的原则

在确定赔偿金额时,应遵循下述两个原则:

(1)所有赔偿金额,都应该是承包人为履行合同所必须支出的费用。

(2)按此金额赔偿后,应使承包人恢复到未发生事件时的财务状况。即承包人不致因索赔事件而遭受任何损失,但也不得因索赔事件而获得额外收益。

根据上述原则可以看出,索赔金额是用于赔偿承包人因索赔事件而受到的实际损失(包括支出的额外成本和失掉的可得利润),而不考虑额外收益。所以,索赔金额计算的基础是成本,用有索赔事件影响所发生的成本减去无事件影响时所应有的成本,其差值即为赔偿金额。

二、合同价的组成分析

在索赔工作中,当计算或协商确定索赔金额时,经常要对原合同价进行分析和测算,以取得合同价中各组成部分的金额及其所占比例,从而推算索赔金额。表 4-3 为承包人对某工程的投标报价汇总表(经审核无误,中标后即为该工程的合同价汇总表),以及对合同价的简要分析。

表 4-3　投标报价汇总表及分析

项目	金额(美元)	报价比例(%)					
1. 人工费	2 530 553	占直接费的	34.50	占总报价的	24.43	占有效合同价的	27.04
2. 设备费	1 555 006		21.20		15.01		16.62
3. 材料费	3 249 378		44.30		31.37		34.72
(直接费)	7 334 937		100.00				
4. 现场管理费	916 867	占直接费的	12.50		8.85		9.80
1~4 项的和	8 251 804						
5. 总部管理费	618 885	占1~4 项的	7.50		5.98		6.61
1~5 项的和	8 870 689						
6. 利润	487 888	占1~5 项的	5.50		4.71		5.21
有效合同价	9 358 577						100.00
7. 备用金	1 000 000				9.65		
总报价	10 358 577				100.00		

该工程一次索赔中,计得其直接费赔偿额为 56 145 美元,在计算管理费赔偿额时,双方同意直接采用报价汇总表分析的比例,即

$$现场管理费赔偿额 = 56\ 145 \times 12.5\% = 7\ 018(美元)$$

$$总部管理费赔偿额 = (56\ 145 + 7\ 018) \times 7.5\% = 4\ 737(美元)$$

$$总赔偿额 = 56\ 145 + 7\ 018 + 4\ 737 = 67\ 900(美元)$$

在另一次索赔中,双方协商以工程量清单中单价为计算基础,并需要分离出现场与总部管理费金额。用单价计得总额为 62 728 美元。计算如下

$$利润=62\ 728\times\frac{0.055}{1.0+0.055}=3\ 270(美元)$$

$$扣除利润后总额=62\ 728-3\ 270=59\ 458(美元)$$

得

$$总部管理费=59\ 458\times\frac{0.075}{1.0+0.075}=4\ 148(美元)$$

$$现场管理费=(59\ 458-4\ 148)\times\frac{0.125}{1.0+0.125}=6\ 145.6(美元)$$

三、可索赔费用的组成

根据索赔金额分析原则,可索赔费用的组成如图4-4所示。

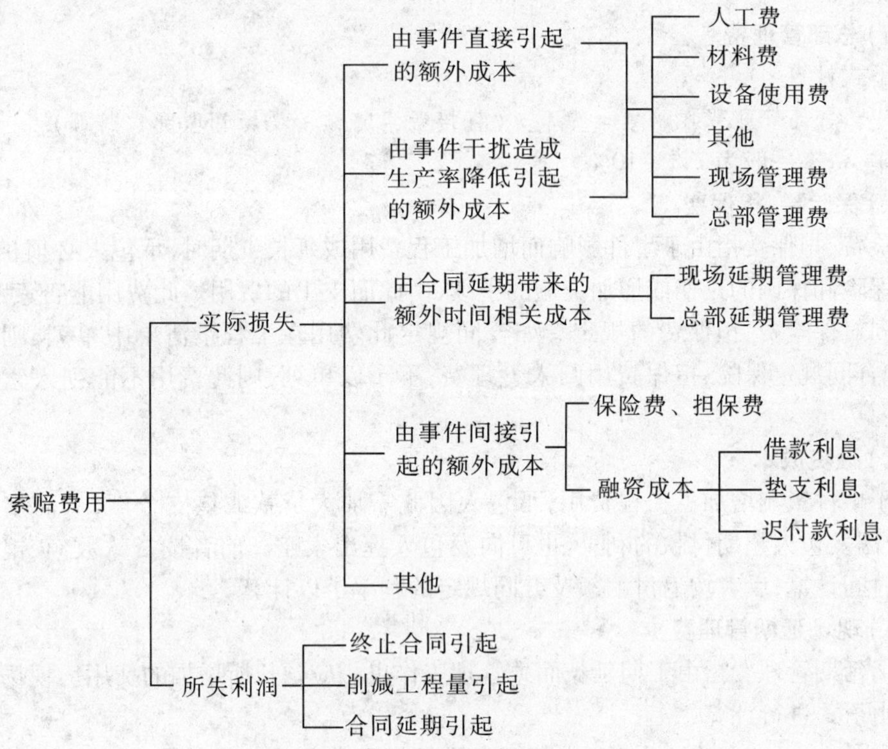

图4-4　可索赔费用的组成

(一)人工费

人工费的索赔通常包括:由事件影响而直接导致的额外劳动力雇用的费用和加班费,由事件影响而造成人员闲置和劳动生产率降低引起的损失,以及有关的费用,如税收、人员的人身保险、各种社会保险和福利支出等。如工资调升,亦应计入索赔金额内。

(二)材料费

材料费的索赔包括:由事件影响而直接导致的材料消耗量增加的费用、材料价格上涨所增加的费用、所增加的材料运输费和储存费等,以及合理破损比率的费用。材料费索赔的计算,一般是将实际所用材料的数量及单价与原计划的数量及单价相比即可求得。

（三）设备使用费

设备使用费的索赔包括因事件影响设备增加运转时数的费用、进出现场费用、设备闲置损失费用和新增设备的增加费用，也包括小型工具和低值易耗品的费用。在计算中，对承包人自有的设备，通常按有关标准手册中关于设备工作效率、折旧、大修、保养及保险等的定额标准进行计算，有时也可用台班费计价。闲置损失可按折旧费计算。对租赁的设备，只要租赁价格合理，就可以按租赁价格计算。对于新购设备，要计算其采购费、运输费、运转费等，增加的款额甚大，要慎重对待，必须得到监理人或发包人的正式批准。

（四）现场管理费

通常按索赔的直接费金额乘以现场管理费率计算。国际工程中，此费率一般为10% ~15%。

（五）总部管理费

按下式计算

$$总部管理费索赔额 = 费率 \times (直接费索赔额 + 现场管理费索赔额)$$

式中，费率一般为7% ~10%。

（六）保险费、担保费

保险费、担保费指由于事件影响而增加工程费用或延长工期时，承包人必须相应地办理各种保险和保函的延期或增加金额的手续，由此而支出的费用。此费用能否索赔，取决于原合同对保险费、担保费的规定。如合同规定此费用在工程量清单中单列，则可以索赔；但如合同规定保险、担保费用归入管理费，不予以单列，则此费用不能列入索赔费用项目。

（七）融资成本

由于事件影响增加了工程费用，承包人因此需加大贷款或垫支金额，从而多付出利息，以及因发包人超期付款的利息，也可向发包人提出索赔。前者按贷款数额、银行利率及贷款时间计算；后者按迟付款额及合同规定的利率予以计算。

（八）现场延期管理费

现场延期管理费指由工期延长而致管理工作也相应延长所增加的费用。现场延期管理费可由下式进行计算

$$现场延期管理费 = \frac{原工程直接费 \times 现场管理费率(\%)}{原工程工期(日数)} \times 延长时间(日数)$$

（九）总部延期管理费

国际工程中，总部延期管理费常采用爱曲利（Eichleay）公式计算，其方法如下：

（1）用于被延期合同的总部管理费 A

$$A = \frac{被延期合同的价值}{同期内承包商完成所有合同的总价值} \times \begin{matrix}同期内承包商所有合同\\提交的总部管理费总额\end{matrix}$$

（2）用于被延期合同的总部管理费日费率 B

$$B = \frac{A}{被延期合同的工期(日数)}$$

（3）可索赔的总部延期管理费 C

$$C = B \times 延期时间(日数)$$

当确定延期管理费索赔金额时,应注意避免与成本费中管理费的重复索赔问题。如果工程延期是由于图纸提供延误或现场提供延误等原因所致,而未引起工程量增加,则可按上述方法计算延期管理费;如果工程延期是由全部或部分增加了工程内容所引起的,由于在这些增加的工程成本索赔费中已包括管理费索赔金额,若仍按上述方法计算,则算出的索赔管理费中就会出现重复索赔问题。在这种情况下,通常采用的方法是将成本索赔费用中的管理费索赔与上述方法计算的延期管理费金额相比较,如前者大于后者,则不应再索赔延期管理费;反之,如后者较前者大,则以二者之差值作为延期管理费的索赔金额。

(十)其他

凡承包人在完成合同过程中所支付的合理的额外费用,均可向发包人要求索赔。

(十一)所失利润

所失利润也称可得利润,指承包人由于事件影响所失去的,而按原合同他应得到的那部分利润。承包人有权向发包人索赔这部分所失利润。索赔所失利润通常出现在下述三种情况中:

(1)发包人违约导致终止合同,则未完成部分合同的利润即为所失利润。

(2)由于发包人的原因而大量削减原合同的工程量,则被削减工程量的利润即为所失利润。

(3)发包人原因引起的合同延期,导致承包人部分施工力量因工期延长而丧失了投入其他工程的机会,由此所引起的利润损失。

四、不可索赔的费用

部分与索赔事件有关的费用,按国际惯例是不可索赔的,它们包括:

(1)承包人为进行索赔所支出的费用。

(2)因事件影响而使承包人调整施工计划,或修改分包合同等所支出的费用。

(3)因承包人的不适当行为或未能尽最大努力而扩大的部分损失。

(4)除确有证据证明发包人或监理人有意拖延处理时间外,索赔金额在索赔处理期间的利息。

五、索赔计价方法

在工程施工索赔中,索赔款额的计价方法很多,常用的有以下三种:实际费用法、总费用法和修正的总费用法。

(一)实际费用法

实际费用法亦称为实际成本法,是工程施工索赔计价时最常用的计价方法,它实质上就是额外费用法(或称额外成本法)。

实际费用法计算的原则是,以承包人为某项索赔工作所支付的实际开支为根据,向发包人要求经济补偿。每一项工程索赔的费用,仅限于由索赔事件引起的超过原计划的费用,即额外费用,也就是在该项工程施工中所发生的额外人工费、材料费和设备费,以及相应的管理费。这些费用即是施工索赔所要求补偿的经济部分。

由于实际费用法所依据的是实际发生的成本记录或单据，所以在施工过程中系统而准确地积累记录资料，是非常重要的。这些记录资料不仅是施工索赔所必不可少的，也是工程项目施工总结的基础依据。

实际费用法客观地反映出由索赔事件引起的工程成本的增加值，即承包人有权索取的额外费用，而且这些费用有确凿的支付单据等证据资料，是计算索赔款额最常用的、合理的计价方法。

1. 人工费索赔

人工费索赔包括额外雇用劳务人员、加班工作、工资上涨、人员闲置和劳动生产率降低的费用。

对于额外雇用劳务人员和加班工作费用，用投标时的人工单价乘以工时数即可；对于人员闲置费用，一般折算为人工单价的0.75。工资上涨是指由于工程变更，承包人的大量人力资源的使用从前期推到后期，而后期工资水平上调，因此应得的相应的补偿。

有时监理人指令进行计日工作，则人工费按计日工作表中的人工单价计算。

对于劳动生产率降低导致的人工费索赔，一般可用如下方法计算：

(1)实际成本和预算成本比较法。这种方法是对受干扰影响工作的实际成本与合同中的预算成本进行比较，索赔其差额。这种方法需要有正确合理的估价体系和详细的施工记录。如某工程的现场混凝土模板制作，原计划20 000 m^2，估计人工工时为20 000个，直接人工成本为32 000美元。因发包人未及时提供现场施工的场地占有权，承包人被迫在雨季进行该项工作，实际人工工时24 000个，人工成本为38 400美元，使承包人造成生产率降低的损失为38 400美元 - 32 000美元 = 6 400美元。这种索赔，只要预算成本和实际成本计算合理，成本的增加确属发包人的原因，其索赔成功的把握是很大的。

(2)正常施工期与受影响期比较法。这种方法是在承包人的正常施工受到干扰，生产率下降时，通过比较正常条件下的生产率和干扰状态下的生产率，得出生产率降低值，以此为基础进行索赔。

如某工程吊装浇注混凝土，前5天工作正常，第6天起发包人架设临时电线，共有6天时间吊车不能在正常角度下工作，导致吊运混凝土的方量减少。承包人有未受干扰时正常施工记录和受干扰时施工记录，如表4-4和表4-5所示。

表4-4 未受干扰时正常施工记录

时间(天)	1	2	3	4	5	平均值
平均劳动生产率(m^3/h)	7	6	6.5	8	6	6.7

表4-5 受干扰时施工记录

时间(天)	1	2	3	4	5	6	平均值
平均劳动生产率(m^3/h)	5	5	4	4.5	6	4	4.75

通过以上施工记录的比较，劳动生产率降低值为：$6.7 - 4.75 = 1.95\ (m^3/h)$。

索赔费用的计算公式为

索赔费用 = 计划台班 ×(劳动生产率降低值/预期劳动生产率)× 台班单价

2. 材料费索赔

材料费索赔包括材料消耗量增加和材料单位成本增加两方面。追加额外工作、变更工程性质、改变施工方法等,都可能造成材料用量的增加或使用不同的材料。材料单位成本增加的原因包括材料价格上涨、手续费增加、运输费用增加(运距加长、二次倒运等)、仓储保管费增加等。

材料费索赔需要提供准确的数据和充分的证据。

3. 施工机械费索赔

机械费索赔包括增加台班数量、机械闲置或工作效率降低、台班费率上涨等费用。

台班费率按照有关定额和标准手册取值。对于工作效率降低,应参考劳动生产率降低的人工索赔的计算方法。台班量的计算数据来自机械使用记录。对于租赁的机械,取费标准按租赁合同计算。

对于机械闲置费,有两种计算方法。一是按公布的行业标准租赁费率进行折减计算;二是按定额、标准规定的计算方法,一般建议将其中的不变费用和可变费用分别扣除一定的百分比进行计算。

对于监理人指令进行计日工作的,按计日工作表中的费率计算。

4. 现场管理费索赔

现场管理费包括工地的临时设施费、通信费、办公费、现场管理人员和服务人员的工资等。

现场管理费索赔计算公式一般为

现场管理费索赔值 = 索赔的直接成本费用 × 现场管理费率

现场管理费率的确定选用下面的方法:

(1)合同百分比法,即管理费比率在合同中规定。

(2)行业平均水平法,即采用公开认可的行业标准费率。

(3)原始估价法,即采用投标报价时确定的费率。

(4)历史数据法,即采用以往相似工程的管理费率。

5. 总部管理费索赔

总部管理费是承包人的上级部门提取的管理费,如公司总部办公楼折旧费、总部职员工资、交通差旅费、通信费、广告费等。

总部管理费与现场管理费相比,数额较为固定,一般仅在工程延期和工程范围变更时才允许索赔总部管理费。目前国际上应用得最多的总部管理费索赔的计算公式是 Eichleay 公式。该公式是在获得工程延期索赔后进一步获得总部管理费索赔的计算公式。获得工程成本索赔后,也可参照本公式的计算方法进一步获得总部管理费索赔。

已获延期索赔的 Eichleay 公式根据的是日费率分摊的办法,其计算步骤如下:

(1)延期的合同应分摊的管理费(A)=(被延期合同原价/同期公司所有合同价之和)× 同期公司计划提交的总部管理费;

(2)单位时间(日或周)总部管理费率(B)= A/计划合同工期(日或周);

(3)总部管理费索赔值(C)= B × 工程延期索赔(日或周)。

【例 4-3】 某承包人承包一工程，原计划合同期为 240 天，在实施过程中拖期 60 天，即实际工期为 300 天。原计划的 240 天内，承包人的经营状况见表 4-6。试计算总部管理费索赔值。

表 4-6 承包人的经营状况 （单位：元）

项目	拖期合同	其他合同	总计
合同额	200 000	400 000	600 000
直接成本	180 000	320 000	500 000
总部管理费			60 000

解：

$$A=(200\ 000/600\ 000)\times 60\ 000=20\ 000(\text{元})$$

$$B=A/240=20\ 000/240$$

$$C=B\times 60=20\ 000/240\times 60=5\ 000(\text{元})$$

若用合同的直接成本来代替合同额，则

$$A=180\ 000/500\ 000\times 60\ 000=21\ 600(\text{元})$$

$$B=A/240=21\ 600/240$$

$$C=B\times 60=21\ 600/240\times 60=5\ 400(\text{元})$$

用 Eichleay 公式计算工程拖期后的总部管理费索赔的前提条件是：若工程延期，就相当于该工程占用了应调往其他工程的施工力量，这样就损失了在该工程合同中应得的总部管理费。也就是说，该工程拖期影响了总部在这一时期内其他合同的收入，总部管理费应该在延期项目中索补。

对于已获得工程直接成本索赔的总部管理费的计算，也可用 Eichleay 公式：

（1）被索赔合同应分摊总部管理费 $A1$ =（被索赔合同计划直接成本/同期所有合同直接成本总和）×同期公司计划提交的总部管理费；

（2）每元直接成本包含的总部管理费用 $B1=A1/$被索赔合同计划直接成本；

（3）应索赔总部管理费 $C1=B1\times$工程直接成本索赔值。

6. 融资成本、利润与机会利润损失的索赔

融资成本又称资金成本，即取得和使用资金所付出的代价，其中最主要的支出是资金供应者的利息。由于承包人只有在索赔事件处理完结后一段时间内才能得到其索赔的金额，所以承包人往往需从银行贷款或以自有资金垫付，这就产生了融资成本问题，主要表现在额外贷款利息的支付和自有资金的机会利润损失。在以下情况中，可以索赔利息：

（1）发包人推迟支付工程款的保留金，这种利息通常以合同约定的利率计算。

（2）承包人借款或动用自有资金弥补合法索赔事项所引起的现金流量缺口。在这种情况下，可以参照有关金融机构的利率标准，或者拟定把这些资金用于其他工程承包项目可得到的收益来计算索赔金额，后者实际上是机会利润损失的计算。

利润是完成一定工程量的报酬，因此在工程量增加时可索赔利润。不同的国家和地区对利润的理解和规定有所不同，有的将利润归入总部管理费中，则这种情况下不能单独索赔利润。

机会利润损失是由于工程延期、工合同终止而使承包人失去承揽其他工程的机会而造成的损失,在某些国家和地区,是可以索赔机会利润损失的。

(二)总费用法

总费用法也称总成本法,就是当发生多次索赔事件以后,计算出该工程项目的实际总费用,再从这个实际总费用中减去投标报价时的估算总费用,即为要求补偿的索赔总款额。

这种计算方法不尽合理,因为实际总费用中,可能包括由于承包人的原因,如管理不善、材料浪费、效率低下等所增加的费用,而这些费用是不该索赔的;另一方面,原投标报价的估算总费用可能因想中标而过低,不能代表真正的工程费用。因此,采用此法往往会引起争议,故一般不用。

在某些特殊情况下,要具体按实际计算索赔金额很困难,甚至不可能时,也有采用此法的。在这种情况下,应具体审核每个项目的报价和已开支的实际费用,取消其中不合理的部分,以求接近实际情况。

一般认为在具备以下条件时,采用总费用法是合理的:

(1)已开支的实际总费用经过审核,认为是比较合理的;

(2)承包人的原始报价是比较合理的;

(3)费用的增加是由于对方原因造成的,其中没有承包人管理不善的责任;

(4)由于该项索赔事件的性质以及现场记录的不足,难以采用更精确的计算方法。

(三)修正的总费用法

修正的总费用法是对总费用法的改进,即在总费用计算的原则上,对总费用法进行相应的修改和调整,去掉一些不确切的可能因素,使其更合理。

修正的内容主要是:

(1)计算索赔金额的时期仅限于受事件影响的时间,而不是整个工期。

(2)只计算在该时期内受影响项目的费用,而不是该时期内所有工作项目。

(3)不直接采用该项目原合同报价,而是采用在该时期内如未受事件影响完成该项目的合理费用。

修正的总费用法与总费用法相比,有了实质性的改进,它可比较合理地算出由于事件影响而实际增加的费用,准确度接近于实际费用法,为一些工程所采用。

六、生产率降低的计价法

工程施工中,由于各种因素的干扰,生产率降低而造成成本增加是常见的。

在计算生产率降低引起的工程成本增加款额时,需要参照承包人在投标报价书中列入的生产率计算基础资料。根据这些基数,来确定生产率降低的具体数量,由此计算出工程成本增加的数值,作为索赔的依据。

例如,为了完成同样的工程量,在正常状况下需要 800 个工时,人工费为16 000元;生产率降低时(雨天),实际消耗 1 028 个工时,人工费为 20 560 元。这超支的 4 560 元人工费,就是因为生产率降低而得到的经济补偿。

第七节 索赔报告及其编写

一、索赔报告的内容

索赔报告的具体内容，随索赔事件的性质和特点而有所不同。但从报告的必要内容与文字结构方面而论，一个完整的索赔报告应包括以下四个部分。

(一)总论部分

总论部分一般包括以下内容：

(1)序言。

(2)索赔事项概述。

(3)具体索赔要求。

(4)索赔报告编写及审核人员名单。

文中应概要地论述索赔事件的发生日期与过程、承包人为该索赔事件所付出的努力和附加开支、承包人的具体索赔要求。

在总论部分末尾，附上索赔报告编写组主要人员及审核人员的名单，注明各人的职称、职务及施工经验，以表示该索赔报告的严肃性和权威性。

总论部分的阐述要简明扼要、说明问题。

(二)根据部分

本部分主要是说明索赔人具有的索赔权利，这是索赔能否成立的关键。根据部分的内容主要来自工程项目的合同文件，并参照工程项目发包人所在国的法律规定。该部分中承包人应引用合同中的具体条款，说明自已理应获得经济补偿或工期延长。

根据部分的具体内容随各个索赔事件的特点而不向。一般地说，根据部分应包括以下内容：

(1)索赔事件的发生情况。

(2)已递交索赔意向书的情况。

(3)索赔事件的处理过程

(4)索赔要求的合同根据。

(5)所附的证据资料。

在写法结构上，按照索赔事件发生、发展、处理和最终解决的过程编写，并明确地全文引用有关的合同条款，使发包人和监理人能清晰地、逻辑地了解索赔事件的始末，并充分认识该项索赔的合理性和合法性。

(三)计算部分

索赔计算是以具体的计算方法和计算过程，说明自己应得到的经济补偿的款额或工期延长的时间。如果说根据部分的任务是解决索赔能否成立的问题，则计算部分的任务就是决定应得到多少索赔款额和工期延长时间。前者是定性的，后者是定量的。

在款额计算部分，承包人必须阐明下列问题：

(1)索赔款的要求总额。

(2)各项索赔款的计算,如额外开支的人工费、材料费、设备费、管理费和所失利润。

(3)指明各项开支的计算依据及证据资料。

承包人应注意采用合适的计价方法。至于采用哪一种计价法,应根据索赔事件的特点及自己所掌握的证据资料等因素来确定。另外,应注意每项开支款额的合理性,并指出相应证据资料的名称及编号。切忌采用笼统的计价方法和不实的开支款额。

(四)证据部分

证据部分包括该索赔事件所涉及的一切证据资料,以及对这些证据的说明。证据是索赔报告的重要组成部分,没有翔实可靠的证据,索赔是不能成功的。

索赔证据资料的范围很广,它可能包括工程项目施工过程中所涉及的有关政治、经济、技术、财务资料,具体可进行如下分类:

(1)工程所在国政治经济资料,包括:重大新闻报道记录,如罢工、动乱、地震以及其他重大灾害等;重要经济政策文件,如税收决定、海关规定、外币汇率变化、工资调整等;政府官员和工程主管部门领导视察工地时的讲话记录;权威机构发布的天气预报,尤其是异常天气的报告等。

(2)施工现场记录报表及来往函件,包括:监理人的指令,与发包人或监理人的来往函件和电话记录,现场施工日志,每日出勤的工人和设备报表,完工验收记录,施工事故详细记录,施工会议记录,施工材料使用记录,施工质量检查记录,施工进度实况记录,施工图纸收发记录,工地风、雨、温度、湿度记录,索赔事件的详细记录或摄像,施工效率降低的记录等。

(3)工程项目财务报表,包括:施工进度款月报表及收款记录,索赔款月报表及收款记录,工人劳动计时卡及工资表,材料、设备及配件采购单,付款收据、收款单据、工程款及索赔款迟付记录,迟付款利息报表,向分包商付款记录,现金流动计划报表,会计日报表,会计总账,财务报告,会计来往信件及文件,通用货币汇率变化表等。

在引用证据时,要注意该证据的效力或可信程度。为此,对重要的证据资料最好附以文字证明或确认件。例如,对一个重要的电话内容,仅附上自己的记录是不够的,最好附上经过双方签字确认的电话记录;或附上发给对方要求确认该电话记录的函件,即使对方未给复函,亦可说明责任在对方,因为对方未复函确认或修改,按惯例应理解为他已默认。

二、编写索赔报告的一般要求

索赔报告是具有法律效力的正规书面文件。对重大的索赔,索赔报告最好在律师或索赔专家的指导下进行编写。编写索赔报告的一般要求有以下几方面。

(一)索赔事件应该真实

索赔报告中所提出的干扰事件,必须有可靠的证据来证明。对索赔事件的叙述,必须明确、肯定,不包含任何估计和猜测。

(二)责任分析应清楚、准确、有根据

索赔报告应仔细分析事件的责任,明确指出索赔所依据的合同条款或法律条文,且说明承包人的索赔是完全按照合同规定程序进行的。

（三）充分论证事件给承包人造成的实际损失

索赔的原则是赔偿由事件引起的承包人所遭受的实际损失，所以索赔报告中应强调由于事件影响，承包人在实施工程中所受到干扰的严重程度，以致工期拖延，费用增加，并充分论证事件影响与实际损失之间的直接因果关系。报告中还应说明承包人为了避免和减轻事件影响及损失已尽了最大的努力，采取了所能采用的措施及其成果。

（四）索赔计算必须合理、正确

要采用合理的计算方法和数据，正确地计算出应取得的经济补偿款额或工期延长时间。计算中应力求避免漏项或重复；不出现计算上的错误。

（五）文字要精练、条理要清楚、语气要中肯

索赔报告必须简洁明了、条理清楚、结论明确、有逻辑性。索赔证据和索赔值的计算应详细、清晰，没有差错而又不显烦琐。语气措辞应中肯，在论述事件的责任及索赔根据时，所用词语要肯定，忌用"大概"、"一定程度"、"可能"等词语；在提出索赔要求时，语气要恳切，忌用强硬或命令式的口气。

三、编写索赔报告应注意的问题

（一）索赔报告的基本要求

第一，必须说明索赔的合同依据，即基于何种理由有何资格提出索赔要求。一种是根据合同某条款规定，承包人有资格因合同变更或追加额外工作而取得费用补偿和（或）延长工期；另一种是发包人或其代理人违反合同规定给承包人造成损失，承包人有权索取补偿。第二，索赔报告中必须有详细准确的损失金额及时间的计算。第三，要证明客观事实与损失之间的因果关系，说明索赔前因后果的关联性，要以合同为依据，说明发包人违约或合同变更与引起索赔的必然性联系。如果不能有理有据说明因果关系，而仅在事件的严重性和损失的巨大上花费过多的笔墨，则对索赔的成功无济于事。

（二）索赔报告必须准确

编写索赔报告是一项复杂的工作，须有一个专门的小组和各方的大力协助才能完成。索赔小组的组成人员应具有合同、法律、工程技术、施工组织计划、成本核算、财务管理、写作等各方面的知识，进行深入的调查研究。对较大的、复杂的索赔，需要咨询有关专家，对索赔报告进行反复讨论和修改。写出的报告不仅应有理有据，而且必须准确可靠。应特别强调以下几点：①责任分析应清楚、准确。②索赔值的计算依据要正确，计算结果要准确。③索赔报告用词要婉转和恰当。在索赔报告中要避免使用强硬的不友好的抗拒式的语言。不能因语言而伤害了和气及双方的感情。切忌断章取义、牵强附会、夸大其词。

（三）索赔报告的形式和内容

索赔报告应简明扼要、条理清楚，便于对方由表及里、由浅入深地阅读和了解，注意对索赔报告形式和内容进行安排也是很有必要的。一般可以考虑用金字塔的形式安排编写，如图 4-5 所示。

说明信是承包人递交索赔报告时用的，一定要简明扼要，主要让监理人（发包人）了解所提交的索赔报告的概况，千万不可啰唆。

索赔报告正文，包括题目、事件、理由（依据）、因果分析、索赔费用（工期）。题目应简

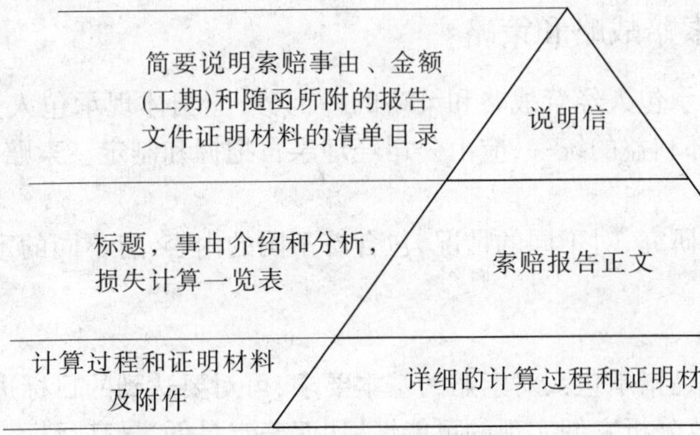

图 4-5　索赔报告的形式和内容

洁说明针对什么提出的索赔,即概括出索赔的中心内容。事件是对索赔事件发生的原因和经过的描述,包括双方活动所附的证明材料。理由是根据所陈述的事件,提出索赔的根据。因果分析是指上述事件和理由所造成成本增加、工期延长的必然结果。最后提出索赔费用(工期)的分项计算的结果。

计算过程证明材料及附件是支持索赔报告的有力依据,一定要和索赔中提到的完全一致,不可有丝毫相互矛盾的地方,否则有可能导致索赔失败。

应当注意,承包人除提交索赔报告外,还要准备一些与索赔有关的各种细节性的资料,以便对方提出问题时进行说明和解释,比如运用图表的形式对实际成本与预算成本、实际进度与计划进度、修订计划与原计划进行的比较。人员工资上涨、材料设备价格上涨情况,各时期工作任务密集程度的变化,资金流进流出等,通过图表来说明和解释,使之一目了然。

第八节　索赔管理的关键因素

工程索赔是一门涉及面广,融技术、经济、法律为一体的边缘学科,它不仅是一门科学,又是一门艺术。要想获得好的索赔成果,必须有强有力的、稳定的索赔班子,正确的索赔战略和机动灵活的索赔技巧,这也是取得索赔成功的关键。

一、组建强有力的、稳定的索赔班子

索赔是一项复杂细致而艰巨的工作,组建一个知识全面、有丰富索赔经验、稳定的索赔小组从事索赔工作是索赔成功的首要条件。索赔小组应由项目经理、合同法律专家、估算师、会计师、施工工程师组成,有专职人员收集和整理由各职能部门及科室提供的有关信息资料。索赔人员要有良好的素质,要懂得索赔的战略和策略,工作要勤奋、务实,不好大喜功,头脑清晰,思路敏捷,逻辑推理能力强,懂得搞好各方的公共关系。

索赔小组的人员一定要稳定,不仅各负其责,而且每个成员要积极配合,齐心协力,对内部讨论的战略和对策要保守秘密。

二、确定正确的索赔战略和策略

索赔战略和策略是承包人经营战略和策略的一部分，应当体现承包人目前利益和长远利益、全局利益和局部利益的统一，应由公司经理亲自把握和制定。索赔小组应提供决策的依据和建议。

索赔的战略和策略研究，对不同的情况，包含着不同的内容，有不同的重心，一般应包含如下几个方面。

（一）确定索赔目标

承包人的索赔目标是指承包人对索赔的基本要求，可对要达到的目标进行分解，按难易程度进行排队，并大致分析它们实现的可能性，从而确定最低、最高目标。

分析实现目标的风险，如能否抓住索赔机会，保证在索赔有效期内提出索赔；能否按期完成合同规定的工程量，执行发包人加速施工指令；能否保证工程质量，按期交付工程；工程中出现失误后的处理办法等。总之，要注意对风险的防范，否则就会影响索赔目标的实现。

（二）对被索赔方的分析

分析对方的兴趣和利益所在，要让索赔在友好和谐的气氛中进行，处理好单项索赔和一揽子索赔的关系：对于理由充分而重要的单项索赔，应力争尽早解决；对于发包人坚持拖后解决的索赔，要按发包人意见认真积累有关资料，为一揽子解决准备充分的材料。要清楚对方的利益所在，对对方感兴趣的地方，承包人就在不过多损害自己利益的情况下作适当的让步，打破问题的僵局。在责任分析和法律分析方面要适当，在对方愿意接受索赔的情况下，就不要得理不让人，否则反而达不到索赔目的。

（三）承包人的经营战略分析

承包人的经营战略直接制约着索赔的策略和计划。在分析发包人的情况和工程所在地的情况以后，承包人应考虑有无可能与发包人继续进行新的合作，是否在当地继续扩展业务，与发包人之间的关系对当地开展业务有何影响等。这些问题决定着承包人的整个索赔要求和解决的方法。

（四）相关关系分析

利用监理人、设计单位、发包人的上级主管部门对发包人施加影响，往往比同发包人直接谈判有效。承包人要同这些单位搞好关系，展开“公关”，取得他们的同情和支持，并与发包人沟通。这就要求承包人对这些单位的关键人物进行分析，同他们搞好关系，利用他们同发包人的微妙关系从中斡旋、调停，从而使索赔达到十分理想的效果。

（五）谈判过程分析

索赔一般都在谈判桌上最终解决。索赔谈判是双方面对面的较量，是索赔能否取得成功的关键。一切索赔的计划和策略都要在谈判桌上体现和接受检验。因此，在谈判之前要作好充分准备，对谈判的可能过程要作好分析。如怎样保持谈判的友好和谐气氛，估计对方在谈判过程中会提什么问题，采取什么行动，我方应采取什么措施争取有利的时机等。因为索赔谈判是承包人要求发包人承认自己的索赔，承包人处于很不利的地位，如果谈判一开始就气氛紧张，情绪对立，有可能导致发包人拒绝谈判，使谈判旷日持久，这是最不利于索赔问题解决的。谈判应从发包人关心的议题入手,从发包人感兴趣的问题开谈,使谈判气氛保持友好和谐是很重要的。

谈判过程中要讲事实,重证据,既要据理力争,坚持原则,又要适当让步,机动灵活。所谓索赔的艺术,往往在谈判桌上得到充分的体现。所以,选择和组织好精明强干、有丰富的索赔知识及经验的谈判班子就显得极为重要。

三、索赔的技巧

索赔的技巧是为索赔的战略和策略目标服务的,因此在确定了索赔的战略和策略目标之后,索赔技巧就显得格外重要。它是索赔策略的具体体现。索赔技巧应因人、因客观环境条件而异,现提出以下各项供参考。

(一)要及时发现索赔机会

一个有经验的承包人,在投标报价时就应考虑将来可能会发生索赔的问题,要仔细研究招标文件中的合同条款和规范,仔细查勘施工现场,探索可能索赔的机会,在报价时要考虑索赔的需要。在进行单价分析时,应列入生产效率,把工程成本与投入资源的效率结合起来。这样在施工过程中论证索赔原因时,可引用效率降低资料来进行。

在索赔谈判中,如果没有索赔事项导致生产效率降低的证明资料,则很难说服监理人和发包人,索赔无取胜可能,反而可能被认为生产效率的降低是承包人施工组织不好所致,没达到投标时的效率,应采取措施提高效率,赶上工期。

要论证效率降低,承包人应作好施工记录,记录好每天使用的设备工时、材料和人工数量、完成的工程及施工中遇到的问题。

(二)商签好合同协议

在商签合同过程中,承包人应对明显把重大风险转嫁给承包人的合同条件提出修改的要求,对其达成修改的协议应以“谈判纪要”的形式写出,作为该合同文件的有效组成部分。要对发包人开脱责任的条款特别注意,如合同中不列索赔条款;拖期付款无时限,无利息;没有调价公式;发包人认为对某部分工程不够满意,即有权扣减工程款;发包人对不可预见的工程施工条件不承担责任等。如果这些问题在签订合同协议时不谈判清楚,承包人就很难有索赔机会。

(三)对口头变更指令要得到确认

监理人常常乐于用口头指令进行变更。如果承包人不对监理人的口头指令予以书面确认,就进行变更工程的施工,那么此后,若监理人矢口否认,拒绝承包人的索赔要求,承包人便有苦难言。

(四)及时发出“索赔通知书”

一般合同规定,索赔事件发生后的一定时间内,承包人必须送出“索赔通知书”,过期无效。

(五)索赔事件论证要充足

承包合同通常规定,承包人在发出“索赔通知书”后,每隔一定时间(28 天),应报送一次证据资料,在索赔事件结束后的 28 天内报送总结性的索赔计算及索赔论证资料,提交索赔报告。索赔报告一定要令人信服,经得起推敲。

（六）索赔计价方法和款额要适当

索赔计算时采用“附加成本法”容易被对方接受，因为这种方法只计算索赔事件引起的计划外的附加开支，计价项目具体，使经济索赔能较快得到解决。另外，索赔计价不能过高，要价过高容易让对方产生反感，使索赔报告束之高阁，长期得不到解决；还有可能让发包人准备周密的反索赔计划，以高额的反索赔对付高额的索赔，使索赔工作更加复杂化。

（七）力争单项索赔，避免一揽子索赔

单项索赔事件简单，容易解决，而且能及时得到支付。一揽子索赔，问题复杂，金额大，不易解决，往往到工程结束后还得不到付款。

（八）坚持采用“清理账目法”

承包人往往只注意接受发包人对某项索赔的当月结算索赔款，而忽略了该项索赔款的余额部分。没有以书面形式保留自己今后获得余额部分的权利，等于同意并承认了发包人对该项索赔的付款，以后对余额再无权追索。

在索赔支付过程中，承包人和监理人对确定新单价和工程量经常存在不同意见。按合同规定，监理人有决定单价的权力，如果承包人认为监理人的决定不尽合理，而坚持自己的要求，可同意接受监理人决定的“临时单价”或“临时价格”付款，先拿到一部分索赔款。对其余不足部分，则书面通知监理人和发包人，作为索赔款的余额，保留自己的索赔权利，否则，将失去将来要求付款的权利。

（九）力争友好解决，防止对立情绪

索赔争端是难免的，如果遇到争端不能理智协商讨论问题，一些本来可以解决的问题就会悬而未决。承包人尤其要头脑冷静，防止对立情绪，力争友好解决索赔争端。

（十）注意同监理人搞好关系

监理人是处理解决索赔问题的公正的第三方。应注意同监理人搞好关系，争取监理人的公正裁决，竭力避免仲裁或诉讼。

第九节　反索赔

一、反索赔概述

根据国际工程施工索赔规范，普遍按索赔的对象来界定索赔与反索赔。通常把承包人就非承包人原因所造成的承包人的实际损失，向发包人提出的经济补偿或工期延长的要求，称为索赔；把发包人向承包人提出的、承包人违约而导致发包人损失的补偿要求，称为反索赔。上述要求均以补偿实际损失为原则，并不存在惩罚的意思。这一定义已为国际工程承包界所公认和普遍应用，具有特定的明确含义。当然，如果从广义的含义来说，承包人可以向发包人提出某种索赔，发包人可以反驳或拒绝承包人的此项索赔，即进行反索赔。分包商可以向总承包人提出索赔，总承包人可以针对此项索赔进行反索赔。承包人可以向供货商提出索赔，供货商也可以反驳此项索赔，即进行反索赔。但是，在施工索赔实践中，一般并不是从广义的角度理解索赔和反索赔的，而是按其特定的含义，把承包人向发包人提出的补偿要求，称为索赔；把发包人对承包人提出的补偿要求，称为反索赔。反索赔一般包括两个方面：一是对承包人提出的索赔要求进行分析、评审和修正，否定其不合理的要求，接受其合理的要求。二是对承包人在履约中的其他缺陷责任，如某部分工程质量达不到施工技术规程的要求，或拖期建成，独立地提出损失补偿要求。

二、发包人索赔的内容

当由于承包人的原因而使发包人遭受损失时，发包人可向承包人提出索赔，一般包括以下几方面内容。

（一）工程进度方面

（1）由于承包人原因拖延了工程完工日期，发包人可索赔误期损失赔偿费。误期损失赔偿费的数额通常是按合同约定的每误期一天应赔偿的金额进行计算的；合同同时也约定了误期损失赔偿费数额的上限，一般不超过合同价的10%。

（2）工程拖期或承包人赶工，可索赔由此而增加的监理人的服务费用。

（二）工程质量方面

（1）承包人不按监理人指令拆除不合格工程，更换不合格的材料和设备，在保修期内修补工程缺陷时，发包人可另请公司完成此类工作，并向承包人提出完成此类工作的费用索赔。

（2）因承包人的材料或设备不合格而进行重新检验的费用。

（3）工程不合格被拒绝接受，承包人修复后的重新检验费用。

（三）其他方面

（1）承包人未按合同要求办理保险，发包人去办理而支付的保险费及由此造成的对发包人的损害费用。

（2）承包人运送施工设备或材料时，未按合同要求采取合理措施，破坏了沿途公路或桥梁等，由此造成的损失费用。

（3）承包人违背合同约定，无故不向指定分包商支付，发包人可直接向指定分包商支付并向承包人索赔。

（4）承包人签订分包合同时，未按合同要求写入保护发包人权益的条款，造成发包人受到损害。

（5）所有工程变更的增加值超过了有效合同价的某一百分比（如15%）。

（6）工程需要紧急抢修，而承包人无能力或不愿立即进行时，发包人可请另外人员去进行此项工作，并可向承包人索赔所支出的费用。

三、发包人索赔的依据

索赔依据是指法律法规、合同条款。《水利水电工程标准文件》通用合同条款中发包人进行索赔可引用为依据的条款见表4-7。

表 4-7 发包人可向承包人索赔的有关条款

序号	合同条款号	条款主题
1	11.5	承包人工期延误
2	13.3, 13.5.4	未按规定进行检验和检查
3	13.6.1	不合格材料、设备的处理
4	13.5.3	重新检验
5	13.6.1	不合格工程的拆除
6	22.1.3,22.1.4,22.1.5	承包人违约解除合同
7	22.1.6	紧急抢修
8	9.1.2,9.2.7	承包人责任造成发包人工伤
9	20.5,20.6.5,4.8.5	未按合同规定办理保险
10	1.11.1	承包人侵犯专利权等知识产权

四、发包人索赔的方式

发包人索赔一般都无须经过烦琐的索赔程序,其所受损失可从拟支付给承包人的合同价款中扣除,或由承包人以其他方式支付给发包人。发生索赔事件后,监理人应及时书面通知承包人,详细说明发包人有权得到的索赔金额和(或)延长缺陷责任期的细节及依据。发包人提出索赔的期限和要求与《水利水电工程标准文件》第 23.3 款的约定相同,延长缺陷责任期的通知应在缺陷责任期届满前发出。索赔的期限自承包人接受最终结清证书时终止。

但根据不同的内容,发包人索赔还分成扣款时需通知承包人和不需通知承包人直接扣款两种情况。当索赔金额或计算方法合同已约定时,如误期损害赔偿费等,可直接扣款。索赔金额需监理人核定的,则应由监理人通知承包人再扣款。

承包人对监理人发出的索赔书面通知内容有异议时,应在收到书面通知后 14 天内,将持有异议的书面报告及其证明材料提交监理人。监理人应在收到承包人书面报告后 14 天内,将异议的处理意见通知承包人,并按约定执行赔付。若承包人不接受监理人的索赔处理意见,可以协商解决或者提请争议评审组评审。协商解决不成、不愿提请争议评审或者不接受争议评审组意见的,可在专用合同条款中约定下列一种方式解决:

(1)向约定的仲裁委员会申请仲裁;

(2)向有管辖权的人民法院提起诉讼。

第十节 监理人对索赔的处理

一、索赔处理的原则

处理索赔事件,作出相应的决定,是监理人的一项重要职责。它不仅直接关系到每个索赔事件是否能得到公正合理的解决,也涉及整个工程项目能否顺利完成,乃至监理人本身在建筑市场上的信誉等问题。所以,监理人必须认真对待索赔,做好处理工作。在处理索赔问题时,一般应遵循以下原则。

(一)预防为主的原则

任何索赔事件的出现,都会造成工程拖期或成本加大,增加履行合同的困难,对于发包人和承包人双方来说都是不利的。因此,监理人应努力从预防索赔发生着手,洞察工程实施中可能导致索赔的起因,防止或减少索赔事件的出现。

1.加强预见性,防患于未然

在招标投标时,一些不可预见的不利的外界障碍或条件,随着施工进展不断显露,可由此获得新的信息,并将其转化为可预见的一面。监理人应随时掌握情况,及时分析,在问题出现之前采取措施予以制止,以减少可能产生的损失。

2.协助、督促发包人正确履行合同义务

协助发包人编制好合同文件,避免因合同条款隐含的缺陷而导致索赔;协助发包人做好及时提供现场和通道以及图纸准备的工作,防止由此而延误工期;及时向发包人通报工程进度与费用计划,督促发包人组织资金到位,不拖欠付款等。

3.积极提高自身素质,做好工作,防止失误

做好进度控制,特别是关键线路上关键工作的控制,以避免延误进度后又要求加速施工所引起的索赔。做好质量检验工作,特别是隐蔽工程的关键部位的检查,力求减少由合同外的检验工作而引起的索赔等。监理人发布指令应谨慎,指令的要求要明确,避免因指令差错而引发的索赔。

(二)公正合理的原则

监理人处理索赔事件时,应恪守职业道德,以事实为依据,以合同为准绳,作出公正的决定。合理的索赔应予以批准,不合理的索赔应予以驳回。绝不能偏袒徇私,更不得贪赃枉法。

(三)协商的原则

监理人在处理索赔时,应认真研究索赔报告,充分听取发包人和承包人的意见,主动与双方协商,力求取得一致同意的结果。这样做不仅能圆满处理好索赔事件,也有利于顺利履行和完成合同。当然,在协商不成的情况下,监理人有权作出决定。

(四)授权的原则

监理人处理索赔事件,必须在合同规定、发包人授权的权限之内。当索赔金额或延长工期时间超出授权范围时,监理人应向发包人报告,在取得新的授权后才能作出决定。

(五)及时处理的原则

监理人应在合同规定时间或合理的时间内,完成每件索赔处理工作,并将决定及时通知承包人或发包人。按索赔通知单写明的索赔金额应纳入当月或下月的进度款中一并申请,经审核后予以支付。避免索赔问题积累成堆,日后更难解决。

二、索赔处理的工作

当发生索赔问题时,监理人应抓紧评审承包人的索赔报告,提出解决的建议,邀请发包人和承包人协商,力争达成协议,迅速地解决索赔争端。为此,监理人应做好以下工作。

(一)详细审阅索赔报告

对有疑问的地方或论证不足之处,要求承包人补报证据资料。为了详细了解索赔事件的真相和严重程度,监理人应亲临现场,进行检查和调查研究。

(二)测算索赔要求的合理程度

承包人的索赔要求,无论是工期延长的天数,还是经济补偿的款额,都应该由监理人独立地测算一次,以确定合理的数量。

这种测算工作就是对索赔事件进行全面的详细分析,即根据承包人提出的索赔报告,对照监理人的现场观察,对干扰事件的实际影响进行测算,以确定在干扰情况下可能引起的工期拖延天数,或导致工程成本附加开支的款额。

索赔分析包含着大量的工作,主要是进行以下三方面的分析。

1. 合同文件分析

监理人在接到承包人的索赔报告文件,并在必要时要求承包人对短缺的资料进行补充后,即开始合同文件分析工作。

合同文件分析的目的,是根据已发生的索赔事件,对照工程项目的合同文件中的有关条款,分析确定索赔事件的起因、是否可以避免、是否采取了减轻损失的措施及其合同责任等。

澄清这四个问题非常重要,它是进行工期索赔和经济索赔的基础。查明引起索赔的起因,往往涉及合同责任的问题。例如,发生工人罢工而引起工期延误10天,如果这次罢工是社会性的,是发包人和承包人都无能为力的,则应给予承包人工期延长;如果这次罢工是由于承包人处理本身劳工问题不当而引起的,则属于承包人的责任,他不应得到任何工期延长。

查明索赔事件是否可以避免,以及承包人在索赔事件发生时是否采取了减轻损失的措施,也都涉及责任的问题。因为按照国际惯例,索赔事件发生时承包人应采取一切能够减轻损失的措施,而不能坐视事态发展而不顾,只待事后索赔。例如,在发生特大洪水,施工现场被淹之际,承包人应竭力抢救人员、设备和物资,力争减轻洪水造成的损失。这样,他才有了索赔的基础;如果他当时没有采取减轻损失的措施,或未竭力抢救,这将意味着他可能失去取得全部或部分损失补偿的机会。

由此可见,根据索赔事件的具体情况,对照合同文件进行严格分析,其最终目的是确定合同责任,这是索赔是否成立的基础。

2. 施工进度影响分析

施工进度影响分析的目的,是研究确定应给承包人延长工期的天数。

确定工期延长天数,不是把受事件影响的作业的延误天数,简单地叠加起来。而应考虑作业的延误是否影响总工期,即作业是否处于关键线路上,它的延误是否导致整个工程竣工日期的延误。通常采用计算机进行网络分析以求得合理的工期延长天数。

具体工作时,可按下列顺序进行:

(1)确认或绘制计划进度网络。

(2)详细核实实际的施工进度。

(3)查明受到索赔事件影响的作业个数以及作业延误的天数。

(4)将实际施工进度及作业影响情况输入计划进度网络。

(5)确定索赔事件对施工进度及竣工日期的影响。

(6)确定应给承包人延长工期的天数。

3. 工程成本影响分析

工程成本影响分析的目的,是确定由索赔事件引起的工程成本增加款额,也就是应支付给承包人的索赔款额。

确定索赔款额的基本方法,就是求索赔事件影响后承包人支出的实际成本与原计划成本之差值。监理人在分析时应注意下列各点:

(1)受事件直接影响或间接影响,承包人用于工程的实际支出均应计入。

(2)索赔款额只计成本,而不计利润。

(3)由于事件影响,承包人失去的按合同规定可获得的利润应计入。

(4)成本计算时应注意是实际支出,如机械的窝工,不应按台班费计,如是承包人自有的机械,按折旧费算,如是租用的机械,则按租赁费算。

(5)对同一支出项目,要避免出现重复计算,如保险费、延期管理费等。

(三)编写索赔评审报告,提出索赔处理建议

索赔评审报告是监理人在审阅了承包人索赔报告和进行了调查分析测算后提出的意见。一般来说包括下列几方面的内容。

1. 不同意承包人的索赔要求

论述该项索赔没有合同条款的依据,是由承包人的责任或承包人应承担的风险造成的损失,承包人对此无索赔权。

2. 同意承包人的索赔要求

论述该项索赔有合同条款依据,应由发包人承担责任;承包人提出的具体计算方法合理,计算准确;提供的证据确凿可信,同意承包人提出的索赔款额或延长天数。

3. 修正承包人的索赔要求

指出不该列入索赔的项目、证据不实而应否定的内容、计算方法不合理之处、重复计算或计算错误等。

4. 提出索赔处理建议

根据上述评审结果提出具体的处理意见。

(四)下达通知

就索赔处理建议与发包人、承包人进行协商,取得一致意见后,监理人向承包人下达“索赔处理决定通知”。

综上所述,索赔和反索赔是根据不同的索赔对象而界定的,其根本目的就是合同的一方就对方责任引起的事件,向对方提出补偿要求。索赔与反索赔都必须以合同为依据,要求发生的事件真实、证据确凿,费用计算合理、准确,责任分析清楚,这样处理起来合同双方易于接受,可减少争议和纠纷。随着建筑领域法制的日益完善,作为建设工程合同的双方,承包人和发包人都应按照“游戏”规则办事,严格遵守合同条款,诚实守信,只有这样,建设工程领域才能健康有序地发展。

第十一节　水利工程变更与索赔的关系

工程变更是对原工程设计作出的任何方面的变更，而由监理人指令承包人实施。承包人完成变更工作后，发包人应予以支付。从这个意义上讲，工程变更支付与索赔相类似，都是在工程量清单以外，发包人对承包人的额外费用进行补偿。但是，二者是有区别的，主要表现在以下两方面。

一、起因与内容上的不同

索赔是承包人为履行合同，由于不是承包人的原因或责任受到损失而要求的补偿；而工程变更是承包人接受监理人的指令，完成了与合同有关但又不是合同规定的额外工作，为此而取得发包人的支付。

二、处理与费用上的不同

一般来说，工程变更是事先处理，即监理人在下达工程变更指令时，通常已事先与发包人、承包人就工期或金额的补偿问题进行过协商，而把协商结果包括在指令之内下达给承包人；而索赔则是事后处理，即承包人由于事件发生受到了损失，因而提出要求，再经发包人同意取得补偿。

从补偿的费用来说，工程变更是多做或少做了某些工作，其补偿除工程成本外还应包括相应的利润；而索赔则纯属赔偿损失，其费用只计成本而不包括利润。

【案例分析 4-1】

某土方工程中，承包人在合同标明有松软石的地方没有遇到松软石，因此工期提前 1 个月。但在合同中另一未标明有坚硬岩石的地方遇到很多的坚硬岩石，开挖工作变得更加困难，由此造成了实际生产率比原计划低得多，经测算影响工期 3 个月。由于施工速度减慢，部分施工任务拖到雨季进行，按一般公认标准推算，又影响工期 2 个月。为此承包人准备提出索赔。

问题：

1. 该项施工索赔能否成立？为什么？

2. 在该索赔事件中，应提出的索赔内容包括哪两方面？

3. 在工程施工中，通常可以提供的索赔证据有哪些？

4. 承包人应提供的索赔文件有哪些？请协助承包人拟订一份索赔意向通知。

答案要点：

问题 1　该项施工索赔能成立。施工中在合同未标明有坚硬岩石的地方遇到很多的坚硬岩石，属于施工现场的施工条件与原来的勘察有很大差异，属于甲方的责任范围。

问题 2　本事件由于意外地质条件给承包人造成施工困难，导致工期延长，相应产生额外工程费用。因此，索赔内容应包括费用索赔和工期索赔。

问题 3　可以提供的索赔证据有：

(1)招标文件、工程合同及附件、发包人认可的施工组织设计、工程图纸、技术规范等；

(2)有关的设计交底记录，变更图纸，变更施工指令等；

(3)工程各项经发包人或监理人签认的签证；

(4)工程各项往来信件、指令、信函、通知、答复等；

(5)工程各项会议纪要；

(6)施工计划及现场实施情况记录；

(7)施工日报及工长工作日志、备忘录；

(8)工程送电，送水，道路开通、封闭的日期及数量记录；

(9)工程停水、停电和干扰事件影响的日期及恢复施工的日期记录；

(10)工程预付款、进度款拨付的数额及日期记录；

(11)工程图纸、变更图纸、交底记录的送达份数及日期记录；

(12)工程有关施工部位的照片及录像等；

(13)工程现场气候记录，有关天气的温度、风力、降雨雪量等；

(14)工程验收报告及各项技术鉴定报告等；

(15)工程材料采购、订货、运输、进场、验收、使用等方面的凭据；

(16)工程会计核算资料；

(17)国家、省、市有关影响工程造价、工期的文件、规定等。

问题4　承包人应提供的索赔文件有：

(1)索赔意向通知书；

(2)索赔报告；

(3)索赔证据与详细计算书等附件。

索赔意向通知书的参考形式如下：

索赔意向通知书

致甲方代表(或监理人)：

我方希望你方对工程地质条件变化问题引起重视：在合同文件未标明有坚硬岩石的地方遇到了坚硬岩石，致使我方实际生产率降低，而引起进度拖延，并不得不在雨季施工。

上述施工条件变化，造成我方施工现场设计与原设计有很大不同，为此向你方提出工期索赔及费用索赔要求，具体工期索赔及费用索赔依据与计算书见随后的索赔报告。

承包人：×××

××年××月××日

小　结

工程变更是在工程项目实施过程中，按照合同约定的程序对部分或全部工程在材料、工艺、功能、构造、尺寸、技术指标、工程数量及施工方法等方面做出的改变。在建设项目施工过程中，工程变更是不可避免的。工程变更工作的程序为工程变更的提出、变更建议书的审查、批准、估价、工程变更令发布与实施、工程变更计量与支付。

建设工程受地形、地质、水文、气象等自然条件的影响，施工条件复杂，造成工程设计考虑不周或与实际情况不符，工程施工承包合同中存在各种缺陷，从而导致索赔事件的发生。索赔是双向的，是合理合法的，但必须依据签订的合同和有关法律、法规及规章，损害后果客观存在。索赔采用明示的方式，即索赔应该有书面文件，索赔的内容和要求应该明确而又肯定。工程施工中常见的索赔有合同文件引起的索赔、不可抗力和不可预见因素引起的索赔、发包人原因引起的索赔、监理人原因引起的索赔、价格调整引起的索赔、法规变化引起的索赔等。施工索赔是利用经济杠杆进行项目管理的有效手段，索赔随着建筑市场的建立和发展，将成为项目管理中越来越重要的问题。施工索赔必须按合同规定的程序进行。索赔计算包括工期索赔计算和经济(费用)索赔计算。

复习思考题

4-1　简述工程变更的概念。

4-2　简述工程变更的程序。

4-3　工程变更引起的价格调整有哪两种?

4-4　简述索赔与反索赔的概念。

4-5　索赔有哪些种类?

4-6　简述施工索赔的程序。

4-7　索赔报告包括哪些内容?

4-8　编写索赔报告应注意哪几个问题?

4-9　索赔计价方法有哪几种?

4-10　(案例分析题)某引水渠工程长5 km，渠道断面为梯形开敞式，用浆砌石衬砌。采用单价合同发包给承包人A。合同条件采用《水利水电工程标准文件》。合同开工日期为3月1日。合同工程量清单中土方开挖工程量为10万m^3，单价为10元/m^3。合同规定工程量清单中项目的工程量增减变化超过20%时，属于变更。

在合同实施过程中发生下列要点事项：

(1)项目法人采用专家建议并通过专题会议论证，拟采用现浇混凝土板衬砌方案。承包人通过其他渠道得到信息后，在未得到监理人指示的情况下对现浇混凝土板衬砌方案进行了一定的准备工作，并对原有工作(如石料采购、运输、工人招聘等)进行了一定的调整。但是，由于其他原因，现浇混凝土板衬砌方案最终未予正式采用实施。承包人在分析了由此造成的费用损失和工期延误基础上，向监理人提交了索赔报告。

(2)合同签订后，承包人按规定时间向监理人提交了施工总进度计划并得到监理人的批准。但是，由于6、7、8、9四个月为当地雨季，降雨造成了必要的停工、工效降低等，实际施工进度比原施工进度计划缓慢。为保证工程按照合同工期完工，承包人增加了挖掘、运输设备和衬砌工人。由此，承包人向监理人提交了索赔报告。

(3)渠线某段长500 m，为深槽明挖段。实际施工中发现，地下水位比招标资料提供的地下水位高3.10 m(属于发包人提供资料不准)，需要采取降水措施才能正常施工。据此,承包人提出了降低地下水位措施并按规定程序得到监理人的批准。同时,承包人提出了费用补偿要求,但未得到发包人的同意。发包人拒绝补偿的理由是:地下水位变化属于正常现象,属于承包人风险。在此情况下,承包人采取了暂停施工的做法。

(4)在合同实施中,承包人实际完成并经监理人签认的土方开挖工程量为12万m^3,经合同双方协商,对超过合同规定百分比的工程量按照调整单价11元/m^3结算。工程量的变化未发生《水利水电工程标准文件》中规定的施工组织和进度计划调整引起的价格调整。

问题:

(1)对于事项(1)所述情况,监理人是否应同意承包人的索赔?

(2)对于事项(2)所述情况,监理人是否应同意承包人的索赔?

(3)对于事项(3)所述情况,承包人是否有权得到费用补偿?承包人的行为是否符合合同约定?

(4)对于事项(4)所述情况,承包人是否有权延长工期?承包人有权因土方开挖得到多少价款?

第五章　水利工程施工合同纠纷的处理

知识点

合同纠纷、水利工程合同纠纷、和解、调解、争议评审组解决、友好解决、仲裁、诉讼。

教学目标

通过本章学习，掌握水利工程合同纠纷的处理办法。

第一节　合同纠纷概述

一、合同纠纷的概念及解决途径

（一）合同纠纷的概念

合同纠纷也称合同争议，是指合同当事人在签订、履行合同中，以及因变更或解除合同就有关事项发生的争议。这些争议包括针对合同是否成立、合同成立的时间、合同成立的地点、合同的效力、合同的履行、合同的变更和转让、合同权利义务的终止、违约责任的承担以及合同内容的解释等事项发生的不同意见。

合同纠纷发生的原因多种多样，可能是合同条款本身就含糊不清，也可能是合同条款本来比较清楚，但当事人对合同内容的理解有所不同。人们订立合同一般都是为了达到自己的目的或是实现自己的利益，合同当事人各自的出发点和立场存在差异，对问题的认识各有不同，出现合同纠纷也在所难免。出现合同纠纷并不可怕，重要的是寻找妥善的解决方式，避免出现因为合同纠纷导致合同双方当事人的经济关系和往来受到影响、社会秩序和经济秩序出现不稳定的不利情形。

（二）合同纠纷解决途径

关于合同纠纷的解决途径，《合同法》第 128 条规定：当事人可以通过和解或者调解解决合同争议。当事人不愿和解、调解或者和解、调解不成的，可以根据仲裁协议向仲裁机构申请仲裁。涉外合同的当事人可以根据仲裁协议向中国仲裁机构或者其他仲裁机构申请仲裁。当事人没有订立仲裁协议或者仲裁协议无效的，可以向人民法院起诉。当事人应当履行发生法律效力的判决、仲裁裁决、调解书；拒不履行的，对方可以请求人民法院执行。根据上述规定，合同纠纷的解决方式有和解、调解、仲裁、诉讼四种。在这四种解决纠纷的方式中，和解与调解的结果没有强制执行的法律效力，要靠当事人的自觉履行。当然，这里所说的和解与调解是狭义的，不包括仲裁和诉讼程序中在仲裁庭和法院的支持下的和解与调解，这两种情况下的和解与调解属于法定程序，其解决方法仍有强制执行的法律效力。至于具体通过什么途径、采取什么方法解决合同争议，取决于当事人的选择。

二、水利工程合同纠纷的解决途径

由于水利工程合同所指的争议含义与《合同法》中的纠纷含义存在不同之处，对于水利工程合同争议，只有在经过发包人与承包人双方和解、第三人调解以及监理人决定后，发包人与承包人仍未能取得一致意见，才称为争议，因此水利工程合同争议解决方法不应包括和解、调解和监理人的协调。

《水利水电工程施工合同条件》(见附录，摘自《水利水电工程标准施工招标文件》(2009年版)和《中华人民共和国标准施工招标文件》(2007年版)，下同)约定水利工程合同纠纷解决的方法包括：①争议评审组解决；②友好解决；③仲裁；④诉讼。其中，争议评审组解决、友好解决两种方法是水利工程合同纠纷解决特有的方法。

第二节　合同纠纷的和解与调解

一、和解的概念

和解是指合同纠纷当事人在自愿友好的基础上，互相沟通、互相谅解，从而解决纠纷的一种方式。合同双方当事人在发生纠纷时，当事人应遵循平等、自愿的原则，本着互谅互让的精神，依照有关法律、法规和国家的相关政策，首先考虑通过和解解决纠纷。事实上，在合同的履行过程中，绝大多数纠纷都可以通过和解解决。

和解首先要求合同双方当事人必须有诚意，只有以诚恳的态度，实事求是地看待签订、履行合同中发生的纠纷，才有可能去解决问题。其次，必须做到查清事实，分清责任。只有查清了事实，才能分清责任；只有分清了责任，双方协商才有标准，这样和解的结果才公平，才能得到双方当事人积极的认可，才有可能长久地维持。

如果当事人选择采用和解的方式解决彼此之间的纠纷，协商谈判的人员选择很重要，最好是既熟悉合同的签订、履行情况，又对相关的法律、政策有所了解。同时，协商谈判的人员需要有明确的授权，需要掌握正确的协商方法。因和解产生的合同，自依法成立时起对当事人具有法律约束力。在和解协议中，当事人可以处分自己的权利，如放弃自己的某些权利等。

二、和解解决合同纠纷的优点

合同纠纷和解解决有以下优点：

(1)简便易行，能经济、及时地解决纠纷。

(2)有利于维护合同双方的友好合作关系，使合同能更好地得到履行。

(3)有利于和解协议的执行。

协商和解是当事人以自治的方式解决纠纷的途径。这种方式不伤和气，有利于双方的往来与合作，在实践中被广泛采用。

三、和解的注意事项

值得注意的是，在合同履行过程中，合同双方有时为了解决争端而达成的和解协议，有限制诉权的条款。《合同法》第128条规定，当事人可以通过和解解决纠纷。和解不成的，可以向人民法院起诉。那么，何谓和解不成？当事人经过商谈，未能达成和解协议，或者达成协议后，一方或者双方后悔，拒绝履行的，均属和解不成。和解协议本质上是当事人之间解决纠纷的协议，而不是设立一个新的民事法律关系，依法应当允许反悔。从诉讼法理论上讲，诉讼权利是法律赋予当事人请求国家司法保护的一项权利，只要当事人不是自觉放弃该权利，任何单位和个人都不能加以限制和剥夺。

四、调解的概念

调解是指合同当事人对合同所约定的权利、义务发生争议，不能达成和解协议时，在经济合同管理机关或有关机关、团体等的主持下，通过对当事人进行说服教育，促使双方互相作出适当的让步，平息争端，自愿达成协议，以求解决合同纠纷的方法。

这里所说的调解，是指仲裁、诉讼程序以外的由第三人主持的调解。当合同双方当事人发生纠纷又不愿主动协商和解时，如果有第三人能够从中牵线，给双方创造一个协商解决问题的机会和氛围，问题也能得到解决。这种由第三人出面主持、居中调停的方法，也是解决合同纠纷的一种方式。

主持调解的第三人可以是自然人，也可以是法人。在实践中，比较容易成功的多数是合同双方业务主管部门或者行政管理部门居中的调解。这是由于合同双方的业务主管部门或者行政管理部门对双方都有相当大的影响力，能够说得上话，且都了解和关心双方的情况，愿意从中调解，解决双方的合同纠纷。因此，只要合同双方的业务主管部门或者行政管理部门能够做到平等待人，客观公正，方法得当，调解很容易成功。调解也是以自治的方式解决争议的途径。因调解达成的调解协议也是合同，自依法成立时起对当事人具有法律约束力。

五、调解解决合同纠纷的优点

合同纠纷的调解往往是当事人经过和解仍不能解决纠纷后采取的方式，因此与和解相比，它面临的纠纷要大一些。与诉讼、仲裁相比，仍具有与和解相似的优点：它能够经济、快速、及时地解决纠纷；有利于消除合同当事人的对立情绪，维护双方的长期合作关系。

六、争议评审

《水利水电工程标准施工招标文件》(2009年版)第4章第1节通用合同条款第24条关于争议评审的规定如下：

24.3.1　采用争议评审的，发包人和承包人应在开工日后的28天内或在争议发生后，协商成立争议评审组。争议评审组由有合同管理和工程实践经验的专家组成。

24.3.2　合同双方的争议，应首先由申请人向争议评审组提交一份详细的评审申请报告,并附必要的文件、图纸和证明材料,申请人还应将上述报告的副本同时提交给被申请人和监理人。

24.3.3　被申请人在收到申请人评审申请报告副本后的28天内,向争议评审组提交一份答辩报告,并附证明材料。被申请人应将答辩报告的副本同时提交给申请人和监理人。

24.3.4　除专用合同条款另有约定外,争议评审组在收到合同双方报告后的14天内,邀请双方代表和有关人员举行调查会,向双方调查争议细节;必要时争议评审组可要求双方进一步提供补充材料。

24.3.5　除专用合同条款另有约定外,在调查会结束后的14天内,争议评审组应在不受任何干扰的情况下进行独立、公正的评审,作出书面评审意见,并说明理由。在争议评审期间,争议双方暂按总监理工程师的确定执行。

24.3.6　发包人和承包人接受评审意见的,由监理人根据评审意见拟定执行协议,经争议双方签字后作为合同的补充文件,并遵照执行。

24.3.7　发包人或承包人不接受评审意见,并要求提交仲裁或提起诉讼的,应在收到评审意见后的14天内将仲裁或起诉意向书面通知另一方,并抄送监理人,但在仲裁或诉讼结束前应暂按总监理工程师的确定执行。

七、友好解决

发包人和承包人或其中任一方按合同约定发出仲裁意向通知书后,纠纷双方还应共同作出努力直接进行友好磋商解决纠纷,亦可提请政府主管部门或行业合同纠纷调解机构调解以寻求友好解决。若在仲裁意向通知书发出后42天内仍未能解决争议,则任何一方均有权提请仲裁。

第三节　合同纠纷的仲裁与诉讼

一、仲裁的概念

仲裁亦称"公断",是当事人双方在纠纷发生前或纠纷发生后达成书面仲裁协议,自愿将争议提交依法设立的仲裁机构,申请作出裁决,并负有自动履行义务的一种解决纠纷的方式。这种纠纷解决方式必须是自愿的,因此必须有仲裁协议。如果当事人之间有仲裁协议,纠纷发生后又无法通过和解与调解解决,则应及时将纠纷提交仲裁机构仲裁。

二、仲裁的基本原则

仲裁的基本原则包括以下几方面:

(1)自愿原则。解决合同纠纷是否选择仲裁方式以及选择仲裁机构本身并无强制力。当事人采用仲裁方式解决纠纷,应当贯彻双方自愿原则,达成仲裁协议。如有一方不同意进行仲裁,仲裁机构即无权受理合同纠纷。

(2)根据事实、符合法律规定、公平合理解决纠纷原则,即仲裁要坚持以事实为根据、以法律为准绳的原则。仲裁的公平合理是仲裁制度的生命力所在。这一原则要求仲裁机构充分收集证据,听取纠纷双方的意见。仲裁应当根据事实,同时仲裁应当符合法律规定。

(3)仲裁依法独立进行原则。仲裁机构是独立的组织,相互间也无隶属关系。仲裁依法独立进行,不受行政机关、社会团体和个人的干涉。

三、仲裁的基本制度

仲裁的基本制度包括:

(1)一裁终局制。由于仲裁是当事人基于对仲裁机构的信任作出的选择,因此其裁决是立即生效的。裁决作出后,当事人就同一纠纷再申请仲裁或者向人民法院起诉的,仲裁委员会或者人民法院不予受理。

(2)协议仲裁制度。仲裁协议是当事人仲裁意愿的体现。当事人申请仲裁,仲裁委员会受理案件以及仲裁庭对案件的审理都必须依据当事人之间订立的有效的仲裁协议,没有仲裁协议就没有仲裁制度。

(3)或裁或审制度。仲裁与诉讼是两种不同的纠纷解决方式。因此,当事人之间发生的纠纷只能在仲裁或诉讼中选择其一加以采用,有效的仲裁协议即可排除法院的管辖权。

四、仲裁机构

仲裁委员会可以在直辖市和省、自治区人民政府所在地的市设立,也可以根据需要在其他设区的市设立,不按行政区层层设立。

各仲裁机构的仲裁员都是由各方面的专业人士组成的,当事人完全可以选择水利工程领域的专业人士担任仲裁员。

仲裁不实行级别管辖和地域管辖。仲裁委员会由主任1人、副主任2~4人和委员7~11人组成。仲裁委员会应当从公道正派的人员中聘任仲裁员。仲裁委员会独立于行政机关,与行政机关没有隶属关系。仲裁委员会之间也没有隶属关系。

仲裁有国内合同仲裁和国外合同仲裁。涉外合同的当事人可以根据合同中的仲裁协议向中国的仲裁机构或者协议中规定的其他仲裁机构申请仲裁。

五、仲裁协议

(一)仲裁协议的内容

仲裁协议是纠纷当事人愿意将纠纷提交仲裁机构仲裁的协议。它应包括以下内容:

(1)请求仲裁的意思表示。

(2)仲裁事项。

(3)选定的仲裁委员会。

在以上三项内容中,选定的仲裁委员会具有特别重要的意义。因为仲裁没有法定管辖,如果当事人不约定明确的仲裁委员会,仲裁将无法操作,仲裁协议将是无效的。至于请求仲裁的意思表示和仲裁事项则可以通过默示的方式来体现。可以认为在合同中选定仲裁委员会就是希望通过仲裁解决纠纷,同时,合同范围内的纠纷就是仲裁事项。

(二)仲裁协议的作用

(1)合同当事人均受仲裁协议的约束。

(2)仲裁协议是仲裁机构对纠纷进行仲裁的先决条件。

(3)排除了法院对纠纷的管辖权。

(4)仲裁机构应按仲裁协议进行仲裁。

六、仲裁庭的组成

仲裁庭的组成有两种方式:

(1)当事人约定由 3 名仲裁员组成仲裁庭。当事人如果约定由 3 名仲裁员组成仲裁庭,应当各自选定或者各自委托仲裁委员会主任指定 1 名仲裁员,第 3 名仲裁员由当事人共同选定或者共同委托仲裁委员会主任指定。第 3 名仲裁员是首席仲裁员。

(2)当事人约定由 1 名仲裁员组成仲裁庭。仲裁庭也可以由 1 名仲裁员组成。当事人如果约定由 1 名仲裁员组成仲裁庭,应当由当事人共同选定或者共同委托仲裁委员会主任指定仲裁员。

七、开庭和裁决

(1)开庭。仲裁应当开庭进行。当事人协议不开庭的,仲裁庭可以根据仲裁申请书、答辩书以及其他材料作出裁决,仲裁不公开进行。当事人协议公开的,可以公开进行,但涉及国家秘密的除外。

申请人经书面通知,无正当理由不到庭或者未经仲裁庭许可中途退庭的,可以视为撤回仲裁申请。被申请人经书面通知,无正当理由不到庭或者未经仲裁庭许可中途退庭的,可以缺席裁决。

(2)证据。当事人应当对自己的主张提供证据。仲裁庭对专门性问题认为需要鉴定的,可以交由当事人约定的鉴定部门鉴定,也可以由仲裁庭指定的鉴定部门鉴定。根据当事人的请求或者仲裁庭的要求,鉴定部门应当派鉴定人参加开庭。当事人经仲裁庭许可,可以向鉴定人提问。

水利工程合同纠纷往往涉及工程质量、工程造价等专门性的问题,一般需要进行鉴定。

(3)辩论。当事人在仲裁过程中有权进行辩论。辩论终结时,首席仲裁员或者独任仲裁员应当征询当事人的最后意见。

(4)裁决。裁决应当按照多数仲裁员的意见作出,少数仲裁员的不同意见可以记入笔录。仲裁庭不能形成多数意见时,裁决应当按照首席仲裁员的意见作出。

仲裁庭仲裁纠纷时,其中一部分事实已经清楚,可以就该部分先行裁决。

对裁决书中的文字、计算错误或者仲裁庭已经裁决但在裁决书中遗漏的事项,仲裁庭应当补正;当事人自收到裁决书之日起 30 日内,可以请求仲裁补正。裁决书自作出之日起发生法律效力。

八、申请撤销裁决

当事人提出证据证明裁决有下列情形之一的,可以向仲裁委员会所在地的中级人民法院申请撤销裁决:

(1)没有仲裁协议的。

(2)裁决的事项不属于仲裁协议的范围或者仲裁委员会无权仲裁的。

(3)仲裁庭的组成或者仲裁的程序违反法定程序的。

(4)裁决所根据的证据是伪造的。

(5)对方当事人隐瞒了足以影响公正裁决的证据的。

(6)仲裁员在仲裁该案时有索贿受贿、徇私舞弊、枉法裁决行为的。

人民法院经组成合议庭审查核实裁决有上述规定情形之一的,应当裁定撤销。当事人申请撤销裁决的,应当自收到裁决书之日起 6 个月内提出。人民法院应当在受理撤销裁决申请之日起 2 个月内作出撤销裁决或者驳回申请的规定。

人民法院受理撤销裁决的申请后,认为可以由仲裁庭重新仲裁的,通知仲裁庭在一定期限内重新仲裁,并裁定中止撤销程序。仲裁庭拒绝重新仲裁的,人民法院应当裁定恢复撤销程序。

九、执行

仲裁委员会的裁决作出后,当事人应当履行。由于仲裁委员会本身并无强制执行的权力,因此当一方当事人不履行仲裁裁决时,另一方当事人可以按照《中华人民共和国民事诉讼法》的有关规定向人民法院申请执行。接受申请的人民法院应当执行。

十、水利工程合同仲裁

(1)发包人和承包人应在签订协议书的同时,共同协商确定本合同的仲裁范围和仲裁机构,并签订仲裁协议。

(2)发包人和承包人未能在合同约定的期限内友好解决双方的纠纷,则任一方均有权将争议提交仲裁协议中规定的仲裁机构仲裁。

(3)在仲裁期间,发包人和承包人均应暂按监理人就该争议作出的决定履行各自的职责,任何一方均不得以仲裁未果为借口拒绝或拖延按合同规定应进行的工作。

通过仲裁程序解决合同争端是解决水利工程合同纠纷的有效途径,也是国际工程承包中采用较多的一种方式,在国际咨询工程师联合会的合同文件中,以及世界银行和许多国际金融组织贷款项目的招标文件中都推荐采用仲裁程序作为最终解决纠纷的方式,这是由于仲裁程序比较适合于处理工程合同纠纷。但由于我国仲裁监督体制不健全,而且《中华人民共和国仲裁法》本身对仲裁的一些规定,在实际执行中也限制了仲裁的发展,使得在解决合同纠纷时难以保证仲裁的公正性和经济性。因此,建立高起点、高标准、一流的仲裁机构是建立适应社会主义市场经济体制的仲裁制度的关键。要完善我国仲裁监督体制,各仲裁委员会应设置专司监督职能的机构,尽快严格按照《中华人民共和国仲裁法》的规定，依法仲裁，从而保证仲裁的公正性和经济性。

十一、仲裁时效

（一）仲裁时效

仲裁时效是指权利人向仲裁机构请求保护其权益的法定期限，即权利人在法定期限内没有行使权利，即丧失提请仲裁以保护其权益的权利。

（二）仲裁时效的特征

仲裁时效具有以下三个特征：①仲裁时效期间届满后，义务人拒绝履行义务的，权利人不能通过仲裁程序强制追索。②权利人的实体权利并不因仲裁时效的届满而消失。③超过仲裁时效的，权利人仍可以向仲裁机构申请仲裁，仲裁机构应予以受理，但受理后查明无中止、中断、延长事由的，驳回权利人的仲裁请求。

（三）仲裁时效的种类

根据适用范围的不同，仲裁时效可以分为普通仲裁时效和特殊仲裁时效两种。普通仲裁时效又称为一般仲裁时效，是指一般民事、经济纠纷普遍适用的仲裁时效。一般诉讼时效为 2 年，自知道或者应当知道权利被侵害时起计算。特殊仲裁时效即法律、法规对某些民事、经济纠纷的仲裁时效作出特别规定，这些民事、经济纠纷只能适用这种特殊仲裁时效，而不能适用普通仲裁时效。因国际货物买卖合同和技术进出口合同争议提起诉讼或申请仲裁的期限为 4 年。

十二、诉讼及诉讼时效

（一）诉讼的概念

诉讼是指合同当事人依法请求人民法院行使审判权，审理双方之间发生的合同纠纷，做出由国家强制保证实现其合法权益的判决，从而解决纠纷的审判活动。合同双方当事人如果未约定仲裁协议或者仲裁协议无效的，则只能以诉讼作为解决纠纷的最终方式。

在民事诉讼中，原告与被告只是称谓不同，双方当事人法律地位平等，审判实践表明，原告起诉不一定都有理，被告不一定都败诉。因此，无论是作为原告还是被告，发生合同纠纷的当事人都应合理地运用法律手段维护自己的合法权益，通过诉讼解决纠纷。

1. 原告注意事项

原告应及时起诉。当事人如未及时行使自己的诉讼权，超过一定期限，法律将不予保护。原告应选择好诉因和被告，确定应不应列第三人，写好诉状。按照有关法律、法规的规定，诉状必须明确，请求必须具体，要有证据支持，诉状要规范，要写明当事人及具体的诉讼请求，写明事实、证据、起诉的理由、事实根据和法律依据。选择受诉法院。选择适当的受诉法院可以节省当事人的时间、精力和费用。决定是否申请财产保全或先予执行，是否委托代理人代为诉讼、调查以及收集证据。按时出庭，依法行使自己的诉讼权利。

2. 被告注意事项

被告应弄清受诉法院对案件有无管辖权，决定是否对管辖权提出异议。及时答辩，决定是否反诉。被告除答辩外，如果认为对方也有违反合同的地方，也可以提出反诉。积极收集、提供证据。权衡利弊,多做调解工作。如果被告确实理亏,就应当主动多做原告的工作,争取在法院的主持下调解解决,避免对己方不利的判决。

人民法院审理民事案件,依照法律规定实行合议、回避、公开审判和两审终审制度。当事人对法庭判决逾期(期限为收到判决书之次日起15日内)不上诉或者上诉被驳回,对已发生法律效力的判决书、仲裁裁决书,当事人都应当履行。当事人一方在规定的期限内不履行仲裁裁决、法庭判决和调解书,对方当事人可以请求人民法院强制执行。当事人如果抗拒执行,要依法承担妨害民事诉讼的责任,甚至刑事责任。

(二)诉讼时效

1. 时效的概念

时效是指一定事实状态在法律规定期间内的持续存在,从而产生与该事实状态相适应的法律效应。时效一般可分为取得时效和消灭时效。《中华人民共和国民法通则》对于时效作了专门规定。

2. 诉讼时效

诉讼时效是指权利人在法定期间内,未向人民法院提起诉讼请求保护其权利时,法律规定消灭其胜诉权的制度。诉讼时效包括普通诉讼时效、短期诉讼时效、特殊诉讼时效、权利的最长保护期限等四种。

(1)普通诉讼时效。向人民法院请求保护民事权利的期间。普通诉讼时效期间通常为2年。

(2)短期诉讼时效。诉讼时效期间为1年的情况包括:身体受到伤害要求赔偿的、延期或拒付租金的、出售质量不合格的商品未声明的、寄存财物丢失或损毁的。

(3)特殊诉讼时效。法律对诉讼时效另有规定的,依照法律规定。因国际货物买卖合同和技术进出口合同争议提起诉讼或申请仲裁的期限为4年。

(4)权利的最长保护期限。诉讼时效期间从知道或应当知道权利被侵害时计算。但是,从权利被侵害之日起超过20年的,人民法院不给予保护。

3. 诉讼时效的中止与中断

(1)诉讼时效的中止。诉讼时效的中止是指在时效进行中,因一定法定事由的出现,阻碍权利人提起诉讼,法律规定暂时中止诉讼时效期间的计算,等待阻碍诉讼时效的法定事由消失后,诉讼时效继续进行,累计计算。《中华人民共和国民法通则》第139条规定:在诉讼时效期间的最后6个月内,因不可抗力或者其他阻碍不能行使请求权的,诉讼时效中止。这里所指的法定事由包括:债务人生病住院治疗;发生自然不可抗力,如地震等;发生社会不可抗力,如战争等。

(2)诉讼时效中断。诉讼时效中断是指在时效进行中,因一定法定事由的发生,阻碍时效的进行,致使以前经过的诉讼时效期间统归无效,待中断事由消除后,其诉讼时效期间重新计算。《中华人民共和国民法通则》第140条规定:诉讼时效因提起诉讼、当事人一方提出要求或者同意履行义务而中断。从中断时起,诉讼时效期间重新计算。这里所指的法定事由包括:债权人提起诉讼、债权人明确要求债务人偿还债务、债务人明确表示同意履行义务。

(三)诉讼特点

(1)程序和实体判决严格依法。与其他解决纠纷的方式相比,诉讼程序和实体判决都应当严格依法进行。

(2)当事人在诉讼中对抗的平等性。诉讼当事人在程序和实体上的地位平等。原告起诉,被告可以反诉;原告提出诉讼请求,被告可以反驳诉讼请求。

(3)二审终审制。发包人或承包人如果不服从一审人民法院判决,可以上诉至二审人民法院。水利工程合同纠纷经过两级人民法院审理,即告终结。

(4)执行的强制性。诉讼判决具有强制执行的法律效力,发包人或承包人可以向人民法院申请强制执行。

(四)水利工程合同诉讼

发包人和承包人因合同发生纠纷,未达成书面仲裁协议的,任一方均有权向人民法院起诉。

十三、工程合同纠纷的管辖

工程合同纠纷的管辖,既涉及级别管辖,也涉及地域管辖。

(一)级别管辖

级别管辖是指不同级别人民法院受理一审工程合同纠纷的权限分工。我国的法院有四级。一般情况下基层人民法院管辖一审民事案件。中级人民法院管辖以下案件:重大涉外案件、在本辖区有重大影响的案件、最高人民法院确定由中级人民法院管辖的案件。在工程合同纠纷中,判断是否在本辖区有重大影响的依据主要是合同争议的标的额。由于工程合同纠纷争议的标的额往往较大,因此往往由中级人民法院受理一审诉讼,有时甚至由高级人民法院受理一审诉讼。

(二)地域管辖

地域管辖是指同级人民法院受理一审工程合同纠纷的权限分工。对于一般的合同纠纷,由被告住所地或合同履行地人民法院管辖。《中华人民共和国民事诉讼法》也允许合同当事人在书面协议中选择被告住所地、合同履行地、合同签订地、原告住所地、标的物所在地人民法院管辖。对于工程合同纠纷,一般都适用不动产所在地的专属管辖,由工程所在地人民法院管辖。

十四、诉讼中的证据

证据有下列几种:①书证;②物证;③视听资料;④证人证言;⑤当事人的陈述;⑥鉴定结论;⑦勘验笔录。

当事人对自己提出的主张,有责任提供证据。当事人及其诉讼代理人因客观原因不能自行收集的证据,或者人民法院认为审理案件需要的证据,人民法院应当调查收集。人民法院应当按照法定程序,全面地、客观地审查核实证据。

证据应当在法庭上出示,并由当事人互相质证。对涉及国家秘密、商业秘密和个人隐私的证据应当保密,需要在法庭出示的,不得在公开开庭时出示。经过法定程序公证证明的法律行为、法律事实和文书,人民法院应当作为认定事实的根据,但有相反证据足以推翻公证证明的除外。书证应当提交原件,物证应当提交原物。提交原件或者原物确有困难的,可以提交复制品、照片、副本、节录本。提交外文书证,必须附有中文译本。

人民法院对视听资料,应当辨别真伪,并结合本案的其他证据,审查确定能否作为认定事实的依据。

人民法院对专门性问题认为需要鉴定的,应当交由法定鉴定部门鉴定;没有法定鉴定部门的,由人民法院指定的鉴定部门鉴定。鉴定部门及其指定的鉴定人有权了解进行鉴定所需要的案件材料。必要时可以询问当事人、证人。鉴定部门和鉴定人应当提出书面鉴定结论,在鉴定书上签名或者盖章。与仲裁中的情况相似,水利工程合同纠纷往往涉及工程质量、工程造价等专门性的问题,在诉讼中一般也需要进行鉴定。

十五、审理期限

审理期限是指某一案件从人民法院立案受理到作出裁判的法定期间。依照现行《中华人民共和国民事诉讼法》的有关规定,适用普通程序审理的一审案件,人民法院应当在6个月之内审结;二审法院审理不服判决的上诉案件,应当在二审法院立案之日起3个月内审结;二审法院审理不服裁定的上诉案件,应当在立案之日起30日内审结;适用简易程序审理的案件,人民法院应当在立案之日起3个月内审结。

十六、国际工程合同争端解决机制

随着项目管理水平的不断提高和建设工作环境的日趋复杂,在项目实施过程中,发包人和承包人产生争端在所难免,这直接影响了合同履行的效果,也极大地耗费了合同双方的精力、财力与时间。因此,国际组织试图指定各种争端解决程序,力求使争端解决规范化。争端裁决委员会(Dispute Adjudication Board,DAB)前身是争端审议委员会(DRB),最早起源于20世纪60年代美国的项目管理中。1999年第1版FIDIC(国际咨询工程师联合会)系列合同条件采用了DAB作为争端解决的机构。

根据这一机制,发包人与承包人应该在投标书附录中规定的日期前,联合任命一个争端裁决委员会,双方发生争端时应由DAB进行裁决。争端解决的原则:①自愿的原则;②公正和独立的原则;③专家裁决的原则。

DAB的任命是有条件的。首先,DAB由具有相应资格的一名或三名人员组成;其次,施工合同双方必须对成员给予认可;最后,合同双方要与成员签订争端裁决协议书,该协议书是合同的附录之一。

DAB由具有相应资格并有一定专业知识的专家担任,与仲裁机构的仲裁员不同。其成员不但懂得技术、富有经验,而且会管理合同、熟悉相关法律。因此,其成员提出的每一个争端裁决决定都是一个专业人士依据技术、法律作出的。成员任命的公正性保证了争端裁决的公正性。DAB的每一位成员由雇主和承包商共同任命。DAB由一人组成时,此人应得到合同双方的认可;DAB由三人组成时,合同双方均应推荐一人,报他方认可,双方应同这些成员协商,确定第三位成员,此人为DAB的主席。一方面,成员的一般义务要求必须保证公正;另一方面,成员的报酬与费用由雇主和承包商各负担一半。这一点与工程师不同,工程师由雇主任命,并支付其费用。雇主和承包商可根据一定的程序终止

DAB 成员的工作，DAB 成员也可根据一定的程序向雇主和承包商提出辞职。而这些程序与一般合同相比具有比较简单的特点，从而保证了成员的独立，提出的争端裁决决定透明性强。这个决定应努力做到一致，如果不可能，应由多数成员作出合适的决定，并要求少数成员编写一份书面报告提交雇主和承包商。争端裁决的决定在一定条件下对合同双方是最终的、有约束力的。这个条件是双方在收到 DAB 决定后 28 天内，均未发出表示不满的通知。裁决为争端的解决提供了一种新的概念和方式。

小　结

合同纠纷也称合同争议，是指合同当事人在签订、履行合同中，以及因变更或解除合同就有关事项发生的争议。合同纠纷的解决方式有和解、调解、仲裁、诉讼四种。水利工程合同纠纷是指发包人或承包人对建设过程中的权利与义务产生了不同的理解，并且经过发包人与承包人双方和解、第三人调解以及监理人决定后，发包人或承包人仍未能对权利和义务取得一致意见。《水利水电工程施工合同条件》约定水利工程合同纠纷解决的方法包括：①争议评审组解决；②友好解决；③仲裁；④诉讼。其中争议评审组解决、友好解决两种方法是水利工程合同纠纷解决特有的方法。

和解是指合同纠纷当事人在自愿友好的基础上，互相沟通、互相谅解，从而解决纠纷的一种方式。调解是指合同当事人对合同所约定的权利、义务发生争议，不能达成和解协议时，在经济合同管理机关或有关机关、团体等的主持下，通过对当事人进行说服教育，促使双方互相作出适当的让步，平息争端，自愿达成协议，以求解决合同纠纷的方法。监理人解决纠纷是解决水利工程合同纠纷的途径之一，这在国际工程合同中被普遍采用。在现阶段，监理人解决纠纷可以作为水利工程合同纠纷解决的途径，但不是有效的途径。仲裁、诉讼也存在其自身的缺点（如耗时、耗费用等），争议评审组解决纠纷能够比较好地克服其他解决途径存在的不足。发包人和承包人或其中任一方按合同约定发出仲裁意向通知书后，纠纷双方还应共同作出努力直接进行友好磋商解决纠纷，亦可提请政府主管部门或行业合同纠纷调解机构调解以寻求友好解决。若在仲裁意向通知书发出后 42 天内仍未能解决争议，则任何一方均有权提请仲裁。

仲裁亦称“公断”，是当事人双方在纠纷发生前或纠纷发生后达成书面仲裁协议，自愿将争议提交依法设立的仲裁机构，申请作出裁决，并负有自动履行义务的一种解决纠纷的方式。诉讼是指合同当事人依法请求人民法院行使审判权，审理双方之间发生的合同纠纷，做出由国家强制保证实现其合法权益的判决，从而解决纠纷的审判活动。合同双方当事人如果未约定仲裁协议或者仲裁协议无效的，则只能以诉讼作为解决纠纷的最终方式。诉讼时效是指权利人在法定期间内，未向人民法院提起诉讼请求保护其权利时，法律规定消灭其胜诉权的制度。诉讼时效包括普通诉讼时效、短期诉讼时效、特殊诉讼时效、权利的最长保护期限等四种。水利工程合同诉讼：发包人和承包人因合同发生纠纷，未达成书面仲裁协议的，任一方均有权向人民法院起诉。

复习思考题

5-1　什么是合同纠纷？合同纠纷如何解决？

5-2　水利工程合同纠纷如何解决？

5-3　什么是争议评审组解决？争议评审组解决纠纷的程序是什么？

5-4　什么是友好解决？

5-5　什么是和解？和解解决合同纠纷的优点是什么？

5-6　什么是调解？调解解决合同纠纷的优点是什么？

5-7　什么是仲裁？仲裁的基本原则是什么？

5-8　什么是诉讼？什么是诉讼时效？

第六章　水利工程担保与保险

知识点

水利工程的担保方式，水利工程风险种类，风险防范，发包人和承包人的风险分配，水利工程保险的种类。

教学目标

通过本章的学习，学生应能计算各种担保的保证金额，能依据合同约定划分实际工程风险责任。

第一节　水利工程担保

一、担保的概念

根据自1995年施行的《中华人民共和国担保法》的规定，担保是指当事人根据法律或双方约定，以债务人或第三人的信用或特定财产来督促债务人履行债务，实现债权人权利的法律制度。其通常形式是当事人双方订立担保合同。担保合同是被担保合同的从合同，被担保合同是主合同，主合同无效，其从合同也无效，如另有约定的按照约定。担保也可以采用在被担保合同上单独列出担保条件的方式形成。担保活动要以平等、自愿、公平、诚实信用为原则。合同的担保，是指合同当事人一方，为了保障债权的实现，经双方协商一致或依法律规定而采取的一种保证措施。因此，担保是合同当事人双方事先就权利人享有的权利和义务人承担的义务做出的具有法律约束力的保证措施。在担保关系中，被担保合同通常是主合同，担保合同是从合同。

法律规定的担保方式包括保证、抵押、质押、留置和定金。水利工程常用保证和定金方式。

保证是保证人和债权人约定，当债务人不履行债务时，保证人按照约定履行债务或承担债务的行为。保证法律关系至少有三方参加，即保证人、被保证人和债权人。它有第三方作为保证人（现金保证除外），且对于保证人的信誉要求比较高。水利工程中保证人往往是银行，也可以是信用比较高的其他担保人（如担保公司）。保证必须是书面形式。通常把银行出具的保证称为保函，而把其他保证人出具的书面形式的保证称为保证书。

我国在推行工程担保制度过程中所实行的投标人投标担保、承包人履约担保、承包人预付款担保、发包人支付担保，都是保证担保。

二、水利工程合同常用的担保方式

水利工程合同常用的担保方式包括定金担保、保证担保（包括投标担保、履约担保、预付款担保、发包人支付担保等)。

(一)定金担保

水利工程设计合同常采用定金担保。定金是合同当事人一方为了证明合同的成立和保证合同的执行,向对方预先给付的一定数额的货币。当事人可以约定一方向对方给付定金作为债权的担保。债务人履行债务后,定金应当抵作价款或者收回。给付定金的一方不履行约定的债务的,无权要求返还定金;收受定金的一方不履行约定的债务的,应当双倍返还定金。即发包人预先支付设计合同总额的20%作为定金给设计单位作为担保,设计成果提交后定金抵作设计费,发包人支付余额。

定金的作用有三个:

(1)证明作用。给付和接受定金,可视为该合同成立的依据。

(2)资助作用。由于定金是在合同签订后未履行前先行给付的,因此接受定金的一方就可以及时将这笔款项用于生产经营,从而有利于合同的履行。

(3)保证作用。定金具有督促双方当事人履行合同的作用。给付定金的一方不履行合同时,就丧失了该定金;接受定金一方不履行合同时,应向对方双倍返还定金。正是定金的这种惩罚性加强了合同的约束力,因而能促进合同的全面履行。

定金应当以书面形式约定。当事人在定金合同中应当约定交付定金的期限。定金合同从实际交付定金之日起生效。定金的数额由当事人约定,但不得超过主合同标的额的20%。

(二)保证担保

水利工程保证担保包括投标担保、履约担保、预付款担保、发包人支付担保等。

1. 投标担保

投标担保是指投标人保证其投标被接受后对其投标书中规定的责任不得撤销或者反悔的担保;否则,招标人将对投标保证金予以没收。《工程建设项目施工招标投标办法》(国家计委、建设部等七部委局令第30号,2003年5月1日起施行)第37条规定:招标人可以在招标文件中要求投标人提交投标保证金。投标保证金除现金外,可以是银行出具的银行保函、保兑支票、银行汇票或现金支票。投标保证金一般不得超过投标总价的2%,但最高不得超过80万元人民币。投标保证金有效期应当超出投标有效期30天。投标人应当按照招标文件要求的方式和金额,将投标保证金随投标文件提交给招标人。投标人不按招标文件要求提交投标保证金的,该投标文件将被拒绝,作废标处理。

投标担保(金)的形式有多种。除国家计委、建设部等七部委局令第30号明确规定的以外,还可以是由保险公司或者担保公司出具的投标保证书等。投标担保采用的形式和金额,由招标文件规定。

投标担保是要确保合格的投标人在中标后将签约,并向发包人提供所要求的履约担保。依据法律的规定,在下列情况下招标人有权没收投标人的投标担保:①投标人开标后在投标有效期内撤回投标文件。②中标人在规定期限内未提交履约担保或拒绝签署合同。在国际上,投标担保主要用于筛选投标人,有些项目要求提交高额的投标担保,就是使实力小的公司知难而退,从而减少招标工作量,让更有实力的公司加入竞争。

2. 履约担保

履约担保是承包人按照发包人在招标文件中规定的要求，向发包人提交的保证履行合同义务的担保。履约担保一般有三种形式：银行履约保函、履约担保书和保修责任担保。工程招标时，在招标文件中，发包人要明确规定使用哪一种形式的履约担保。《中华人民共和国招标投标法》第46条规定：招标人和中标人应当自中标通知书发出之日起30日内，按照招标文件和中标人的投标文件订立书面合同。招标文件要求中标人提交履约保证金的，中标人应当提交。承包人应当按照合同规定，正确全面地履行合同。如果承包人违约，未能履行合同规定的义务，导致发包人受到损失，发包人有权根据履约担保索取赔偿。

(1)银行履约保函。银行履约保函是由商业银行开具的担保证明，通常为合同金额的10%左右。银行履约保函分为有条件的银行履约保函和无条件的银行履约保函。①有条件的保函。在承包人没有实施合同或者未履行合同义务时，由发包人或监理工程师出具证明说明情况，并由担保人对已执行合同部分和未执行合同部分加以鉴定，确认后才能收兑银行履约保函，由招标人得到保函中的款项。建筑行业通常倾向于采用这种形式的保函。②无条件的保函。在承包人没有实施合同或者未履行合同义务时，发包人不需要出具任何证明和理由。只要看到承包人违约，就可对银行履约保函进行收兑。实行这种保函的担保索赔，称为"见索即付"。履约保函用于承包人违约使发包人蒙受损失时由保证人向发包人支付赔偿金，其担保范围(担保金额)一般可取合同价格的5%～10%。

(2)履约担保书。这种担保书由担保公司或者保险公司开出。在工程采购项目上，担保金额一般为合同价的30%～50%。当承包人在履行合同中违约时，担保人用该项担保金去完成施工任务或者向发包人支付由于承包人违约使发包人蒙受的损失金额。承包人违约时，由工程担保人代为完成工程建设的担保方式，有利于工程建设的顺利进行，是我国工程担保制度探索和实践的重点。

《水利水电工程施工合同条件》规定：承包人应按合同规定的格式和专用合同条款规定的金额，在正式签订协议书前向发包人提交经发包人同意的银行或其他金融机构出具的履约保函或经发包人同意的具有担保资格的企业出具的履约担保书。

对于履约担保的有效期，《水利水电工程施工合同条件》规定：承包人应保证履约保函或履约担保书在发包人颁发合同工程完工证书前一直有效。发包人应在合同工程完工证书颁发后28天内把上述证件退还给承包人。

(3)保修责任担保。保修责任担保是保证承包人按合同规定在保修责任期内完成对工程缺陷的修复而提供的担保。如承包人未能或无力修复应由其负责的工程缺陷，则发包人另行雇用其他人修复，并根据保修责任担保索取为修复缺陷所支付的费用。保修责任担保一般采用保留金方式，即从承包人完成并应支付给承包人的款额中扣留一定数量(一般每次扣应支付工程款的5%～10%，累计不超过合同价的2.5%～5%)。《水利水电工程施工合同条件》规定：监理人应从第一个月开始，在给承包人的月进度付款中扣留专用合同条款规定百分比的金额作为保留金(其计算额度不包括预付款和价格调整金额)，直至扣留的保留金总额达到专用合同条款规定的数额为止。

保修责任担保的有效期与保修责任期相同。保修责任期满，由发包人或授权监理人颁发保修责任终止证书后，发包人应将保修责任担保退还承包人。因此，《水利水电工程施工合同条件》中明确了退还保留金的具体时间，即：在签发本合同工程移交证书后 14 天内，由监理人出具保留金付款证书，发包人将保留金总额的一半支付给承包人。监理人在本合同全部工程的保修期满时，出具支付剩余保留金的付款证书。发包人应在收到上述付款证书后 14 天内将剩余的保留金支付给承包人。若保修期满时尚需承包人完成剩余工作，则监理人有权在付款证书中扣留与剩余工作所需金额相应的保留金余额。

【例 6-1】 发包人可以索取或没收保证担保金作为赔偿的情况有(A、C、D、E)。

A. 投标人在收到招标人的中标通知书后，在规定的时间内未能或拒绝按招标文件规定，签订合同协议或递交履约保函

B. 中标的投标人在签订合同时，向发包人提交履约担保

C. 承包人破产倒闭

D. 开标后投标人在投标有效期内撤销投标书

E. 施工过程中承包人违约或任意中断工程，或不按规定施工

3. 预付款担保

预付款担保是承包人提交的、为保证返还预付款的担保。在签订工程承包合同后，为了帮助承包人调度人员以及购置所承包工程施工需要的设备、材料等，帮助承包人解决资金周转的困难，以便承包人尽快开展工程施工，因此发包人一般向承包人支付预付款。按合同规定，预付款需在以后的进度款中扣还。预付款担保用于保证承包人按合同规定偿还发包人已支付的全部预付款。如发包人不能从应支付给承包人的工程款中扣还全部预付款，则可以根据预付款担保索取未能扣还的部分预付款。

预付款按《水利水电工程施工合同条件》分为工程预付款和材料预付款。工程预付款一般分两次支付给承包人，主要考虑承包人提交预付款保函的困难。一般情况下，要求承包人提交第一次工程预付款担保，第二次工程预付款不需要担保，而是用承包人进入工地的设备作为抵押，代替担保。如在《水利水电工程施工合同条件》中规定：第一次预付款应在协议书签订后 21 天内，由承包人向发包人提交了经发包人认可的工程预付款保函，并经监理人出具付款证书报送发包人批准后予以支付。工程预付款保函在预付款被发包人扣回前一直有效，保函金额为本次预付款金额，但可根据以后预付款扣回的金额相应递减。第二次预付款需待承包人主要设备进入工地后，其估算价值已达到本次预付款金额时，由承包人提出书面申请，经监理人核实后出具付款证书报送发包人，发包人在收到监理人出具的付款证书后的 14 天内支付给承包人。当发包人扣还全部预付款后，应将预付款担保退还给承包人。预付款担保通常也采用银行保函的形式。材料预付款一般在满足合同规定的条件时才予以支付，一般不需要承包人提交担保。

4. 发包人支付担保

发包人支付担保是应承包人要求，发包人提交的保证履行合同约定的工程款支付义务的担保。它通过对发包人资信状况进行严格审查并落实各项反担保措施，确保工程费用及时支付到位。一旦发包人违约，保证担保人将代为履约。

《工程建设项目施工招标投标办法》(国家计委、建设部等七部委局令第 30 号，2003 年 5 月 1 日起施行)第 62 条规定：招标人要求中标人提供履约保证金或其他形式履约担

保的，招标人应当同时向中标人提供工程款支付担保。招标人不得擅自提高履约保证金，不得强制要求中标人垫付中标项目建设资金。

发包人最重要的合同义务就是按照合同约定的条件、时间、金额向承包人支付工程款。如果发包人不能严格履行支付工程款的义务，不仅会损害承包人的利益，还会对工程项目产生严重的影响。

发包人支付担保是以发包人为被保证人，以承包人为受益人（权益人），保证发包人严格按照合同约定的条件、时间、金额向承包人支付工程款的保证担保。如果发包人违约，承包人可以依据发包人支付保函规定的条件在保函金额内要求保证人承担保证责任。

发包人支付担保可以采取一般保证责任的方式，也可以采取连带保证责任的方式。

第二节　水利工程风险与保险

一、水利工程风险

（一）风险的概念

在水利工程实施过程中，由于自然、社会条件复杂多变，影响因素众多，特别是水利水电工程施工期较长，受水文、地质等自然条件影响大，因此合同当事人将面临许多在招标投标阶段难以预料、预见或不可能完全确定的损害因素。这些损害可能是人为造成的，也可能是自然和社会因素引起的，人为的因素可能属于发包人的责任，也可能属于承包人的责任，这种不确定性就是风险。

（二）风险的种类

风险范围很广，从不同的角度可作不同的分类。

1. 按风险来源划分

按风险来源划分，风险可分为：

（1）自然风险。由于自然力的作用，造成财产毁损，或人员伤亡的风险属于自然风险。如水利工程施工过程中，发生超标准洪水或地震，造成的工程破坏、材料及器材损失。

（2）人为风险。由于人的活动而带来的风险是人为风险。人为风险又可以分为行为风险、经济风险、技术风险、政治风险和组织风险等。

2. 按风险的对象划分

按风险的对象划分，风险可分为：

（1）财产风险。这是指财产所遭受的损害、破坏或贬值的风险。如设备、正在建设中的工程等，因自然灾害而遭到的损失。

（2）人身风险。这里指由于疾病、伤残、死亡所引起的风险。

（3）责任风险。这是指由于法人或自然人的行为违背了法律、合同或道义上的规定，给他人造成财产损失或人身伤害。

3. 按风险对工程项目目标的影响划分

按风险对工程项目目标的影响划分，风险可分为：

（1）工期风险。即造成工程的局部（工程的分部、分项工程）或整个工程的工期延长，不能按计划正常移交后续工程施工或按时交付使用。

(2)费用风险。包括财务风险、成本超支、投资追加、报价风险、投资回收期延长或无法回收。

(3)质量风险。包括材料、工艺、工程不能通过验收,工程试生产不合格,工程质量经过评价未达到要求。

二、工程项目风险管理

(一)工程项目风险管理的概念

工程项目风险是指工程项目在可行性研究、初步设计、施工等各个阶段可能遭到的风险。这些风险所涉及的当事人主要是工程项目的发包人、承包人和工程咨询人、设计人、监理人。

工程项目风险管理是指项目主体通过风险识别、风险估计和风险评价等来分析工程项目的风险,并以此为基础,使用多种方法和手段对项目活动涉及的风险实行有效的控制,尽量扩大风险事件的有利结果,妥善地处理风险事件造成的不利后果的全过程的总称。

(二)工程项目风险管理的重点

工程项目风险管理贯穿在工程项目的整个寿命周期,是一个连续不断的过程,而且有其重点。

(1)从时间上看,下列时间的工程项目风险要特别引起关注:①工程项目进展过程中出现未曾预料的新情况时;②工程项目有一些特别的目标必须实现时,如道路工程一定要在9月底通车;③工程项目进展出现转折点,或提出变更时。

(2)项目无论大与小、简单与复杂都可对其进行风险分析和风险管理,但是下面一些类型的项目或活动特别应该进行风险分析和风险管理:①创新或使用新技术的工程项目;②投资数额大的工程项目;③实行边设计、边施工、边科研的工程项目;④打断目前生产经营,对目前收入影响特别大的工程项目;⑤涉及敏感问题(环境、搬迁)的工程项目;⑥受到法律、法规、安全等方面严格要求的工程项目;⑦具有重要政治、经济和社会意义,财务影响很大的工程项目;⑧签署不平常协议(法律、保险或合同)的工程项目。

(3)对于工程建设项目,在下述阶段进行风险分析和风险管理可以获得特别好的效果:①可行性研究阶段。这一阶段,项目变动的灵活性最大。这时若作出减少项目风险的变更,代价小,而且有助于选择项目的最优方案。②审批阶段。此时项目发包人可以通过风险分析了解项目可能会遇到的风险,并检查是否采取了所有可能的步骤来减少和管理这些风险。在定量风险分析之后,项目发包人还能够知道有多大的可能性实现项目的各种目标,如费用、时间和功能。③招标投标阶段。承包人可以通过风险分析明确承包中的所有风险,有助于确定应付风险的预备费数额,或者核查自己受到风险威胁的程度。④招标后。这时,项目发包人通过风险分析可以查明承包人是否已经认识到项目可能会遇到的风险,是否能够按照合同要求如期完成项目。⑤项目实施期间。定期作风险分析、切实地进行风险管理可增加项目按照预算和进度计划完成的可能性。

(三)工程项目风险管理的作用

工程项目风险管理的作用表现在以下几方面:

(1)通过风险分析,可加深对项目的认识和理解,澄清各方案的利弊,了解风险对项目的影响,以便减少或分散风险。

(2)通过检查和考虑所有到手的信息、数据和资料,可明确项目的各有关前提和假设。

(3)进行风险分析不但可提高项目各种计划的可信度,还有利于改善项目执行组织内部和外部之间的沟通。

(4)编制应急计划时更有针对性。

(5)能够将处理风险后果的各种方式更灵活地组合起来,在项目管理中减少被动,增加主动。

(6)有利于抓住机会,利用机会。

(7)为以后的规划和设计工作提供反馈信息,以便在规划和设计阶段采取措施防止和避免风险损失。

(8)风险虽难以完全避免,但通过有效的风险分析,能够明确项目到底承受多大损失或损害。

(9)为项目施工、运营选择合同形式和制订应急计划提供依据。

(10)深入的研究和情况了解,可以使决策更有把握,更符合项目的方针和目标,从总体上使项目减少风险,保证项目目标的实现。

(11)可推动项目实施的组织和管理班子积累有关风险的资料和数据,以便改进将来的项目管理方式和方法。

三、工程风险的防范措施

工程风险的防范措施包括所有为避免或减少风险发生的可能性以及潜在损失而采取的各种措施。风险防范的对策多种多样,归纳起来有两种方法。

(一)风险控制对策

1. 风险回避

风险回避主要是中断风险源,使其不致发生或遏制其发展。如投资人因选址不慎在河谷建造工厂,而保险公司又不愿为其承担保险责任,当投资人意识到在河谷建厂将不可避免要受到洪水威胁,且又别无防范措施时,只好放弃该建设项目。虽然他在建厂准备阶段耗费了不少投资,但与厂房建成后被洪水冲毁相比,及早改弦易辙,另谋理想的厂址是明智的选择。这种情况在国际上也是常见的。

回避风险虽然是一种风险防范措施,但只是一种消极的防范手段。因为回避风险固然能避免损失,但同时也失去了获利的机会。如果企业既想生存又想回避其预测的某种风险,最好采用除回避以外的其他办法。

2. 风险分离

风险分离是指将各种风险进行分离,避免发生连锁反应或互相牵连。这种处理可以将风险局限在一定的范围内,从而达到减少损失的目的。

风险分离常用于承包工程中的设备采购。为了尽量减少因汇率波动而导致的汇率风险，承包人可在若干不同的国家采购设备，付款采用多种货币。如在德国采购支付马克，在日本采购支付日元，在美国采购支付美元等。这样即使发生大幅度波动，也不会全都导致损失风险。以日元、马克支付的采购可能因其升值而导致损失，但以美元支付的采购则可以因其贬值而获得节省开支的机会。在施工过程中，承包人对材料进行分隔存放也是风险分离手段。因为分隔存放无疑分离了风险单位，各个风险单位不会具有同样的风险源，而且各自的风险源也不会互相影响。这样就可以避免材料集中而造成损失。

3. 风险分散

风险分散与风险分离不一样，后者是对风险单位进行分隔、限制以避免互相波及，造成连锁反应。风险分散则是通过增加风险单位以减轻总体风险的压力，达到共同分摊集体风险的目的。如对于工程承包人来讲，风险分散应成为其经营的主要策略之一，多揽项目可避免单一项目的较大风险。承包工程付款采用多种货币组合也是基于风险分散的原理。

4. 风险转移

在经营实践中有些风险无法通过上述手段进行有效控制，经营者只好采取转移手段以保护自己。风险转移并非损失转嫁，这种手段不能被认为是有损商业道德的，有许多风险对一些人的确可能造成损失，转移后并不一定给他人造成同样的损失。其原因是各人的优劣势不一样，因而对风险的承受能力也不一样。

风险转移的手段常用于工程承包中的分包和技术转让或财产出租。合同、技术或财产的所有人通过分包或转让技术、出租设备或房屋等手段，将应由其自身全部承担的风险部分或全部转移至他人，从而减轻自身的风险压力。

（二）财务控制对策

1. 风险的财务转移

所谓风险的财务转移是指风险转移人寻求外来资金补偿确实会发生或业已发生的风险。风险的财务转移包括保险的风险财务转移和非保险的风险财务转移。

保险的风险财务转移即通过保险进行转移，其实施手段是购买保险。通过保险，投保人将自己本应承担的归咎责任（因他人过失而承担的责任）和赔偿责任（因本人过失或不可抗力所造成损失的赔偿责任）转嫁给保险公司，从而使自己免受风险损失。非保险的风险财务转移即通过合同条款达到的转移，其实施手段是除保险以外的其他经济行为。如根据工程承包合同，发包人可将其对公众在建筑物附近受到伤害的部分或全部责任转移至建筑承包人，这种转移属于非保险的风险财务转移。而建筑承包人则可以通过投保第三者责任险，将这一风险转移至保险公司，这种风险转移属于保险的风险财务转移。

2. 风险自留

风险自留即是将风险留给自己承担，不予转移。这种手段有时是无意识的，即当初并不曾预测到，不曾有意识地采取种种有效措施，以致最后只好由自己承受。但有时也可以是主动的，即经营者有意识、有计划地将若干风险主动留给自己。这种情况下，风险承受人通常已作好了应对风险的准备。

风险自留在特殊环境下可能是唯一采取的对策。有时企业不能预防损失，回避又不可能，且没有转移的可能性，别无选择，只能自留风险。

四、风险的分配

风险的分配就是在合同条款中写明，风险由合同当事人哪一方来承担，承担哪些责任，这是合同条款的核心问题之一。风险分配合理，有助于调动合同当事人的积极性，认真做好风险防范和管理工作，有利于降低成本，节约投资，对合同当事人双方都有利。

在水利工程合同中，双方当事人应当各自承担自己责任范围内的风险。对于双方均无法控制的自然和社会因素引起的风险，则由发包人承担较为合理，因为承包人很难将这些风险估计到合同价格中。若由承包人承担这些风险，则势必增加其投标报价，当风险不发生时，反而增加工程造价；风险估计不足时，则又会造成承包人亏损，而致使工程不能顺利进行。因此，谁能更有效地防止和控制某种风险，或者是减少该风险引起的损失，则应由谁承担该风险，这就是风险管理理论中风险分配的原则。根据这一原则，在建设工程施工合同中，应将工程风险的责任作出合理的分配。

（一）发包人的风险

工程（包括材料和工程设备）发生以下各种风险造成的损失和损坏，均应由发包人承担风险责任：

（1）发包人负责的工程设计不当造成的损失和损坏。

（2）发包人责任造成的工程设备的损失和损坏。

（3）发包人和承包人均不能预见、不能避免并不能克服的自然灾害造成的损失和损坏，但承包人迟延履行合同后发生的除外。

（4）战争、动乱等社会因素造成的损失和损坏，但承包人迟延履行合同后发生的除外。

（5）其他发包人原因造成的损失和损坏。

从以上可以看出，发包人承担的风险有两种：一种是发包人的工作失误带来的风险，（1）、（2）、（5）所列的内容均是由发包人原因造成的，这类风险理应由发包人承担风险责任；另一种是合同当事人均不能预见、不能避免并不能克服的自然和社会因素带来的风险，即（3）、（4）所指的风险，亦由发包人承担起风险责任较为合理。

（二）承包人的风险

工程（包括材料和工程设备）发生以下各种风险造成的损失和损坏，均应由承包人承担风险责任：

（1）承包人对工程（包括材料和工程设备）照管不周造成的损失和损坏。

（2）承包人的施工组织措施失误造成的损失和损坏。

（3）其他承包人原因造成的损失和损坏。

承包人原因造成的工程（包括材料和工程设备）损失和损坏，还可能包括其所属人员违反操作规程、其采购的原材料缺陷等引起的事故，均应由承包人承担风险责任。

五、水利工程保险

(一)保险的概念

保险是指投保人根据保险合同约定,向保险人支付保险费,保险人对于合同约定的可能发生的事故所造成的财产损失承担赔偿保险金责任,或者当被保险人死亡、伤残、疾病或者达到合同约定的年龄、期限时承担给付保险金责任的商业保险行为。保险是一种受法律保护的制度。

(二)保险合同的概念及种类

保险合同是指投保人与保险人依法约定保险权利义务的协议。投保人是指与保险人订立保险合同,并按照保险合同负有支付保险费义务的当事人。保险人是指与投保人订立保险合同,并承担赔偿或者给付保险金责任的保险公司。

保险合同分为财产保险合同和人身保险合同。

财产保险合同是以财产及其有关利益为标的的保险合同。

人身保险合同是以人的寿命和身体为保险标的的保险合同。投保人应向保险人如实申报被保险人的年龄、身体状况。投保人于合同成立后,可以向保险人一次支付全部保险费,也可以按照保险合同的约定分期支付保险费。人身保险的受益人由被保险人或者投保人指定。保险人对人身保险的保险费,不得用诉讼方式要求投保人支付。

(三)水利工程保险种类

工程保险是指发包人或承包人向保险公司缴纳一定的保险费,由保险公司建立保险基金,一旦发生意外事故造成财产损失或人身伤亡,即由保险公司用保险基金予以补偿的一种制度。它实质上是一种风险转移,即发包人和承包人通过投保,将原应承担的风险责任转移给保险公司承担。发包人和承包人参加工程保险,只需付出少量的保险费,可换得遭受大量损失时得到补偿的保障,从而增强抵御风险的能力。所以,工程承包业务中,通常都包含工程保险,大多数标准合同条款,还规定了必须投保的险种。

由于水利水电工程施工工期长,以及受自然条件的影响较大,为了保证工程的顺利进行,要求投保工程一切险、人身意外伤害险、第三者责任险(包括发包人的财产)。

1. 工程和施工设备的保险

工程和施工设备的保险也称"工程一切险",是一种综合性的保险。其保险内容包括已完工的工程、在建的工程、临时工程、现场的材料设备以及承包人的施工设备等。工程和施工设备的保险应在合同中作出明确的规定,如《水利水电工程施工合同条件》中就明文规定:承包人应以承包人和发包人的共同名义向发包人同意的保险公司投保工程险(包括材料和工程设备),投保的工程项目及其保险金额在签订协议书时由双方协商确定。承包人还应以承包人的名义投保施工设备险,投保项目及其保险金额由承包人根据其配备的施工设备状况自行确定,但承包人应充分估计主要施工设备可能发生的重大事故以及自然灾害造成施工设备的损失和损坏对工程的影响。

除此之外,合同中还应明确工程和施工设备保险期限及其保险责任的范围。《水利水电工程施工合同条件》明确了其保险期限及保险责任的范围:

(1)从承包人进点至颁发工程移交证书期间,除保险公司规定的除外责任以外的工程(包括材料和工程设备)和施工设备的损失与损坏。

(2)在保修期内,由于保修期以前的原因造成上述工程和施工设备的损失与损坏。

(3)承包人在履行保修责任的施工中造成上述工程和施工设备的损失与损坏。

关于损失和损坏的费用补偿,《水利水电工程施工合同条件》规定:

(1)在工程开工至完工移交期间,任何未保险的或从保险部门得到的赔偿费尚不能弥补工程损失和修复损坏所需的费用时,应由发包人或承包人根据合同规定的风险责任承担所需的费用,包括由于修复风险损坏过程中造成的工程损失和损坏所需的全部费用。

(2)若发生的工程风险包含合同规定的发包人和承包人的共同风险,则应由监理人与发包人和承包人通过友好协商,按各自的风险责任分担工程的损失和修复损坏所需的全部费用。

(3)若发生承包人设备(包括其租用的施工设备)的损失或损坏,其所得到的保险金尚不能弥补其损失或损坏的费用时,除合同所列的发包人的风险外,应由承包人自行承担其所需的全部费用。

(4)在工程完工移交给发包人后,除在保修期内发现的由于保修期前承包人原因造成的损失或损坏外,应由发包人承担任何风险造成工程(包括工程设备)的损失和修复损坏所需的全部费用。

2. 人员工伤事故的保险

水利水电工程施工是工伤事故多发行业,为了保障劳动者的合法权益,在施工合同实施期间,承包人应为其雇用的人员投保人身意外伤害险,还可要求分包人投保其自己雇用人员的人身意外伤害险。履行这项保险后,发包人和承包人可以免于承担因施工中偶然事故对工作人员造成的伤害和损失的责任。

在施工合同中应当明确人员工伤事故的责任由谁承担,《水利水电工程施工合同条件》规定:

(1)承包人应为其执行本合同所雇用的全部人员(包括分包人的人员)承担工伤事故责任。承包人可要求其分包人自行承担自己雇用人员的工伤事故责任,但发包人只向承包人追索其工伤事故责任。

(2)发包人应为其现场机构雇用的全部人员(包括监理人员)承担工伤事故责任,但由于承包人过失造成在承包人责任区内工作的发包人的人员伤亡,则应由承包人承担其工伤事故责任。

在合同实施过程中,一旦出现人员工伤事故,必然就会出现人员工伤事故的赔偿问题。因此,在合同中就必须明确规定由谁承担赔偿责任。《水利水电工程施工合同条件》规定:发包人和承包人应根据有关法律、法规和规章以及前款规定,对工伤事故造成的伤亡按其各自的责任进行赔偿。其赔偿费用的范围应包括人员伤亡和财产损失的赔偿费、诉讼费和其他有关费用。

3. 第三者责任险(包括发包人的财产)

承包人应以承包人和发包人的共同名义投保在工地及其毗邻地带的第三者人员伤害和财产损失的第三者责任险,其保险金额由双方协商确定。此项投保不免除承包人和发包人各自应负的在其管辖区内及其毗邻地带发生的第三者人员伤害和财产损失的赔偿责任，其赔偿费用应包括赔偿费、诉讼费和其他有关费用。

小　结

通过本章内容的学习，我们初步掌握了为保护参建各方的利益，水利水电工程建设管理中采用的几种担保方式，常见的风险及防范措施，应投保的保险种类，为我们在水利水电工程建设中保护各方的利益创造条件。

复习思考题

6-1　水利工程担保的方式有几种？

6-2　水利工程发包人和承包人的风险应如何分配？

6-3　水利工程的主要风险有几种？

6-4　水利工程施工合同一般要求承包人办理几种保险？

第七章　国际工程施工承包合同的管理

知识点

国际工程施工承包合同订立、实施的管理，FIDIC《施工合同条件》的管理。

教学目标

通过本章的学习，学生应熟悉FIDIC《施工合同条件》规定的合同文件组成及优先次序、风险责任划分、合同管理的主要内容。

第一节　国际工程施工承包合同管理概述

一、国际工程施工承包合同订立的管理

招标投标是国际工程施工承包合同订立的最主要形式，并主要以最低报价确定中标人。站在发包人角度，招标程序分为三大阶段。

（一）对投标人资格的预审

（1）邀请承包人参加资格预审。

（2）向承包人颁发资格预审文件。

（3）分析资格预审文件，挑选并通知已入选的投标人。

（二）接受投标

（1）准备招标文件。

（2）颁发招标文件。

（3）陪同投标人考察施工现场。

（4）招标文件的修改。

（5）投标人质疑。

（6）投标书的提交和接收。

（三）开标、评标和定标

（1）开标。

（2）评标。

（3）授予合同。

二、国际工程施工承包合同实施的管理

国际工程施工承包合同订立后，即进入合同的履行阶段。对于国际工程施工承包人来说，实施阶段的工作内容包括以下管理工作：

（1）合同管理。其中心任务就是利用合同的正当手段防范风险，维护自身的正当利

益，并获取尽可能多的利润。

(2)计划管理。这是工程实施阶段的中心，也是项目经营目标的具体化。

(3)成本管理。这是国际工程承包人在获得合同后所面临的极为重要的工作。

(4)财务管理。包括资金的筹集、运用和回收，银行保函和信用证的开出，工程付款的办理，银行往来，成本会计等工作。

(5)物资采购管理。这是实施工程管理并取得利润的重要手段，包括各种建筑材料、施工机械设备、永久(生产)设备、模板、工器具的计划、采购、储运、保管、分发和回收等，还要组织材料的试验、送审、设备的验收等。

(6)质量管理。这项工作通常由承包人的项目经理或其指定的技术副经理或总工程师主管，其主要内容是技术管理和质量保证。

(7)分包商管理。获得整个工程合同的总承包人将该工程按专业性质或工程范围再分包给若干承包人分担实施任务，这是国际工程施工承包活动中普遍采用的方式。

(8)移交和竣工验收管理。工程接近完工时，组织工程移交和验收是十分重要和严肃认真的工作，这是关系合同履行的终止、合同价款的收取以及缺陷责任期的开始的重要环节。

国际水利工程施工合同通常采用国际咨询工程师联合会(FIDIC)制定的《施工合同条件》及《土木工程施工分包合同条件》。

第二节　FIDIC《施工合同条件》的管理

由于水利工程建设主要是土建工程施工，所以该类工程施工合同条件主要是关于土木工程的施工合同条件。另外，在这些工程管理中，大多数大中型水利工程一般采用单价合同，但也有一些中小型水利工程项目采用总价合同。FIDIC 合同条件体系中和水利工程密切相关的包括《施工合同条件》、《设计采购施工(EPC)/交钥匙工程合同条件》以及《土木工程施工分包合同条件》。由于《施工合同条件》适用于大量大中型水利工程建设，所以在此对《施工合同条件》作详细的介绍。

FIDIC 在前 4 版的基础上，1998 年推出了新修订的《施工合同条件》试用本，在全世界范围内收集意见和建议，并在一些国家进行试点应用，在经过一年多的试用后，于 1999 年才正式出版了新修订的《施工合同条件》第 5 版。它适用于承包人按照发包人提供的设计进行施工，且发包人委托监理人进行合同管理的工程施工项目。

一、FIDIC《施工合同条件》的特点

此合同条件继承了 FIDIC 以往合同条件的优点，在原《土木工程施工合同条件》的基础上进行重新编写，不是仅仅修改原合同条件，而是从结构到内容均作了较大的调整。新版本有以下几个方面的重大改动。

(一)合同的适用范围更宽

原来的《土木工程施工合同条件》仅适用于土木建筑工程，而新版的《施工合同条件》不仅适用于土木建筑工程，也可以用于安装工程施工。

(二)通用条件条款结构作了调整,内容也更完善

施工合同条件的通用条件有 20 条 247 款,分条论述的一般规定包括:发包人,监理人,承包人,指定分包商,职员和劳工,工程设备、材料和工艺,开工、延误和暂停,竣工检验,发包人的接收,缺陷责任,测量和估价,变更和调整,合同价格和支付,发包人提出终止,承包人提出暂停和终止,风险和责任,保险,不可抗力,索赔、争端和仲裁。它的条款增多了,而且尽量将相关内容列在了同一主题下,克服了合同履行中发生某一事件涉及多个编号不在一起的条款时,合同使用烦琐、合同管理困难的弱点。另外,还包括专用条款编写指南以及"投标书及附件"、"协议书"和"争端裁定协议书"三个标准格式,还有两个附件:"争端裁定协议书"的通用条件和各种保证的格式范例,内容更全面。

(三)对合同双方权利和义务的规定更严格、更明确

新的合同条件对合同双方的权利、义务规定更加明确,如新的合同条件对缺陷责任等作出了更加明确的认定。另外,新的合同条件对合同双方的权利、义务规定更加严格,在索赔条款 20.1 中明确规定,如果承包人认为他有权得到竣工时间的任何延长期和(或)任何追加付款,成本核算应在觉察或应已觉察该事件或情况后 28 天内向监理人发出通知,如果承包人未能在 28 天内发出索赔通知,则竣工时间不得延长,承包人无权获得追加付款,而发包人应免除有关该索赔的全部责任。而原来的《土木工程施工合同条件》规定,索赔事件发生时,即使承包人没有及时发出索赔通知,但仍有权得到索赔,只是得到的有关付款将不超过监理人或仲裁人通过同期记录核实估价的索赔总额。新的合同条件又规定,如承包人违约,承包人还有应付给发包人的款项没有结清,发包人可以出售承包人的设备等物品,以收回欠款;而在原来的《土木工程施工合同条件》中,没有此规定。显然,这些规定对于承包人来说就更加严格了,同样,新版合同条件对于发包人的要求也更加严格了。

(四)对监理人的职权规定更为明确

合同条款明确规定,监理人应履行施工合同中赋予他的职责,以及形式合同中明确规定的或必然隐含的权力。如果要求监理人在行使施工合同中某些规定权力之前需先获得发包人的批准,则应在发包人与承包人签订合同的专用条件的相应条款内注明。合同履行过程中,发包人和承包人的要求均应提交监理人,除非按照解决合同争议的条款将该事件提交争端裁决委员会或仲裁机构解决,对监理人作出的每项决定,各方均应遵守。发包人和承包人协商达成一致之前,不得对监理人的权力加以进一步的限制。当然,监理人在作决定时,应尽量和各方协商达成一致,若不能,则应按照合同规定和工程实际情况作出公正合理的决定。

(五)合同条件的内容更加完善

随着工程项目管理的规范化发展,新版《施工合同条件》增加了一些新内容,如争端裁决委员会、知识产权、发包人的资金安排、发包人的索赔、承包人的质量管理体系等,使条款的内容更完善,覆盖范围更全面,在新的工程项目管理环境中更适用。

(六)合同条款的可操作性更强

合同条款可操作性的增强,主要体现在两个方面:①合同条件更加完善,对工程实施中可能出现的各种问题,均给出了有关规定,使处理问题时有章可循;②合同条款的规定更加细致和具体。如在新版的合同条件中，对于预付款扣还的起始点以及每次扣还的比例均作了具体的规定；又如，对于发包人延误付款，新版合同条件规定，除非专用合同条件另有规定，承包人的融资费用应以高出支付货币所在国中央银行贴现率3个百分点的年利率进行计算，并应用同种货币支付，且承包人在得到该费用时，无须正式通知或证明，且不影响他的其他任何权利或补偿，这比原来的《土木工程施工合同条件》规定的更具体，对操作的指导性更强，也减少了合同条件执行中的误解和扯皮。

二、FIDIC《施工合同条件》规定的合同文件组成及优先次序

按照FIDIC《施工合同条件》通用条款规定，除非合同另有规定，构成合同的各种文件的优先次序按如下排列：

(1)合同协议书。发包人发出中标函的28天内，接到承包人提交的有效履约保证后，双方签署的法律性标准化格式文件。为了避免履行合同过程中产生争议，专用条件指南中最好注明接受的合同价格、基准日期和开工日期。

(2)中标函。发包人签署的对投标书的正式接受函，可能包含作为备忘录记载的合同签订前谈判时达成一致并共同签署的补遗文件。

(3)投标函。承包人填写并签字的法律性投标函和投标函附录，包括报价和对招标文件及合同条款的确认文件。

(4)合同专用条件。

(5)合同通用条件。

(6)规范。指承包人履行合同义务期间应遵循的准则，也是工程师进行合同管理的依据，即合同管理中通常所称的技术条款。除工程各主要部位施工应达到的技术标准和规范外，还可以包括以下方面的内容：①对承包人文件的要求；②应由发包人获得的许可；③对基础、结构、工程设备、通行手段的阶段性占有；④承包人的设计；⑤放线的基准点、基准线和参考标高；⑥合同涉及的第三方；⑦环境限制；⑧电、水、气和其他现场供应的设施；⑨发包人的设备和免费提供的材料；⑩指定分包商；⑪合同内规定承包人应为发包人提供的人员和设施；⑫承包人负责采购的材料和设备需提供的样本；⑬制造和施工过程中的检验；⑭竣工检验；⑮暂列金额等。

(7)图纸。

(8)资料表以及其他构成合同一部分的文件，如：①资料表——由承包人填写并随投标函一起提交的文件，包括工程量表、数据列表及费率/单价表等；②构成合同一部分的其他文件——在合同协议书或中标函中列明范围的文件(包括合同履行过程中构成的对双方有约束力的文件)。

三、FIDIC《施工合同条件》的风险责任划分

工程实施过程中是存在风险的，所以合同条件中关于风险责任的划分是非常重要的内容，直接涉及合同双方的权利义务关系。合同履行过程中可能发生的某些风险是有经验的承包人在准备投标时无法合理预见的，通用条款内以投标截止日期前第28天定义为“基准日”作为发包人与承包人划分合同风险的时间点。

(一)发包人的风险责任

1. 合同条件规定的发包人风险

属于发包人的风险包括:

(1)战争、敌对行动(不论宣战与否)、入侵、外敌行动。

(2)工程所在国国内发生的叛乱、恐怖活动、革命、暴动、军事政变、篡夺政权或内战(在我国实施的工程均不采用此条款)。

(3)承包人人员及承包人和分包商的其他雇员以外的人员在工程所在国内的暴乱、骚乱或混乱。

(4)工程所在国国内的战争军火、爆炸物资、电离辐射或放射性引起的污染,但可能由承包人使用此类物资引起的除外。

(5)由音速或超音速飞行的飞机或飞行装置所产生的压力波。

(6)除合同规定外发包人使用或占用的永久工程的任何部分。

(7)由发包人人员或发包人对其负责的其他人员所做的工程任何部分的设计。

(8)不可预见的或不能合理预期一个有经验的承包人已采取适宜预防措施的任何自然力作用。

前五种风险都是发包人或承包人无法预测、防范和控制而保险公司又不承保的事件,损害后果又很严重,发包人应对承包人受到的实际损失(不包括利润损失)给予补偿。

2. 不可预见的物质条件

(1)不可预见物质条件的范围。承包人施工过程中遇到不利于施工的外界自然条件、人为干扰、招标文件和图纸均未说明的外界障碍物、污染物的影响、招标文件未提供或与提供资料不一致的地表以下的地质和水文条件,但不包括气候条件。

(2)承包人及时发出通知。遇到上述情况后,承包人递交给监理人的通知中应具体描述该外界条件,并说明为什么承包人认为是不可预见的。发生这类情况后承包人应继续实施工程,采用在此外界条件下合适的、合理的措施,并且应该遵守监理人给予的任何指示。

(3)监理人与承包人进行协商并作出决定。判定原则是:①承包人在多大程度上对该外界条件不可预见。事件的原因可能属于发包人风险或为有经验的承包人应该合理预见的,也可能双方都应负有一定责任,监理人应合理划分责任或责任限度。②不属于承包人责任的事件影响程度,评定损害或损失的额度。③与发包人和承包人协商或决定补偿之前,还应审查是否在工程类似部分(如有时)上出现过其他外界条件比承包人在提交投标书时合理预见的物质条件更为有利的情况。如果在一定程度上承包人遇到过此类更为有利的条件,监理人还应确定补偿时对因此有利条件而应支付费用的扣除与承包人作出商定或决定,并且加入到合同价格和支付证书中(作为扣除)。④由于工程类似部分遇到的所有外界有利条件而作出对已支付工程款的调整结果不应导致合同价格的减少,即如果承包人不依据“不可预见的物质条件”提出索赔,不考虑类似情况下有利条件承包人所得到的好处,另外对有利部分的扣减不应超过对不利补偿的金额。

3. 其他不能合理预见的风险

(1)外币支付部分汇率变化的影响。当合同内约定给承包人的全部或部分付款为某种外币，或约定整个合同期内始终以基准日承包人报价所依据的投标汇率为不变汇率按约定百分比支付某种外币时，汇率的实际变化对支付外币的计算不产生影响。若合同内规定按支付日当天中央银行公布的汇率为标准，则支付时需随汇率的市场浮动进行换算。由于合同期内汇率的浮动变化是双方签约时无法预计的情况，不论采用何种方式，发包人均应承担汇率实际变化对工程总造价影响的风险，可能对其有利，也可能不利。

(2)法令、政策变化对工程成本的影响。如果基准日后由于法律、法令和政策变化引起承包人实际投入成本的增加，应由发包人给予补偿。若导致施工成本的减少，也由发包人获得其中的好处。

(二)承包人的风险责任

虽然合同条件没有像列举发包人风险一样列举承包人的风险责任，但其实，承包人要承担的风险责任包含在各个条款中。总之，除那些属于发包人的风险外，承包人要承担其他任何原因造成的工程、货物或承包人文件发生的任何损失或损害，即对工程的照管责任。但我们应注意，新版《施工合同条件》加大了承包人对工程人员的责任，规定：承包人应保障和保持使发包人、发包人人员以及他们各自的代理人员免受索赔、损害赔偿费、损失和开支带来的伤害，即任何人员的人身伤害、患病、疾病或死亡，不论是由于承包人的设计、施工和竣工以及修补任何缺陷引起的，还是在其过程中，或因其原因产生的，都应由承包人负责，除非是由于发包人、发包人人员或他们各自的任何代理人的任何疏忽、故意行为或违反合同造成的。

四、施工合同管理的主要内容

(一)施工进度管理

合同工期在合同条件中采用"竣工时间"的概念，指所签合同内注明的完成全部工程的时间，加上合同履行过程中因非承包人应负责原因导致变更和索赔事件发生后，经监理人批准顺延工期之和。如有分部移交工程，也需在专用条件的条款内明确约定。从监理人按合同约定发布的"开工令"中指明的应开工之日起，至工程接收证书注明的竣工日止的日历天数为承包人的施工期。用施工期与合同工期比较，判定承包人的施工是提前竣工，还是延误竣工。

1. 工程开工

监理人应至少提前7天通知承包人开工日期，承包人应在合同约定的日期或接到中标函后的42天内(合同未作约定)开工。

2. 施工计划

(1)承包人编制施工进度计划。承包人收到开工通知后的28天内，按监理人要求的格式和详细程度提交施工进度计划，说明为完成施工任务而打算采用的施工方法、施工组织方案、进度计划安排，以及按季度列出根据合同预计应支付给承包人费用的资金估算表。

合同履行过程中，一个准确的施工计划对合同涉及的有关各方都有重要的作用，不仅要求承包人按计划施工，而且监理人也应按计划做好保证施工顺利进行的协调管理工作，同时也是判定发包人是否延误移交施工现场、迟发图纸以及其他应提供的材料、设备，是否应为影响施工而承担责任的依据。

(2)进度计划的内容。一般应包括:①计划实施工程的工作顺序。包括设计进度(如果包括部分工程的施工图设计的话)、采购计划、生产设备的制造、运到现场、施工、安装和试验各个阶段的预期时间。②各指定分包商施工各阶段的安排。③合同中规定的各项检查和试验的顺序与时间安排。④保证计划实施的支持报告,内容包括:承包人在各主要阶段实施中拟采用的方法和一般描述,各主要阶段承包人拟投入的人员、设备的详细情况。

(3)进度计划的确认。承包人有权按照他认为最合理的方法进行施工组织,监理人不应干预。监理人对承包人提交的施工计划的审查主要涉及以下几个方面:①计划实施工程的总工期和重要阶段的里程碑工期是否与合同的约定一致。②承包人各阶段准备投入的机械和人力资源计划能否保证计划的实现。③承包人拟采用的施工方案与同时实施的其他合同是否有冲突或干扰等。

如果出现上述情况,监理人可以要求承包人修改计划方案。若承包人将计划提交后的21天内,监理人未提出需修改计划的通知,即认为该计划已被监理人认可。

3. 监理人对施工进度的监督

(1)月进度报告。为了便于监理人对合同的履行进行有效的监督和管理,协调各合同之间的配合,承包人每个月都应向监理人提交进度报告,说明前一阶段的进度情况和施工中存在的问题,以及下一阶段的实施计划和准备采取的相应措施。报告的内容包括:①设计的每个阶段,承包人的文件,采购、制造、货物运达现场、施工、安装和调试的每一阶段,以及指定分包商实施工程的阶段进展情况的图表与详细说明。②表明制造情况和现场进展等状况的照片。③每项主要生产设备和材料生产、制造商名称、制造地点、进度百分比及开始制造时间,承包人的检验、试验、发货和到达现场的实际或预期日期。④承包人的现场施工人员和各类施工设备数量的详细记录。⑤材料的质量保证文件、试验结果及合格证的副本。⑥有关索赔通知的清单。⑦安全统计,包括对环境和公共关系有危害的事件和活动的详细情况。⑧实际进度与计划进度的对比,包括可能影响按照合同完工的任何事件和情况的详情,以及为消除延误而正在(或准备)采取的措施等。

(2)施工进度计划的修订。当监理人发现实际进度与计划进度严重偏离时,不论实际进度是超前还是滞后于计划进度,为了使进度计划有实际指导意义,随时有权指示承包人编制改进的施工进度计划,并再次提交监理人认可后执行,新进度计划将代替原来的计划。也允许在合同内明确规定,每隔一段时间(一般为3个月)承包人都要对施工计划进行一次修改,并经过监理人认可。按照合同条件的规定,监理人在管理中应注意两点:①不论因何方应承担责任的原因导致实际进度与计划进度不符,承包人都无权对修改进度计划的工作要求额外支付;②监理人对修改后进度计划的批准,并不意味着承包人可以摆脱合同规定应承担的责任。例如,承包人因自身管理失误使得实际进度严重滞后于计划进度,按其实际施工能力修改后的进度计划,竣工日期将迟于合同规定的日期,监理人考虑此计划已包括了承包人所有可挖掘的潜力,只能按此执行,而批准后,承包人仍要承担合同规定的延期违约赔偿责任。

4. 竣工时间的延长

通用条件的条款中规定，可以给承包人合理延长合同工期的条件通常可能包括以下几种情况：

(1)变更或合同中某项工作量的显著变化。

(2)异常不利的气候条件。

(3)流行病或政府行为造成可用人员或货物的不可预见的短缺。

(4)由发包人、监理人或其他承包人所造成或引起的任何延误、妨碍或阻碍。如延误发放图纸，延误移交施工现场，承包人依据监理人提供的错误数据放线错误，发包人提前占用工程导致对后续施工的延误，非承包人原因使竣工检验不能按计划正常进行等。

(5)根据合同条件，其他有权多延期的原因。如施工中遇到文物和古迹而对施工进度产生干扰，后续法规调整引起的延误等。尤其是在合同条件中专门列出了当局造成的延误，需要满足的条件是：承包人已经努力遵守了依法成立的有关当局所制定的程序，但这些当局延误或打乱了承包人的工作，而且延误或中断是不可预见的。

5. 工程暂停及赶工

工程暂停的规定类似《土木工程施工合同条件》，如：监理人有权随时指示承包人暂停工程某一部分或全部的施工，然后分析原因，采取相应措施尽快复工，并划清责任，进行处理。当暂停超过 84 天以上时，承包人可以要求继续施工，若这一要求提出后 28 天内监理人没有给出许可，承包人可以通知监理人将暂停施工部分视为删除项目。只是新版《施工合同条件》增加了暂停时对生产设备和材料的付款规定，当生产设备的生产或生产设备和材料的交付被暂停达 28 天以上，并且承包人已按监理人的指示标明生产设备和材料为发包人财产时，承包人有权得到尚未运到现场的生产设备和材料的价值付款。

监理人认为整个工程或部分工程的施工进度滞后于合同竣工时间时，可以下达赶工指示，承包人应立即采取经监理人同意的必要措施加快施工进度，然后根据工程进度延迟的原因和合同规定决定责任归属。

(二)施工质量管理

1. 承包人的质量责任

合同履行过程中，如果承包人没有完全地或正确地履行合同义务，发包人可凭监理人出具的证明，从承包人应得工程款内扣减该部分给发包人带来损失的款额。

(1)不合格材料和工程的重复检验费用由承包人承担。监理人对承包人采购的材料和施工的工程通过检验后发现质量未达到合同规定的标准，承包人应自费改正并在相同条件下进行重复试验，重复检验所发生的额外费用由承包人承担。

(2)承包人没有改正忽视质量的错误行为。当承包人不能在监理人限定的时间内将不合格的材料或设备移出施工现场，以及在限定时间内没有或无力修复缺陷工程时，发包人可以雇用其他人来完成，该项费用应从承包人处扣回。

(3)折价接收部分有缺陷工程。某项处于非关键部位的工程施工质量未达到合同规定的标准，如果发包人和监理人经过适当考虑后，确信该部分的质量缺陷不会影响总体工程的运行安全，为了保证工程按期发挥效益，可以与承包人协商后折价接收。

2. 承包人的质量保证体系

通用条件规定，承包人应建立一套质量保证体系，以保证施工符合合同要求，该体系应符合合同的详细规定。在每一设计和施工阶段开始实施之前，承包人应将所有工作程序的细节和执行文件提交监理人，文件本身应有经承包人内部事先批准的明显证据。监理人有权审查质量保证体系的任何方面，但承包人遵守监理人认可的质量保证体系施工，并不能解除依据合同应承担的任何任务、义务和职责。

3. 现场资料

发包人有义务向承包人提供基准日前后其应得到的所有相关资料和数据。承包人的投标书表明他在投标阶段对招标文件中提供的图纸、资料和数据进行过认真审查和核对，并通过现场考察和质疑，已取得了对工程可能产生影响的有关风险、意外事故等其他情况的全部必要资料。承包人对施工中涉及的以下相关事宜的资料应有充分的了解：①现场的现状和性质，包括资料提供的地表以下条件；②水文和气候条件；③实施和完成工程及修复工程缺陷所需的工作和货物的范围与性质；④工程所在地的法律、法规和劳务习惯；⑤承包人要求的通行道路、食宿、设施、人员、电力、交通、供水及其他服务。

不论是招标阶段提供的资料还是后续提供的资料，发包人应对资料和数据的真实性与正确性负责，但承包人应负责解释所有此类资料。

4. 质量的检查和检验

为了保证工程的质量，监理人除按合同规定进行正常的检验外，还可以在认为必要时依据变更程序，指示承包人变更规定检验的位置或细节、进行附加检验或试验等。由于额外检查和试验是基准日前承包人无法合理预见的情况，涉及的费用和工期变化视检验结果是否合格划分责任归属。

5. 对承包人设备的控制

工程质量的好坏和施工进度的快慢，很大程度上取决于投入施工的机械设备、临时工程在数量和型号上的满足程度。而且承包人在投标书中报送的设备计划，也是发包人定标时考虑的主要因素之一。因此，通用条款规定了以下几方面：

(1)承包人自有的施工设备。承包人自有的施工机械、设备、临时工程和材料，一经运抵施工现场就被视为专门为该合同工程施工之用，除运送承包人人员和物资的运输车辆外，其他施工机具和设备虽然承包人拥有所有权与使用权，但未经过监理人的批准，不能将其中的任何一部分运出施工现场。作出上述规定的目的是保证工程的施工，但并非绝对不允许在施工期内承包人将自有设备运出工地。某些使用台班数较少的施工机械在现场闲置期间，如果承包人的其他合同工程需要使用，可以向监理人申请暂时运出。当监理人依据施工计划考虑该部分机械暂时不用而同意运出时，应同时指示何时必须运回以保证工程的施工之用，要求承包人遵照执行。对于后期施工不再使用的设备，竣工前经过监理人批准后，承包人可以提前撤出工地。

(2)承包人租赁的施工设备。承包人从其他人处租赁施工设备时，应在租赁协议中规定在协议有效期内发生承包人违约解除合同时，设备所有人应以相同的条件将该施工设备转租给发包人或发包人邀请承包该合同的其他承包人。

(3)要求承包人增加或更换施工设备。若监理人发现承包人使用的施工设备影响了工程进度或施工质量，有权要求承包人增加或更换施工设备，由此增加的费用和工期延误责任由承包人承担。

6. 环境保护及工地安全、工地保安

承包人的施工应遵守环境保护的有关法律和法规的规定，采取一切合理措施保护现场内外的环境，限制因施工作业引起的污染、噪声或其他对公众人身和财产造成的损害及妨碍。施工产生的散发物、地面排水和排污不能超过环境保护规定的数值。

承包人应遵守所有的安全规则，照料有权在现场的所有人的安全，清除现场障碍物，提供围栏、照明、保卫和看守，修建临时工程，为实施工程邻近的公众或财产提供保护，并负责阻止未经授权的人员进入现场。

（三）工程支付管理

1. 发包人的资金安排

为了保证发包人具有支付能力，保障承包人按时获得工程款的支付，合同条件规定，如果合同内没有约定支付表，当承包人提出要求时，发包人应提供资金安排计划。

（1）承包人根据施工计划向发包人提供不具约束力的各阶段资金需求计划：①接到工程开工通知的28天内，承包人应向监理人提交每一个总价承包项目的价格分解建议表；②第一份资金需求估价单应在开工日期后42天之内提交；③根据施工的实际进展，承包人应按季度提交修正的估价单，直到工程的接收证书已经颁发为止。

（2）发包人应按照承包人的实施计划作好资金安排。通用条件规定：①发包人接到承包人的请求后，应在28天内提供合理的证据，表明他已作好资金安排，并将一直坚持实施这种安排。此安排能够使发包人按照合同规定支付合同价格（按照当时的估算值）的款额。②如果发包人欲对其资金安排作出任何实质性变更，应向承包人发出通知并提供详细资料。

（3）发包人未能按照资金安排计划和支付的规定执行，承包人可提前21天以上通知发包人将要暂停工作或降低工作速度。

2. 预付款和用于永久工程设备、材料的预付款

预付款又称动员预付款，是发包人为了帮助承包人解决施工前期开展工作时的资金短缺而提前支付的一笔款项。合同工程是否有预付款，以及预付款的金额多少、支付（分期支付的次数与时间）和扣还方式等均要在专用条款内约定。通用条款针对预付款金额不少于合同价22%的情况规定了管理程序：

（1）动员预付款的支付。预付款的数额由承包人在投标书内确认。承包人需首先将银行出具的履约保函和预付款保函交给发包人并通知监理人，监理人在21天内签发“预付款支付证书”，发包人按合同约定的数额和外币比例支付预付款。预付款保函金额始终保持与预付款等额，即随着承包人对预付款的偿还逐渐递减保函金额。

（2）动员预付款的扣还。预付款在分期支付工程进度款的支付中按百分比扣减的方式偿还。自承包人获得工程进度款累计总额（不包括预付款的支付和保留金的扣减）达到合同总价（减去暂列金额）10%那个月起扣。本月证书中承包人应获得的合同款额（不包括预付款及保留金的扣减）中扣除25%作为预付款的偿还，直至还清全部预付款。

由于合同条件是针对包工包料承包的单价合同编制的，因此规定由承包人自筹资金采购工程材料和设备，只有当材料和设备用于永久工程后，才能将这部分费用计入工程进

度款内结算支付。通用条件的条款规定,为了帮助承包人解决订购大宗主要材料和设备所占用资金的周转,订购物资经监理人确认合格后,按发票价值的80%作为材料预付的款额,包括在当月应支付的工程进度款内。双方也可以在专用条款内修正这个百分比,目前施工合同的约定通常为60%~90%。

(1)承包人申请支付材料预付款。专用条款中规定的工程材料到达工地并满足以下条件后,承包人向监理人提交预付材料款的支付清单:①材料的质量和储存条件符合技术条款的要求;②材料已到达工地并经承包人和监理人共同验点入库;③承包人按要求提交了订货单、收据价格证明文件(包括运至现场的费用)。

(2)材料预付款的扣还。材料不宜大宗采购后在工地储存时间过久,避免材料变质或锈蚀,应尽快用于工程。通用条款规定,当已预付款项的材料或设备用于永久工程,构成永久工程合同价格的一部分后,在计量工程量的承包人应得款内扣除预付的款项,扣除金额与预付金额的计算方法相同。专用条款内也可以约定其他扣除方式,如《水利水电工程施工合同条件》规定从付款的下个月开始扣,每月平均扣,6个月全部扣回。

3. 工程进度款的支付程序

(1)工程量计量。工程量清单中所列的工程量仅是对工程的估算量,不能作为承包人完成合同规定施工义务的结算依据。采用单价合同的施工工作内容应以计量的数量作为支付进度款的依据,当总价合同或单价合同包含在混合式合同中时,按总价承包的部分可以按图纸工程量作为支付依据,仅对变更部分予以计量。

(2)承包人提供报表。每个月的月末,承包人应按监理人规定的格式提交一式六份的本月支付报表。内容包括提出本月已完成合格工程的应付款要求和对应扣款的确认。

(3)监理人签证。监理人接到报表后,对承包人完成的工程形象、项目、质量、数量以及各项价款的计算进行核查。若有疑问,可要求承包人共同复核工程量。在收到承包人的支付报表后28天内,按核查结果以及总价承包分解表中核实的实际完成情况签发支付证书。工程进度款支付证书属于临时支付证书,监理人有权对以前签发过的证书中发现的错、漏或重复部分提出更改或修正,承包人也有权提出更改或修正,经双方复核同意后,将增加或扣减的金额纳入本次签证中。监理人可以不签发证书或扣减承包人报表中部分金额的情况包括:①合同内约定有监理人签证的最小金额时,本月应签发的金额小于签证的最小金额,监理人不出具月进度款的支付证书。本月应付款接转下月,超过最小签证金额后一并支付。②承包人提供的货物或施工的工程不符合合同要求,可扣发修正或重置相应的费用,直至修正或重置工作完成后再支付。③承包人未能按合同规定进行工作或履行义务,并且监理人已经通知了承包人,则可以扣留该工作或义务的价值,直至工作或义务履行为止。

(4)发包人支付。若承包人的报表经过监理人认可,且监理人已签发工程进度款的支付证书,发包人应在接到证书后及时给承包人付款。发包人的付款时间不应超过监理人收到承包人的月进度付款申请单后的56天。如果逾期支付,发包人将承担延期付款的违约责任,延期付款的利息按银行贷款利率加3%计算。

4. 物价浮动对合同价格的调整

对于施工期较长的合同,为了合理分担市场价格浮动变化对施工成本影响的风险,合同内要约定调价的方法。通用条款规定为公式法调价。

当竣工时间延误时,调价决定应分情况处理:若属非承包人应负责任的延误,工程竣工前每一次支付时,调价公式继续有效;若属承包人应负责任的延误,在后续支付时,分别计算应竣工日和实际支付日的调价款,经过对比后按照对发包人有利的原则执行。

在基准日(投标截止日期前的第28天)以后,国家的法律、行政法规或国务院有关部门的规章,或者工程所在地的省、自治区、直辖市的地方法规或规章发生变更,导致施工所需的工程费用发生增减变化,监理人与当事人双方协商后可以调整合同金额。如果导致变化的费用包括在调价公式中,则不再予以考虑。较多的情况发生于工程建设承包人需缴纳的税费变化,这是当事人双方在签订合同时不可能合理预见的情况,因此可以调整相应的费用。

5. 竣工结算

颁发工程接收证书后的84天内,承包人应按监理人规定的格式报送竣工报表。报表内容包括:①到工程接收证书中指明的竣工日止,根据合同完成全部工作的最终价值;②承包人认为应该支付给他的其他款项,如要求的索赔款、应退还的部分保留金等;③承包人认为根据合同应支付给他的估算总额。所谓估算总额是这笔金额还未经过监理人审核同意。估算总额应在竣工结算报表中单独列出,以便监理人签发支付证书。

监理人接到竣工报表后,应对照竣工图进行工程量详细核算,对其他支付要求进行审查,然后依据检查结果签署竣工结算的支付证书。此项签证工作,监理人也应在收到竣工报表后28天内完成。发包人依据监理人的签证予以支付。

6. 最终结算

最终结算是指颁发履约证书后,对承包人完成全部工作价值的详细结算,以及根据合同条件对应付给承包人的其他费用进行核实,确定合同的最终价格。

颁发履约证书后的56天内,承包人应向监理人提交最终报表草案以及监理人要求提交的有关资料。最终报表草案要详细说明根据合同完成的全部工程价值和承包人依据合同认为还应支付给他的任何进一步款项,如剩余的保留金及缺陷通知期内发生的索赔费用等。

监理人审核后与承包人协商,对最终报表草案进行适当的补充或修改后形成最终报表。承包人将最终报表送交监理人的同时,还需向发包人提交一份结清单,进一步证实最终报表中的支付总额,作为同意与发包人终止合同关系的书面文件。监理人在接到最终报表和结清单附件后的28天内签发最终支付证书,发包人应在收到证书后的56天内支付。只有当发包人按照最终支付证书的金额予以支付并退还履约保函后,结清单才生效,承包人的索赔权也即行终止。

7. 保留金

保留金是按合同约定从承包人应得的工程进度款中相应扣减的一笔金额,保留在发包人手中,作为约束承包人严格履行合同义务的措施之一。当承包人有一般违约行为使发包人受到损失时,可从该项金额内直接扣除损害赔偿费。例如,承包人未能在监理人规定的时间内修复缺陷工程部位,发包人雇用其他人完成后,这笔费用可从保留金内扣除。

(1)保留金的约定。承包人在投标书附录中按招标文件提供的信息和要求确认了每次扣留保留金的百分比和保留金限额。每次月进度款支付时扣留的百分比一般为5% ~ 10%,累计扣留的最高限额为合同价的2.5% ~5%。

(2)每次中期支付时扣除的保留金。从首次支付工程进度款开始,用该月承包人完成合格工程应得款加上因后续法规政策变化的调整和市场价格浮动变化的调价款为基数,乘以合同约定保留金的百分比作为本次支付时应扣留的保留金。逐月累计,直至扣到合同约定的保留金最高限额为止。

(3)保留金的返还。扣留承包人的保留金分两次返还:①颁发了整个工程的接收证书时,将保留金的前一半支付给承包人;②保修期满颁发履约证书后将剩余保留金返还。

(4)保留金保函代换保留金。当保留金已累计扣留到保留金限额的60%时,为了使承包人有较充裕的流动资金用于工程施工,可以允许承包人提交保留金保函代换保留金。发包人返还保留金限额的50%,剩余部分待颁发履约证书后再返还。保函金额在颁发接收证书后不递减。

合同内以履约保函和保留金两种手段作为约束承包人忠实履行合同义务的措施,当承包人严重违约而使合同不能继续顺利履行时,发包人可以凭履约保函向银行获取损害赔偿;而因承包人的一般违约行为令发包人蒙受损失时,通常利用保留金补偿损失。履约保函和保留金的约束期均是承包人负有施工义务的责任期限(包括施工期和保修期)。

(四)变更管理

变更是指施工过程中出现了与签订合同时的预计条件不一致的情况,而需要改变原定施工承包范围内的某些工作内容。土建工程受自然条件等外界的影响较大,工程情况比较复杂,且在招标阶段依据初步设计图纸招标,因此在施工合同履行过程中不可避免地会发生变更。

1. 变更权

工程变更属于合同履行过程中的正常管理工作,通用合同条件规定,变更一般包括以下几个方面:

(1)对合同中任何工作工程量的改变。但此类改变不一定构成变更,为了便于合同管理,当事人双方应在专用条款内约定,工程量的变化幅度多大时可以视为变更(一般在15% ~25%范围内确定)。

(2)任何工作内容的质量或其他特性的改变。

(3)工程任何部分标高、位置和尺寸的改变。第(2)项和第(3)项属于设计变更。

(4)删减任何合同约定的工作内容。省略的工作应是不再需要的工程,不允许用变更指令的方式将承包范围内的工作变更给其他承包人实施。

(5)实施永久工程所必需的任何附加工作、生产设备、材料或服务,包括任何竣工试验、钻孔和其他试验和勘探工作。

(6)实施工程的顺序或时间安排的改变。

2. 变更程序

监理人可以根据施工进展的实际情况,通过发布指示或要求承包人提交建议书的方式提出变更。承包人应遵守并执行变更。当然,若承包人向监理人发出通知,有详细根据说明其难以取得变更所需的货物,监理人在接到此类通知后,应取消、确认或改变原指示。

（1）指示变更。监理人在发包人授权范围内根据施工现场的实际情况，在确属需要时有权发布变更指示。指示的内容应包括详细的变更内容、变更工程量、变更项目的施工技术要求和有关部门文件图纸，以及变更处理的原则。

（2）要求承包人递交建议书后再确定的变更。其程序为：①监理人将计划变更事项通知承包人，并要求他递交实施变更的建议书。②承包人应尽快予以答复。一种情况可能是通知监理人由于受到某些非自身原因的限制而无法执行此项变更，如无法得到变更所需的物资等，监理人应根据实际情况和工程的需要再次发出取消、确认或修改变更指示的通知。另一种情况是承包人依据监理人的指示递交实施此项变更的说明，内容包括将要实施工作的说明书以及该工作实施的进度计划；承包人依据合同规定对进度计划和竣工时间作出任何必要修改的建议，提出工期顺延要求；承包人对变更估价的建议，提出变更费用要求。③监理人作出是否变更的决定，尽快通知承包人批准与否或提出意见。④承包人在等待答复期间，不应延误任何工作。⑤监理人发出每一项实施变更的指示，应要求承包人记录支出的费用。⑥承包人提出的变更建议书，只是作为监理人决定是否实施变更的参考。除监理人作出指示或批准以总价方式支付的情况外，每一项变更应依据计量工程量进行估价和支付。

3. 变更估价

（1）变更估价的原则。确定计算变更工程应采用的费率或价格的原则为：①变更工作在工程量表中有同种工作内容的单价，应以该费率计算变更工程费用；②工程量表中虽然列有同类工作的单价或价格，但对具体变更工作而言已不适用，则应在原单价和价格的基础上制定合理的新单价或价格；③变更工作的内容在工程量表中没有同类工作的费率和价格，应按照与合同单价水平相一致的原则，确定新的费率或价格。

（2）可以调整合同工作单价的原则。具备以下条件时，允许将某一项工作规定的费率或价格加以调整：①此项工作实际测量的工程量与工程量表或其他报表中所列数量相比，变动大于10%；②工程量的变更与对该项工作规定的具体费率的乘积超过了中标合同款额的0.01%；③由此工程量的变更直接造成该项工作单位成本的变动超过1%；④合同中没有规定该项工作为“固定费率项目”。

（3）删减原定工作后对承包人的补偿。监理人发布删减工作的变更指示后，承包人不再实施该部分工作，合同价格中包括的直接费部分没有受到损害，但摊销在该部分的间接费、税金和利润则实际不能合理回收。因此，承包人可以就其损失向监理人发出通知并提供具体的证明资料，监理人与合同双方协商后确定一笔补偿金额加入到合同价内。

（五）验收管理

1. 竣工试验和工程接收

（1）竣工试验。承包人完成工程并准备好竣工报告所需报送的资料后，应提前21天将某一确定的日期通知监理人，说明此日后已准备好进行竣工试验。监理人应指示在该日期后14天内的某日进行。此项规定同样适用于按合同规定分部移交的工程。

（2）颁发工程接收证书。工程通过竣工试验达到了合同规定的“基本竣工”要求后，承包人在他认为可以完成移交工作前14天以书面形式向监理人申请颁发接收证书。基本竣工是指工程已通过竣工试验，能够按照预定目的交给发包人占用或使用，而非完成了合同规定的包括扫尾、清理施工现场及不影响工程使用的某些次要部位缺陷修复工作后的最终竣工，剩余工作允许承包人在缺陷通知期内继续完成。这样规定有助于准确判定承包人是否按合同规定的工期完成了施工义务，也有利于发包人尽早使用或占有工程，及时发挥工程效益。监理人接到承包人申请后的28天内，如果认为已满足竣工条件，即可颁发工程接收证书；若不满意，则应书面通知承包人，指出还需完成哪些工作后才达到基本竣工条件。工程接收证书中包括确认工程达到竣工的具体日期。工程接收证书颁发后，表明承包人不仅对该部分工程的施工义务已经完成，而且对工程照管的责任也转移给发包人。如果合同约定不同分项工程有不同竣工日期，每完成一个分项工程均应按上述程序颁发部分工程的接收证书。

(3)特殊情况下的证书颁发程序。①发包人提前占用工程。监理人应及时颁发工程接收证书，并确认发包人占用日为竣工日。提前占用或使用表明该部分工程已达到竣工要求，对工程照管责任也相应转移给发包人，但承包人对该部分工程的施工质量缺陷仍负有责任。监理人颁发接收证书后，应尽快给承包人采取必要措施完成竣工试验的机会。②因非承包人原因导致不能进行规定的竣工试验。有时也会出现施工已达到竣工条件，但由于不应由承包人负责的主观或客观原因不能进行竣工试验。如果等条件具备进行竣工试验后再颁发接收证书，既会因推迟竣工时间而影响到对承包人是否按期竣工的合理判定，也会产生在这段时间内对该部分工程的使用和照管责任不明的问题。针对此种情况，监理人应以本该进行竣工试验的日期签发工程接收证书，将这部分工程移交给发包人照管和使用。工程虽已接收，仍应在缺陷通知期内进行补充试验。当竣工试验条件具备后，承包人应在接到监理人指示进行竣工试验通知的14天内完成试验工作。由非承包人原因导致的缺陷通知期内进行的补检，属于承包人在投标阶段不能合理预见到的情况，该项检查试验比正常试验多支出的费用应由发包人承担。

2. 未能通过竣工试验

(1)重新试验。如果工程或某区段未能通过竣工试验，承包人应对缺陷进行修复和改正，在相同条件下重复进行此类未通过的试验和对任何相关工作的竣工试验。

(2)重复试验仍未能通过。当整个工程或某区段未能通过按重新试验条款规定所进行的重复竣工试验时，应有权选择以下任何一种处理方法：①指示再进行一次重复的竣工试验。②如果该工程缺陷致使发包人基本上无法享用该工程或区段所带来的全部利益，拒收整个工程或区段(视情况而定)。在此情况下，发包人有权获得承包人的赔偿，包括：发包人为整个工程或该部分工程(视情况而定)所支付的全部费用以及融资费用；拆除工程、清理现场和将永久设备与材料退还给承包人所支付的费用。③颁发一份接收证书(如果发包人同意的话)，折价接收该部分工程。合同价格应按照可以适当弥补由于此类失误而给发包人造成减少的价值数额予以扣减。

(六)缺陷通知期的合同管理

1. 工程缺陷责任

(1)承包人在缺陷通知期内应承担的义务。监理人在缺陷通知期内可就以下事项向承包人发布指示：①将不符合合同规定的永久设备或材料从现场移走并替换。②将不符合合同规定的工程拆除并重建。③实施任何因保护工程安全而需进行的紧急工作，不论事件起因于事故、不可预见事件，还是其他事件。

(2)承包人的补救义务。承包人应在监理人指示的合理时间内完成上述工作。若承包人未能遵守指示，发包人有权雇用其他人实施并予以付款。如果属于承包人应承担的责任原因，发包人有权按照发包人索赔的程序向承包人追偿。

2. 履约证书

履约证书是承包人已按合同规定完成全部施工义务的证明，因此该证书颁发后监理人就无权再指示承包人进行任何施工工作，承包人即可办理最终结算手续。缺陷通知期内工程圆满地通过运行考验，监理人应在期满后的28天内，向发包人签发解除承包人承担工程缺陷责任的证书，并将副本送给承包人。但此时仅意味着承包人与合同有关的实际义务已经完成，而合同尚未终止，剩余的双方合同义务只限于财务和管理方面的内容。发包人应在证书颁发后的14天内，退还承包人的履约保证书。

缺陷通知期满时，如果监理人认为还存在影响工程运行或使用的较大缺陷，可以延长缺陷通知期，推迟颁发证书，但缺陷通知期的延长不应超过竣工日后2年。

(七)指定分包商

1. 指定分包商的概念

指定分包商是由发包人(或监理人)指定、选定，完成某项特定工作内容而与承包人签订分包合同的特殊分包商。合同条款规定，发包人有权将部分工程项目的施工任务或涉及提供材料、设备、服务等工作内容发包给指定分包商实施。

合同内规定有承担施工任务的指定分包商，大多因发包人在招标阶段划分合同包时，考虑到某部分施工的工作内容有较强的专业技术要求，一般承包单位不具备相应的能力，但如果以一个单独的合同对待，又限于现场的施工条件或合同管理的复杂性，监理人无法合理地进行协调管理，为避免各独立合同之间的干扰，则只能将这部分工作发包给指定分包商实施。由于指定分包商与承包人签订分包合同，因而在合同关系和管理关系方面与一般分包商处于同等地位，对其施工过程的监督、协调工作纳入承包人的管理之中。指定分包工作内容可能包括部分工程的施工，供应工程所需的货物、材料、设备，设计，提供技术服务等。

2. 指定分包商的选择

特殊专项工作的实施要求指定分包商拥有某方面的专业技术或专门的施工设备、独特的施工方法。发包人和监理人往往根据所积累的资料、信息，也可能依据以前与之交往的经验，对其信誉、技术能力、财务能力等比较了解，通过议标方式选择。若没有理想的合作者，也可以就这部分承包人不善于实施的工作内容，采用招标方式选择指定分包商。

某项工作将由指定分包商负责实施是招标文件规定，并已由承包人在投标时认可的，因此承包人不能反对该项工作由指定分包商完成，并负责协调管理工作。但发包人必须保护承包人合法利益不受侵害，这是选择指定分包商的基本原则，因此当承包人有合法理由时，有权拒绝某一单位作为指定分包商。为了保证工程施工的顺利进行，发包人选择指定分包商应首先征求承包人的意见，不能强行要求承包人接受他有理由反对的，或是拒绝与承包人签订保障承包人利益不受损害的分包合同的指定分包商。若承包人有合法理由拒绝与指定的分包商签订分包合同，监理人可以与发包人协商指定另外的分包商，或由承包人自己去选择分包商,但承包人选择的分包商必须报监理人批准。

(八)合同担保

1. 承包人提供的担保

合同条款中规定,承包人签订合同时应提供履约担保,接受预付款前应提供预付款担保。在示范文本中给出了担保书的格式,分为企业法人提供的保证书和金融机构提供的保函两类。保函均为不需承包人确认违约的无条件担保形式。

(1)履约担保的保证期限。履约保函应担保承包人圆满完成施工和保修的义务,并到监理人颁发工程接收证书为止。但工程接收证书的颁发是对承包人按合同约定圆满完成施工义务的证明,承包人还应承担的义务仅为保修义务。因此,在示范文本中推荐的履约保函格式中要注明,如果双方有约定的话,允许颁发整个工程的接收证书后,将履约保函的担保金额减少一定的百分比。

(2)发包人凭保函索赔。由于无条件保函对承包人的风险较大,因此通用条件中明确规定了四种情况下发包人可以凭履约保函索赔,其他情况则按合同约定的违约责任条款对待。这些情况包括:①专用条款内约定的缺陷通知期满后仍未能解除承包人的保修义务时,承包人应延长履约保函有效期而未延长。②按照发包人索赔或争议、仲裁等决定,承包人未向发包人支付相应款项。③缺陷通知期内,承包人接到发包人修补缺陷通知后42天内未派人修补。④由于承包人的严重违约行为,发包人终止合同。

2. 发包人提供的担保

大型工程建设资金的融资可能包括从某些国际援助机构、开发银行等筹集的款项,这些机构往往要求发包人应保证履行给承包人付款的义务,因此在专用条件范例中,增加了发包人应向承包人提交"支付保函"的可选择使用的条款,并附有保函格式。发包人提供的支付保函担保金额可以按总价或分项合同价的某一百分比计算,担保期限至缺陷通知期满后6个月,并且为无条件担保,使合同双方的担保义务对等。

通用条件的条款中未明确规定发包人必须向承包人提供支付保函,具体工程的合同内是否包括此条款,取决于发包人的主动选用或融资机构的强制性规定。

(九)争端的解决

任何合同争议均交由仲裁或诉讼解决,一方面往往会导致合同关系的破裂,另一方面解决起来费时、费钱且对双方的信誉有不利影响。为了解决监理人可能处理得不公正的情况,通用条件中增加了争端裁决委员会(DAB),处理合同争议的程序。

1. 争端裁决委员会

(1)组成。签订合同时,发包人与承包人通过协商组成争端裁决委员会。争端裁决委员会可选定为一名或三名成员,一般由三名成员组成,合同每一方应提名一位成员,由对方批准。双方应与这两名成员共同商定第三位成员,第三人作为主席。

(2)性质。属于非强制性但具有法律效力的行为,相当于我国法律中解决合同争议的调解,但其性质则属于个人委托。其成员应满足以下要求:①对承包合同的履行有经验;②在合同的解释方面有经验;③能流利地使用合同中规定的交流语言。

(3)工作。由于争端裁决委员会的主要任务是解决合同争议,因此不同于监理人需要常驻工地。它主要包括两部分工作:①平时工作。争端裁决委员会的成员对工程的实施定期进行现场考察,了解施工进度和实际潜在的问题。一般在关键施工作业期间到现场考察,但两次考察的间隔时间不少于140天,离开现场前,应向发包人和承包人提交考察报告。②解决合同争议的工作。接到任何一方申请后,在工地或其他选定的地点处理争议的有关问题。

(4)报酬。付给委员的酬金分为月聘请费和日酬金两部分,由发包人与承包人平均负担。争端裁决委员会成员到现场考察和处理合同争议的时间按日酬金计算,相当于咨询费。

(5)成员的义务。保证公正处理合同争议是其最基本义务,虽然当事人双方各提名1位成员,但他不能代表任何一方的单方利益,因此合同规定:①在发包人与承包人双方同意的任何时候,他们可以共同将事宜提交给争端裁决委员会,请他们提出意见。没有另一方的同意,任何一方不得就任何事宜向争端裁决委员会征求建议。②争端裁决委员会或其中的任何成员不应从发包人、承包人或监理人处单方获得任何经济利益或其他利益。③不得在发包人、承包人或监理人处担任咨询顾问或其他职务。④合同争议提交仲裁时,不能被任命为仲裁人,只能作为证人向仲裁提供争端证据。

2. 解决合同争议的程序

(1)提交监理人决定。FIDIC编制《施工合同条件》的基本出发点之一,是合同履行过程中建立以监理人为核心的项目管理模式,因此不论是承包人的索赔还是发包人的索赔,均应首先提交给监理人。任何一方要求监理人作出决定时,他应与双方协商尽力达成一致。如果未能达成一致,则应按照合同规定并适当考虑有关情况后作出公正的决定。

(2)提交争端裁决委员会决定。双方起因于合同的任何争端,包括对监理人签发的证书、作出的决定、指示、意见或估价不同意接受时,可将争议提交合同争端裁决委员会,并将副本送交对方和监理人。争端裁决委员会在收到提交的争议文件后84天内作出合理的裁决。作出裁决后的28天内,任何一方未提出不满意裁决的通知,此裁决即为最终的决定。

(3)双方协商。任何一方对争端裁决委员会的裁决不满意,或争端裁决委员会在84天内未能作出裁决,在此期限后的28天内应将争议提交仲裁。仲裁机构在收到申请后的56天才开始审理,这一时间要求双方尽力以友好的方式解决合同争议。

(4)仲裁。如果双方仍未能通过协商解决争议,则只能由合同约定的仲裁机构最终解决。

3. 争端裁决程序

(1)接到发包人或承包人任何一方的请求后,争端裁决委员会确定会议的时间和地点。争议的裁决可以在工地或其他地点进行。

(2)争端裁决委员会成员审阅各方提交的材料。

(3)召开听证会,充分听取各方的陈述,审阅证明材料。

(4)调解合同争议并作出决定。

小　结

本章主要介绍了国际工程施工承包合同管理的内容,FIDIC《施工合同条件》的主要内容,学生可将其与《水利水电工程施工合同条件》对照,看有何不同,为涉外项目的合同管理打下基础,要了解更多的 FIDIC 知识可参阅其他读物。

复习思考题

7-1　FIDIC《施工合同条件》的特点有哪些?

7-2　FIDIC《施工合同条件》规定的合同条件组成及优先次序是什么?

附录　水利水电工程施工合同条件

（摘自《水利水电工程标准施工招标文件》(2009 年版)和
《中华人民共和国标准施工招标文件》(2007 年版)，有改动）

第 1 节　通用合同条款

1　一般约定

1.1　词语定义

通用合同条款、专用合同条款中的下列词语应具有本款所赋予的含义。

1.1.1　合同

1.1.1.1　合同文件(或称合同)：指合同协议书、中标通知书、投标函及投标函附录、专用合同条款、通用合同条款、技术标准和要求、图纸、已标价工程量清单，以及其他合同文件。

1.1.1.2　合同协议书：指第 1.5 款所指的合同协议书。

1.1.1.3　中标通知书：指发包人通知承包人中标的函件。

1.1.1.4　投标函：指构成合同文件组成部分的由承包人填写并签署的投标函。

1.1.1.5　投标函附录：指附在投标函后构成合同文件的投标函附录。

1.1.1.6　技术标准和要求：指构成合同文件组成部分的名为技术标准和要求(合同技术条款)的文件，包括合同双方当事人约定对其所作的修改或补充。

1.1.1.7　图纸：指列入合同的招标图纸、投标图纸和发包人按合同约定向承包人提供的施工图纸和其他图纸(包括配套说明和有关资料)。列入合同的招标图纸已成为合同文件的一部分，具有合同效力，主要用于在履行合同中作为衡量变更的依据，但不能直接用于施工。经发包人确认进入合同的投标图纸亦成为合同文件的一部分，用于在履行合同中检验承包人是否按其投标时承诺的条件进行施工的依据，亦不能直接用于施工。

1.1.1.8　已标价工程量清单：指构成合同文件组成部分的由承包人按照规定的格式和要求填写并标明价格的工程量清单。

1.1.1.9　其他合同文件：指经合同双方当事人确认构成合同文件的其他文件。

1.1.2　合同当事人和人员

1.1.2.1　合同当事人：指发包人和(或)承包人。

1.1.2.2　发包人：指专用合同条款中指明并与承包人在合同协议书中签字的当事人。

1.1.2.3　承包人：指专用合同条款中指明并与发包人在合同协议书中签字的当

事人。

1.1.2.4 承包人项目经理:指承包人派驻施工场地的全权负责人。

1.1.2.5 分包人:指专用合同条款中指明的,从承包人处分包合同中某一部分工程,并与其签订分包合同的分包人。

1.1.2.6 监理人:指在专用合同条款中指明的,受发包人委托对合同履行实施管理的法人或其他组织。

1.1.2.7 总监理工程师(总监):指由监理人委派常驻施工场地对合同履行实施管理的全权负责人。

1.1.3 工程和设备

1.1.3.1 工程:指永久工程和(或)临时工程。

1.1.3.2 永久工程:指按合同约定建造并移交给发包人的工程,包括工程设备。

1.1.3.3 临时工程:指为完成合同约定的永久工程所修建的各类临时性工程,不包括施工设备。

1.1.3.4 单位工程:指专用合同条款中指明特定范围的永久工程。

1.1.3.5 工程设备:指构成或计划构成永久工程一部分的机电设备、金属结构设备、仪器装置及其他类似的设备和装置。

1.1.3.6 施工设备:指为完成合同约定的各项工作所需的设备、器具和其他物品,不包括临时工程和材料。

1.1.3.7 临时设施:指为完成合同约定的各项工作所服务的临时性生产和生活设施。

1.1.3.8 承包人设备:指承包人自带的施工设备。

1.1.3.9 施工场地(或称工地、现场):指用于合同工程施工的场所,以及在合同中指定作为施工场地组成部分的其他场所,包括永久占地和临时占地。

1.1.3.10 永久占地:指发包人为建设本合同工程永久征用的场地。

1.1.3.11 临时占地:指发包人为建设本合同工程临时征用,承包人在完工后须按合同要求退还的场地。

1.1.4 日期

1.1.4.1 开工通知:指监理人按第11.1款通知承包人开工的函件。

1.1.4.2 开工日期:指监理人按第11.1款发出的开工通知中写明的开工日期。

1.1.4.3 工期:指承包人在投标函中承诺的完成合同工程所需的期限,包括按第11.3款、第11.4款和第11.6款约定所作的变更。

1.1.4.4 竣工日期:指合同工程完工日期,指第1.1.4.3目约定工期届满时的日期。实际完工日期以合同工程完工证书中写明的日期为准。

1.1.4.5 缺陷责任期:指工程质量保修期,指履行第19.2款约定的缺陷责任的期限,包括根据第19.3款约定所作的延长,具体期限由专用合同条款约定。

1.1.4.6 基准日期:指投标截止时间前28天的日期。

1.1.4.7 天:除特别指明外,指日历天。合同中按天计算时间的,开始当天不计入,从次日开始计算。期限最后一天的截止时间为当天24:00。

1.1.5 合同价格和费用

1.1.5.1 签约合同价:指签订合同时合同协议书中写明的,包括了暂列金额、暂估价的合同总金额。

1.1.5.2 合同价格:指承包人按合同约定完成了包括缺陷责任期内的全部承包工作后,发包人应付给承包人的金额,包括在履行合同过程中按合同约定进行的变更和调整。

1.1.5.3 费用:指为履行合同所发生的或将要发生的所有合理开支,包括管理费和应分摊的其他费用,但不包括利润。

1.1.5.4 暂列金额:指已标价工程量清单中所列的暂列金额,用于在签订协议书时尚未确定或不可预见变更的施工及其所需材料、工程设备、服务等的金额,包括以计日工方式支付的金额。

1.1.5.5 暂估价:指发包人在工程量清单中给定的用于支付必然发生但暂时不能确定价格的材料、设备以及专业工程的金额。

1.1.5.6 计日工:指对零星工作采取的一种计价方式,按合同中的计日工子目及其单价计价付款。

1.1.5.7 质量保证金(或称保留金):指按第17.4.1项约定用于保证在缺陷责任期内履行缺陷修复义务的金额。

1.1.6 其他

书面形式:指合同文件、信函、电报、传真等可以有形地表现所载内容的形式。

1.2 语言文字

除专用术语外,合同使用的语言文字为中文。必要时专用术语应附有中文注释。

1.3 法律

适用于合同的法律包括中华人民共和国法律、行政法规、部门规章,以及工程所在地的地方法规、自治条例、单行条例和地方政府规章。

1.4 合同文件的优先顺序

组成合同的各项文件应互相解释,互为说明。除专用合同条款另有约定外,解释合同文件的优先顺序如下:

(1)合同协议书;

(2)中标通知书;

(3)投标函及投标函附录;

(4)专用合同条款;

(5)通用合同条款;

(6)技术标准和要求;

(7)图纸;

(8)已标价工程量清单;

(9)其他合同文件。

1.5 合同协议书

承包人按中标通知书规定的时间与发包人签订合同协议书。除法律另有规定或合同另有约定外,发包人和承包人的法定代表人或其委托代理人在合同协议书上签字并盖单位章后,合同生效。

1.6 **图纸和承包人文件**

1.6.1 图纸的提供

发包人应按技术标准和要求(合同技术条款)约定的期限和数量将施工图纸以及其他图纸(包括配套说明和有关资料)提供给承包人。由于发包人未按时提供图纸造成工期延误的,按第11.3款的约定办理。

1.6.2 承包人提供的文件

承包人提供的文件应按技术标准和要求(合同技术条款)约定的期限和数量提供给监理人。监理人应按技术标准和要求(合同技术条款)约定的期限批复承包人。

1.6.3 图纸的修改

设计人需要对已发给承包人的施工图纸进行修改时,监理人应在技术标准和要求(合同技术条款)约定的期限内签发施工图纸的修改图给承包人。承包人应按技术标准和要求(合同技术条款)的约定编制一份承包人实施计划提交监理人批准后执行。

1.6.4 图纸的错误

承包人发现发包人提供的图纸存在明显错误或疏忽,应及时通知监理人。

1.6.5 图纸和承包人文件的保管

监理人和承包人均应在施工场地各保存一套完整的包含第1.6.1项、第1.6.2项、第1.6.3项约定内容的图纸和承包人文件。

1.7 **联络**

1.7.1 与合同有关的通知、批准、证明、证书、指示、要求、请求、同意、意见、确定和决定等,均应采用书面形式。

1.7.2 第1.7.1项中的通知、批准、证明、证书、指示、要求、请求、同意、意见、确定和决定等来往函件,均应在合同约定的期限内送达指定地点和接收人,并办理签收手续。来往函件的送达期限在技术标准和要求(合同技术条款)中约定,送达地点在专用合同条款中约定。

1.7.3 来往函件均应按合同约定的期限及时发出和答复,不得无故扣压和拖延,亦不得拒收。否则,由此造成的后果由责任方负责。

1.8 **转让**

除合同另有约定外,未经对方当事人同意,一方当事人不得将合同权利全部或部分转让给第三人,也不得全部或部分转移合同义务。

1.9 **严禁贿赂**

合同双方当事人不得以贿赂或变相贿赂的方式,谋取不当利益或损害对方权益。因贿赂造成对方损失的,行为人应赔偿损失,并承担相应的法律责任。

1.10 **化石、文物**

1.10.1 在施工场地发掘的所有文物、古迹以及具有地质研究或考古价值的其他遗迹、化石、钱币或物品属于国家所有。一旦发现上述文物,承包人应采取有效合理的保护措施,防止任何人员移动或损坏上述物品,并立即报告当地文物行政部门,同时通知监理人。发包人、监理人和承包人应按文物行政部门要求采取妥善保护措施,由此导致费用增加和(或)工期延误由发包人承担。

1.10.2　承包人发现文物后不及时报告或隐瞒不报,致使文物丢失或损坏的,应赔偿损失,并承担相应的法律责任。

1.11　专利技术

1.11.1　承包人在使用任何材料、承包人设备、工程设备或采用施工工艺时,因侵犯专利权或其他知识产权所引起的责任,由承包人承担,但由于遵照发包人提供的设计或技术标准和要求引起的除外。

1.11.2　承包人在投标文件中采用专利技术的,专利技术的使用费包含在投标报价内。

1.11.3　承包人的技术秘密和声明需要保密的资料和信息,发包人和监理人不得为合同以外的目的泄露给他人。

1.11.4　合同实施过程中,发包人要求承包人采用专利技术的,发包人应办理相应的使用手续,承包人应按发包人约定的条件使用,并承担使用专利技术的相关试验工作,所需费用由发包人承担。

1.12　图纸和文件的保密

1.12.1　发包人提供的图纸和文件,未经发包人同意,承包人不得为合同以外的目的泄露给他人或公开发表与引用。

1.12.2　承包人提供的文件,未经承包人同意,发包人和监理人不得为合同以外的目的泄露给他人或公开发表与引用。

2　发包人义务

2.1　遵守法律

发包人在履行合同过程中应遵守法律,并保证承包人免于承担因发包人违反法律而引起的任何责任。

2.2　发出开工通知

发包人应委托监理人按第 11.1 款的约定向承包人发出开工通知。

2.3　提供施工场地

2.3.1　发包人应在合同双方签订合同协议书后的 14 天内,将本合同工程的施工场地范围图提交给承包人。发包人提供的施工场地范围图应标明场地范围内永久占地与临时占地的范围和界限,以及指明提供给承包人用于施工场地布置的范围和界限及其有关资料。

2.3.2　发包人提供的施工用地范围在专用合同条款中约定。

2.3.3　除专用合同条款另有约定外,发包人应按技术标准和要求(合同技术条款)的约定,向承包人提供施工场地内的工程地质图纸和报告,以及地下障碍物图纸等施工场地有关资料,并保证资料的真实、准确、完整。

2.4　协助承包人办理证件和批件

发包人应协助承包人办理法律规定的有关施工证件和批件。

2.5 组织设计交底

发包人应根据合同进度计划,组织设计单位向承包人进行设计交底。

2.6 支付合同价款

发包人应按合同约定向承包人及时支付合同价款。

2.7 组织竣工验收(组织法人验收)

发包人应按合同约定及时组织法人验收。

2.8 其他义务

其他义务在专用合同条款中补充约定。

3 监理人

3.1 监理人的职责和权力

3.1.1 监理人受发包人的委托,享有合同约定的权力。监理人的权力范围在专用合同条款中明确。当监理人认为出现了危及生命、工程或毗邻财产等安全的紧急事件时,在不免除合同约定的承包人责任的情况下,监理人可以指示承包人实施为消除或减少这种危险所必须进行的工作,即使没有发包人的事先批准,承包人也应立即遵照执行。监理人应按第 15 条的约定增加相应的费用,并通知承包人。

3.1.2 监理人发出的任何指示应视为已得到发包人的批准,但监理人无权免除或变更合同约定的发包人和承包人的权利、义务和责任。

3.1.3 合同约定应由承包人承担的义务和责任,不因监理人对承包人提交文件的审查或批准,对工程、材料和设备的检查和检验,以及为实施监理作出的指示等职务行为而减轻或解除。

3.2 总监理工程师

发包人应在发出开工通知前将总监理工程师的任命通知承包人。总监理工程师更换时,应在调离 14 天前通知承包人。总监理工程师短期离开施工场地的,应委派代表代行其职责,并通知承包人。

3.3 监理人员

3.3.1 总监理工程师可以授权其他监理人员负责执行其指派的一项或多项监理工作。总监理工程师应将被授权监理人员的姓名及其授权范围通知承包人。被授权的监理人员在授权范围内发出的指示视为已得到总监理工程师的同意,与总监理工程师发出的指示具有同等效力。总监理工程师撤销某项授权时,应将撤销授权的决定及时通知承包人。

3.3.2 监理人员对承包人的任何工作、工程或其采用的材料和工程设备未在约定的或合理的期限内提出否定意见的,视为已获批准,但不影响监理人在以后拒绝该项工作、工程、材料或工程设备的权利。

3.3.3 承包人对总监理工程师授权的监理人员发出的指示有疑问的,可向总监理工程师提出书面异议,总监理工程师应在 48 小时内对该指示予以确认、更改或撤销。

3.3.4 除专用合同条款另有约定外,总监理工程师不应将第 3.5 款约定应由总监理工程师作出确定的权力授权或委托给其他监理人员。

3.4 监理人的指示

3.4.1 监理人应按第3.1 款的约定向承包人发出指示，监理人的指示应盖有监理人授权的施工场地机构章，并由总监理工程师或总监理工程师按第3.3.1 项约定授权的监理人员签字。

3.4.2 承包人收到监理人按第3.4.1 项作出的指示后应遵照执行。指示构成变更的，应按第15 条处理。

3.4.3 在紧急情况下，总监理工程师或被授权的监理人员可以当场签发临时书面指示，承包人应遵照执行。承包人应在收到上述临时书面指示后24 小时内，向监理人发出书面确认函。监理人在收到书面确认函后24 小时内未予答复的，该书面确认函应被视为监理人的正式指示。

3.4.4 除合同另有约定外，承包人只从总监理工程师或按第3.3.1 项被授权的监理人员处取得指示。

3.4.5 由于监理人未能按合同约定发出指示、指示延误或指示错误而导致承包人费用增加和(或)工期延误的，由发包人承担赔偿责任。

3.5 商定或确定

3.5.1 合同约定总监理工程师应按照本款对任何事项进行商定或确定时，总监理工程师应与合同当事人协商，尽量达成一致。不能达成一致的，总监理工程师应认真研究后审慎确定。

3.5.2 总监理工程师应将商定或确定的事项通知合同当事人，并附详细依据。对总监理工程师的确定有异议的，构成争议，按照第24 条的约定处理。在争议解决前，双方应暂按总监理工程师的确定执行，按照第24 条的约定对总监理工程师的确定作出修改的，按修改后的结果执行。

4 承包人

4.1 承包人的一般义务

4.1.1 遵守法律

承包人在履行合同过程中应遵守法律，并保证发包人免于承担因承包人违反法律而引起的任何责任。

4.1.2 依法纳税

承包人应按有关法律规定纳税，应缴纳的税金包括在合同价格内。

4.1.3 完成各项承包工作

承包人应按合同约定以及监理人根据第3.4 款作出的指示，实施、完成全部工程，并修补工程中的任何缺陷。除第5.2 款、第6.2 款另有约定外，承包人应提供为完成合同工作所需的劳务、材料、施工设备、工程设备和其他物品，并按合同约定负责临时设施的设计、建造、运行、维护、管理和拆除。

4.1.4 对施工作业和施工方法的完备性负责

承包人应按合同约定的工作内容和施工进度要求，编制施工组织设计和施工措施计划，并对所有施工作业和施工方法的完备性和安全可靠性负责。

4.1.5　保证工程施工和人员的安全

承包人应按第 9.2 款约定采取施工安全措施，确保工程及其人员、材料、设备和设施的安全，防止因工程施工造成的人身伤害和财产损失。

4.1.6　负责施工场地及其周边环境与生态的保护工作

承包人应按照第 9.4 款约定负责施工场地及其周边环境与生态的保护工作。

4.1.7　避免施工对公众与他人的利益造成损害

承包人在进行合同约定的各项工作时，不得侵害发包人与他人使用公用道路、水源、市政管网等公共设施的权利，避免对邻近的公共设施产生干扰。承包人占用或使用他人的施工场地，影响他人作业或生活的，应承担相应责任。

4.1.8　为他人提供方便

承包人应按监理人的指示为他人在施工场地或附近实施与工程有关的其他各项工作提供可能的条件。除合同另有约定外，提供有关条件的内容和可能发生的费用，由监理人按第 3.5 款商定或确定。

4.1.9　工程的维护和照管

除合同另有约定外，合同工程完工证书颁发前，承包人应负责照管和维护工程。合同工程完工证书颁发时尚有部分未完工程的，承包人还应负责该未完工程的照管和维护工作，直至完工后移交给发包人为止。

4.1.10　其他义务

其他义务在专用合同条款中补充约定。

4.2　履约担保

承包人应保证其履约担保在发包人颁发合同工程完工证书前一直有效。发包人应在合同工程完工证书颁发后 28 天内将履约担保退还给承包人。

4.3　分包

4.3.1　承包人不得将其承包的全部工程转包给第三人，或将其承包的全部工程肢解后以分包的名义转包给第三人。

4.3.2　承包人不得将工程主体、关键性工作分包给第三人。除专用合同条款另有约定外，未经发包人同意，承包人不得将工程的其他部分或工作分包给第三人。

4.3.3　分包人的资格能力应与其分包工程的标准和规模相适应。

4.3.4　按投标函附录约定分包工程的，承包人应向发包人和监理人提交分包合同副本。

4.3.5　承包人应与分包人就分包工程向发包人承担连带责任。

4.3.6　分包分为工程分包和劳务作业分包。工程分包应遵循合同约定或者经发包人书面认可。禁止承包人将本合同工程进行违法分包。分包人应具备与分包工程规模和标准相适应的资质和业绩，在人力、设备、资金等方面具有承担分包工程施工的能力。分包人应自行完成所承包的任务。

4.3.7　在合同实施过程中，如承包人无力在合同规定的期限内完成合同中的应急防汛、抢险等危及公共安全和工程安全的项目，发包人可对该应急防汛、抢险等项目的部分工程指定分包人。因非承包人原因形成指定分包条件的，发包人的指定分包不应增加承包人的额外费用;因承包人原因形成指定分包条件的,承包人应承担指定分包所增加的费用。

由指定分包人造成的与其分包工作有关的一切索赔、诉讼和损失赔偿由指定分包人直接对发包人负责,承包人不对此承担责任。

4.3.8 承包人和分包人应当签订分包合同,并履行合同约定的义务。分包合同必须遵循承包合同的各项原则,满足承包合同中相应条款的要求。发包人可以对分包合同实施情况进行监督检查。承包人应将分包合同副本提交发包人和监理人。

4.3.9 除第4.3.7项规定的指定分包外,承包人对其分包项目的实施以及分包人的行为向发包人负全部责任。承包人应对分包项目的工程进度、质量、安全、计量和验收等实施监督和管理。

4.3.10 分包人应按专用合同条款的约定设立项目管理机构组织管理分包工程的施工活动。

4.4 联合体

4.4.1 联合体各方应共同与发包人签订合同协议书。联合体各方应为履行合同承担连带责任。

4.4.2 联合体协议经发包人确认后作为合同附件。在履行合同过程中,未经发包人同意,不得修改联合体协议。

4.4.3 联合体牵头人负责与发包人和监理人联系,并接受指示,负责组织联合体各成员全面履行合同。

4.5 承包人项目经理

4.5.1 承包人应按合同约定指派项目经理,并在约定的期限内到职。承包人更换项目经理应事先征得发包人同意,并应在更换14天前通知发包人和监理人。承包人项目经理短期离开施工场地,应事先征得监理人同意,并委派代表代行其职责。

4.5.2 承包人项目经理应按合同约定以及监理人按第3.4款作出的指示,负责组织合同工程的实施。在情况紧急且无法与监理人取得联系时,可采取保证工程和人员生命财产安全的紧急措施,并在采取措施后24小时内向监理人提交书面报告。

4.5.3 承包人为履行合同发出的一切函件均应盖有承包人授权的施工场地管理机构章,并由承包人项目经理或其授权代表签字。

4.5.4 承包人项目经理可以授权其下属人员履行其某项职责,但事先应将这些人员的姓名和授权范围通知监理人。

4.6 承包人人员的管理

4.6.1 承包人应在接到开工通知后28天内,向监理人提交承包人在施工场地的管理机构以及人员安排的报告,其内容应包括管理机构的设置、各主要岗位的技术和管理人员名单及其资格,以及各工种技术工人的安排状况。承包人应向监理人提交施工场地人员变动情况的报告。

4.6.2 为完成合同约定的各项工作,承包人应向施工场地派遣或雇用足够数量的下列人员:

(1)具有相应资格的专业技工和合格的普工;

(2)具有相应施工经验的技术人员；

(3)具有相应岗位资格的各级管理人员。

4.6.3　承包人安排在施工场地的主要管理人员和技术骨干应相对稳定。承包人更换主要管理人员和技术骨干时,应取得监理人的同意。

4.6.4　特殊岗位的工作人员均应持有相应的资格证明,监理人有权随时检查。监理人认为有必要时,可进行现场考核。

4.7　撤换承包人项目经理和其他人员

承包人应对其项目经理和其他人员进行有效管理。监理人要求撤换不能胜任本职工作、行为不端或玩忽职守的承包人项目经理和其他人员的,承包人应予以撤换。

4.8　保障承包人人员的合法权益

4.8.1　承包人应与其雇用的人员签订劳动合同,并按时发放工资。

4.8.2　承包人应按劳动法的规定安排工作时间,保证其雇用人员享有休息和休假的权利。因工程施工的特殊需要占用休假日或延长工作时间的,应不超过法律规定的限度,并按法律规定给予补休或付酬。

4.8.3　承包人应为其雇用人员提供必要的食宿条件,以及符合环境保护和卫生要求的生活环境,在远离城镇的施工场地,还应配备必要的伤病防治和急救的医务人员与医疗设施。

4.8.4　承包人应按国家有关劳动保护的规定,采取有效的防止粉尘,降低噪声,控制有害气体和保障高温、高寒、高空作业安全等劳动保护措施。其雇用人员在施工中受到伤害的,承包人应立即采取有效措施进行抢救和治疗。

4.8.5　承包人应按有关法律规定和合同约定,为其雇用人员办理保险。

4.8.6　承包人应负责处理其雇用人员因工伤亡事故的善后事宜。

4.9　工程价款应专款专用

发包人按合同约定支付给承包人的各项价款应专用于合同工程。

4.10　承包人现场查勘

4.10.1　发包人应将其持有的现场地质勘探资料、水文气象资料提供给承包人,并对其准确性负责。但承包人应对其阅读上述有关资料后所作出的解释和推断负责。

4.10.2　承包人应对施工场地和周围环境进行查勘,并收集有关地质、水文、气象条件、交通条件、风俗习惯以及其他与完成合同工作有关的当地资料。在全部合同工作中,应视为承包人已充分估计了应承担的责任和风险。

4.11　不利物质条件

4.11.1　除专用合同条款另有约定外,不利物质条件是指在施工中遭遇不可预见的外界障碍或自然条件造成施工受阻。

4.11.2　承包人遇到不利物质条件时,应采取适应不利物质条件的合理措施继续施工,并及时通知监理人。承包人有权根据第23.1款的约定,要求延长工期及增加费用。监理人收到此类要求后,应在分析上述外界障碍或自然条件是否不可预见及不可预见程度的基础上,按照第15条的约定办理。

5　材料和工程设备

5.1　承包人提供的材料和工程设备

5.1.1　除第5.2款约定由发包人提供的材料和工程设备外，承包人负责采购、运输和保管完成本合同工作所需的材料和工程设备。承包人应对其采购的材料和工程设备负责。

5.1.2　承包人应按专用合同条款的约定，将各项材料和工程设备的供货人及品种、规格、数量和供货时间等报送监理人审批。承包人应向监理人提交其负责提供的材料和工程设备的质量证明文件，并满足合同约定的质量标准。

5.1.3　对承包人提供的材料和工程设备，承包人应会同监理人进行检验和交货验收，查验材料合格证明和产品合格证书，并按合同约定和监理人指示，进行材料的抽样检验和工程设备的检验测试，检验和测试结果应提交监理人，所需费用由承包人承担。

5.2　发包人提供的材料和工程设备

5.2.1　发包人提供的材料和工程设备，应在专用合同条款中写明材料和工程设备的名称、规格、数量、价格、交货方式、交货地点和计划交货日期等。

5.2.2　承包人应根据合同进度计划的安排，向监理人报送要求发包人交货的日期计划。发包人应按照监理人与合同双方当事人商定的交货日期，向承包人提交材料和工程设备。

5.2.3　发包人应在材料和工程设备到货7天前通知承包人，承包人应会同监理人在约定的时间内，赴交货地点共同进行验收。发包人提供的材料和工程设备运至交货地点验收后，由承包人负责接收、卸货、运输和保管。

5.2.4　发包人要求向承包人提前交货的，承包人不得拒绝，但发包人应承担承包人由此增加的费用。

5.2.5　承包人要求更改交货日期或地点的，应事先报请监理人批准。由于承包人要求更改交货时间或地点所增加的费用和（或）工期延误由承包人承担。

5.2.6　发包人提供的材料和工程设备的规格、数量或质量不符合合同要求，或由于发包人原因发生交货日期延误及交货地点变更等情况的，发包人应承担由此增加的费用和（或）工期延误，并向承包人支付合理利润。

5.3　材料和工程设备专用于合同工程

5.3.1　运入施工场地的材料、工程设备，包括备品备件、安装专用工器具与随机资料，必须专用于合同工程，未经监理人同意，承包人不得运出施工场地或挪作他用。

5.3.2　随同工程设备运入施工场地的备品备件、专用工器具与随机资料，应由承包人会同监理人按供货人的装箱单清点后共同封存，未经监理人同意不得启用。承包人因合同工作需要使用上述物品时，应向监理人提出申请。

5.4　禁止使用不合格的材料和工程设备

5.4.1　监理人有权拒绝承包人提供的不合格材料或工程设备，并要求承包人立即进行更换。监理人应在更换后再次进行检查和检验，由此增加的费用和（或）工期延误由承包人承担。

5.4.2 监理人发现承包人使用了不合格的材料和工程设备,应即时发出指示要求承包人立即改正,并禁止在工程中继续使用不合格的材料和工程设备。

5.4.3 发包人提供的材料或工程设备不符合合同要求的,承包人有权拒绝,并可要求发包人更换,由此增加的费用和(或)工期延误由发包人承担。

6 施工设备和临时设施

6.1 承包人提供的施工设备和临时设施

6.1.1 承包人应按合同进度计划的要求,及时配置施工设备和修建临时设施。进入施工场地的承包人设备需经监理人核查后才能投入使用。承包人更换合同约定的承包人设备的,应报监理人批准。

6.1.2 除专用合同条款另有约定外,承包人应自行承担修建临时设施的费用,需要临时占地的,应由发包人办理申请手续并承担相应费用。

6.2 发包人提供的施工设备和临时设施

发包人提供的施工设备和临时设施在专用合同条款中约定。

6.3 要求承包人增加或更换施工设备

承包人使用的施工设备不能满足合同进度计划和(或)质量要求时,监理人有权要求承包人增加或更换施工设备,承包人应及时增加或更换,由此增加的费用和(或)工期延误由承包人承担。

6.4 施工设备和临时设施专用于合同工程

6.4.1 除合同另有约定外,运入施工场地的所有施工设备以及在施工场地建设的临时设施应专用于合同工程。未经监理人同意,不得将上述施工设备和临时设施中的任何部分运出施工场地或挪作他用。

6.4.2 经监理人同意,承包人可根据合同进度计划撤走闲置的施工设备。

7 交通运输

7.1 道路通行权和场外设施

除专用合同条款另有约定外,承包人应根据合同工程的施工需要,负责办理取得出入施工场地的专用和临时道路的通行权,以及取得为工程建设所需修建场外设施的权利,并承担相关费用。发包人应协助承包人办理上述手续。

7.2 场内施工道路

7.2.1 除本合同约定由发包人提供的部分道路和交通设施外,承包人应负责修建、维修、养护和管理其施工所需的全部临时道路和交通设施(包括合同约定由发包人提供的部分道路和交通设施的维修、养护和管理),并承担相应费用。

7.2.2 承包人修建的临时道路和交通设施,应免费提供发包人、监理人以及与本合同有关的其他承包人使用。

7.3 场外交通

7.3.1 承包人车辆外出行驶所需的场外公共道路的通行费、养路费和税款等由承包人承担。

7.3.2 承包人应遵守有关交通法规,严格按照道路和桥梁的限制荷重安全行驶,并服从交通管理部门的检查和监督。

7.4 超大件和超重件的运输

由承包人负责运输的超大件或超重件,应由承包人负责向交通管理部门办理申请手续,发包人给予协助。运输超大件或超重件所需的道路和桥梁临时加固改造费用和其他有关费用,由承包人承担,但专用合同条款另有约定除外。

7.5 道路和桥梁的损坏责任

因承包人运输造成施工场地内外公共道路和桥梁损坏的,由承包人承担修复损坏的全部费用和可能引起的赔偿。

7.6 水路和航空运输

本条上述各款的内容适用于水路运输和航空运输,其中"道路"一词的含义包括河道、航线、船闸、机场、码头、堤防以及水路或航空运输中其他相似结构物;"车辆"一词的含义包括船舶和飞机等。

8 测量放线

8.1 施工控制网

8.1.1 除专用合同条款另有约定外,施工控制网由承包人负责测设,发包人应在本合同协议书签订后的14天内,向承包人提供测量基准点、基准线和水准点及其相关资料。承包人应在收到上述资料后的28天内,将施测的施工控制网资料提交监理人审批。监理人应在收到报批件后的14天内批复承包人。

8.1.2 承包人应负责管理施工控制网点。施工控制网点丢失或损坏的,承包人应及时修复。承包人应承担施工控制网点的管理与修复费用,并在工程竣工后将施工控制网点移交发包人。

8.2 施工测量

8.2.1 承包人应负责施工过程中的全部施工测量放线工作,并配置合格的人员、仪器、设备和其他物品。

8.2.2 监理人可以指示承包人进行抽样复测,当复测中发现错误或出现超过合同约定的误差时,承包人应按监理人指示进行修正或补测,并承担相应的复测费用。

8.3 基准资料错误的责任

发包人应对其提供的测量基准点、基准线和水准点及其书面资料的真实性、准确性和完整性负责。发包人提供上述基准资料错误导致承包人测量放线工作的返工或造成工程损失的,发包人应当承担由此增加的费用和(或)工期延误,并向承包人支付合理利润。承包人发现发包人提供的上述基准资料存在明显错误或疏忽的,应及时通知监理人。

8.4 监理人使用施工控制网

监理人需要使用施工控制网的,承包人应提供必要的协助,发包人不再为此支付费用。

8.5 补充地质勘探

在合同实施期间,监理人可以指示承包人进行必要的补充地质勘探并提供有关资料。承包人为本合同永久工程施工的需要进行补充地质勘探时,须经监理人批准,并应向监理人提交有关资料，上述补充勘探的费用由发包人承担。承包人为其临时工程设计及施工的需要进行的补充地质勘探，其费用由承包人承担。

9 施工安全、治安保卫和环境保护

9.1 发包人的施工安全责任

9.1.1 发包人应按合同约定履行安全职责。发包人委托监理人根据国家有关安全的法律、法规、强制性标准以及部门规章，对承包人的安全责任履行情况进行监督和检查。监理人的监督检查不减轻承包人应负的安全责任。

9.1.2 发包人应对其现场机构雇用的全部人员的工伤事故承担责任，但由于承包人原因造成发包人人员工伤的，应由承包人承担责任。

9.1.3 发包人应负责赔偿以下各种情况造成的第三者人身伤亡和财产损失：

(1)工程或工程的任何部分对土地的占用所造成的第三者财产损失；

(2)由于发包人原因在施工场地内及其毗邻地带造成的第三者人身伤亡和财产损失。

9.1.4 除专用合同条款另有约定外，发包人负责向承包人提供施工现场及施工可能影响的毗邻区域内供水、排水、供电、供气、供热、通信、广播电视等地下管线资料，气象和水文观测资料，拟建工程可能影响的相邻建筑物地下工程的有关资料，并保证有关资料的真实、准确、完整，满足有关技术规程的要求。

9.1.5 发包人按照已标价工程量清单所列金额和合同约定的计量支付规定，支付安全作业环境及安全施工措施所需费用。

9.1.6 发包人负责组织工程参建单位编制保证安全生产的措施方案。工程开工前，就落实保证安全生产的措施进行全面系统的布置，进一步明确承包人的安全生产责任。

9.1.7 发包人负责在拆除工程和爆破工程施工 14 天前向有关部门或机构报送相关备案资料。

9.2 承包人的施工安全责任

9.2.1 承包人应按合同约定履行安全职责，执行监理人有关安全工作的指示。承包人应按技术标准和要求(合同技术条款)约定的内容和期限，以及监理人的指示，编制施工安全技术措施提交监理人审批。监理人应在技术标准和要求(合同技术条款)约定的期限内批复承包人。

9.2.2 承包人应加强施工作业安全管理，特别应加强易燃易爆材料、火工器材、有毒与腐蚀性材料和其他危险品的管理，以及对爆破作业和地下工程施工等危险作业的管理。

9.2.3 承包人应严格按照国家安全标准制定施工安全操作规程，配备必要的安全生产和劳动保护设施，加强对承包人人员的安全教育，并发放安全工作手册和劳动保护用具。

9.2.4 承包人应按监理人的指示制定应对灾害的紧急预案，报送监理人审批。承包人还应按预案做好安全检查，配置必要的救助物资和器材，切实保护好有关人员的人身和财产安全。

9.2.5 合同约定的安全作业环境及安全施工措施所需费用应遵守有关规定，并包括在相关工作的合同价格中。因采取合同未约定的安全作业环境及安全施工措施增加的费用,由监理人按第3.5款商定或确定。

9.2.6 承包人应对其履行合同所雇用的全部人员,包括分包人人员的工伤事故承担责任,但由于发包人原因造成承包人人员工伤事故的,应由发包人承担责任。

9.2.7 由于承包人原因在施工场地内及其毗邻地带造成的第三者人员伤亡和财产损失,由承包人负责赔偿。

9.2.8 承包人已标价工程量清单应包含工程安全作业环境及安全施工措施所需费用。

9.2.9 承包人应建立健全安全生产责任制度和安全生产教育培训制度,制定安全生产规章制度和操作规程,保证本单位建立和完善安全生产条件所需资金的投入,对本工程进行定期和专项安全检查,并做好安全检查记录。

9.2.10 承包人应设立安全生产管理机构,施工现场应有专职安全生产管理人员。

9.2.11 承包人应负责对特种作业人员进行专门的安全作业培训,并保证特种作业人员持证上岗。

9.2.12 承包人应在施工组织设计中编制安全技术措施和施工现场临时用电方案。对专用合同条款约定的工程,应编制专项施工方案报监理人批准。对专用合同条款约定的专项施工方案,还应组织专家进行论证、审查,其中专家1/2人员应经发包人同意。

9.2.13 承包人在使用施工起重机械和整体提升脚手架、模板等自升式架设设施前,应组织有关单位进行验收。

9.3 治安保卫

9.3.1 除合同另有约定外,发包人应与当地公安部门协商,在现场建立治安管理机构或联防组织,统一管理施工场地的治安保卫事项,履行合同工程的治安保卫职责。

9.3.2 发包人和承包人除应协助现场治安管理机构或联防组织维护施工场地的社会治安外,还应做好包括生活区在内的各自管辖区的治安保卫工作。

9.3.3 除合同另有约定外,发包人和承包人应在工程开工后,共同编制施工场地治安管理计划,并制定应对突发治安事件的紧急预案。在工程施工过程中,发生暴乱、爆炸等恐怖事件,以及群殴、械斗等群体性突发治安事件的,发包人和承包人应立即向当地政府报告。发包人和承包人应积极协助当地有关部门采取措施平息事态,防止事态扩大,尽量减少财产损失和避免人员伤亡。

9.4 环境保护

9.4.1 承包人在施工过程中,应遵守有关环境保护的法律,履行合同约定的环境保护义务,并对违反法律和合同约定义务所造成的环境破坏、人身伤害和财产损失负责。

9.4.2 承包人应按合同约定的环保工作内容,编制施工环保措施计划,报送监理人审批。

9.4.3 承包人应按照批准的施工环保措施计划有序地堆放和处理施工废弃物,避免对环境造成破坏。因承包人任意堆放或弃置施工废弃物造成妨碍公共交通、影响城镇居民生活、降低河流行洪能力、危及居民安全、破坏周边环境,或者影响其他承包人施工等后果的,承包人应承担责任。

9.4.4 承包人应按合同约定采取有效措施,对施工开挖的边坡及时进行支护,维护排水设施,并进行水土保护,避免施工造成的地质灾害。

9.4.5 承包人应按国家饮用水管理标准定期对饮用水源进行监测,防止施工活动污染饮用水源。

9.4.6 承包人应按合同约定,加强对噪声、粉尘、废气、废水和废油的控制,努力降低噪声,控制粉尘和废气浓度,做好废水和废油的治理和排放。

9.5 事故处理

9.5.1 发包人负责组织参建单位制定本工程的质量与安全事故应急预案,建立质量与安全事故应急处置指挥部。

9.5.2 承包人应对施工现场易发生重大事故的部位、环节进行监控,配备救援器材、设备,并定期组织演练。

9.5.3 工程开工前,承包人应根据本工程的特点制定施工现场施工质量与安全事故应急预案,并报发包人备案。

9.5.4 施工过程中发生事故时,发包人、承包人应立即启动应急预案。

9.5.5 事故调查处理由发包人按相关规定履行手续,承包人应配合。

9.6 水土保持

9.6.1 发包人应及时向承包人提供水土保持方案。

9.6.2 承包人在施工过程中,应遵守有关水土保持的法律法规和规章,履行合同约定的水土保持义务,并对其违反法律和合同约定义务所造成的水土流失灾害、人身伤害和财产损失负责。

9.6.3 承包人的水土保持措施计划,应满足技术标准和要求(合同技术条款)约定的要求。

9.7 文明工地

9.7.1 发包人应按专用合同条款的约定,负责建立创建文明建设工地的组织机构,制定创建文明建设工地的规划和办法。

9.7.2 承包人应按创建文明建设工地的规划和办法,履行职责,承担相应责任。所需费用应含在已标价工程量清单中。

9.8 防汛度汛

9.8.1 发包人负责组织工程参建单位编制本工程的度汛方案和措施。

9.8.2 承包人应根据发包人编制的本工程度汛方案和措施,制定相应的度汛方案,经发包人批准后实施。

10 进度计划

10.1 合同进度计划

承包人应按技术标准和要求(合同技术条款)约定的内容和期限以及监理人的指示,编制详细的施工总进度计划及其说明提交监理人审批。监理人应在技术标准和要求(合同技术条款)约定的期限内批复承包人,否则该进度计划视为已得到批准。经监理人批准的施工进度计划称为合同进度计划,是控制合同工程进度的依据。承包人还应根据合同进度计划，编制更为详细的分阶段或单位工程或分部工程进度计划，报监理人审批。

10.2 合同进度计划的修订

不论何种原因造成工程的实际进度与第 10.1 款的合同进度计划不符时，承包人均应在 14 天内向监理人提交修订合同进度计划的申请报告，并附有关措施和相关资料，报监理人审批，监理人应在收到申请报告后的 14 天内批复。当监理人认为需要修订合同进度计划时，承包人应按监理人的指示，在 14 天内向监理人提交修订的合同进度计划，并附调整计划的相关资料，提交监理人审批。监理人应在收到进度计划后的 14 天内批复。

不论何种原因造成施工进度延迟，承包人均应按监理人的指示，采取有效措施赶上进度。承包人应在向监理人提交修订合同进度计划的同时，编制一份赶工措施报告提交监理人审批。由于发包人原因造成施工进度延迟，应按第 11.3 款的约定办理；由于承包人原因造成施工进度延迟，应按第 11.5 款的约定办理。

10.3 单位工程进度计划

监理人认为有必要时，承包人应按监理人指示的内容和期限，并根据合同进度计划的进度控制要求，编制单位工程进度计划，提交监理人审批。

10.4 提交资金流估算表

承包人应在按第 10.1 款约定向监理人提交施工总进度计划的同时，按下表约定的格式，向监理人提交按月的资金流估算表。估算表应包括承包人计划可从发包人处得到的全部款额，以供发包人参考。此后，当监理人提出要求时，承包人应在监理人指定的期限内提交修订的资金流估算表。

资金流估算表（参考格式）

金额单位：

年	月	工程预付款	完成工作量付款	质量保证金扣留	材料款扣除	预付款扣还	其他	应收款	累计应收款

11 开工和竣工（完工）

11.1 开工

11.1.1 监理人应在开工日期 7 天前向承包人发出开工通知。监理人在发出开工通知前应获得发包人同意。工期自监理人发出的开工通知中载明的开工日期起计算。承包人应在开工日期后尽快施工。

11.1.2 承包人应按第 10.1 款约定的合同进度计划，向监理人提交工程开工报审表，经监理人审批后执行。开工报审表应详细说明按合同进度计划正常施工所需的施工道路、临时设施、材料设备、施工人员等施工组织措施的落实情况以及工程的进度安排。

11.1.3 若发包人未能按合同约定向承包人提供开工的必要条件，承包人有权要求延长工期。监理人应在收到承包人的书面要求后，按第 3.5 款的约定，与合同双方商定或确定增加的费用和延长的工期。

11.1.4 承包人在接到开工通知后 14 天内未按进度计划要求及时进场组织施工，监理人可通知承包人在接到通知后7天内提交一份说明其进场延误的书面报告，报送监理人。书面报告应说明不能及时进场的原因和补救措施，由此增加的费用和工期延误责任由承包人承担。

11.2 竣工（完工）

承包人应在第1.1.4.3目约定的期限内完成合同工程。合同工程实际完工日期在合同工程完工证书中明确。

11.3 发包人的工期延误

在履行合同过程中，由于发包人的下列原因造成工期延误的，承包人有权要求发包人延长工期和（或）增加费用，并支付合理利润。需要修订合同进度计划的，按照第10.2款的约定办理。

(1)增加合同工作内容；

(2)改变合同中任何一项工作的质量要求或其他特性；

(3)发包人迟延提供材料、工程设备或变更交货地点的；

(4)因发包人原因导致的暂停施工；

(5)提供图纸延误；

(6)未按合同约定及时支付预付款、进度款；

(7)发包人造成工期延误的其他原因。

11.4 异常恶劣的气候条件

11.4.1 当工程所在地发生危及施工安全的异常恶劣气候时，发包人和承包人应按本合同通用合同条款第12条的约定，及时采取暂停施工或部分暂停施工措施。异常恶劣气候条件解除后，承包人应及时安排复工。

11.4.2 异常恶劣气候条件造成的工期延误和工程损坏，应由发包人与承包人参照本合同通用合同条款第21.3款的约定协商处理。

11.4.3 本合同工程界定异常恶劣气候条件的范围在专用合同条款中约定。

11.5 承包人的工期延误

由于承包人原因，未能按合同进度计划完成工作，或监理人认为承包人施工进度不能满足合同工期要求的，承包人应采取措施加快进度，并承担加快进度所增加的费用。由于承包人原因造成工期延误，承包人应支付逾期竣工违约金。逾期竣工违约金的计算方法在专用合同条款中约定。承包人支付逾期竣工违约金，不免除承包人完成工程及修补缺陷的义务。

11.6 工期提前

发包人要求承包人提前完工，或承包人提出提前完工的建议能够给发包人带来效益的，应由监理人与承包人共同协商采取加快工程进度的措施和修订合同进度计划。发包人应承担承包人由此增加的费用，并向承包人支付专用合同条款约定的相应奖金。

发包人要求提前完工的，双方协商一致后应签订提前完工协议，协议内容包括：

(1)提前的时间和修订后的进度计划；

(2)承包人的赶工措施；

(3)发包人为赶工提供的条件；

(4)赶工费用(包括利润和奖金)。

12 暂停施工

12.1 承包人暂停施工的责任

因下列暂停施工增加的费用和(或)工期延误由承包人承担:

(1)承包人违约引起的暂停施工;

(2)由于承包人原因为工程合理施工和安全保障所必需的暂停施工;

(3)承包人擅自暂停施工;

(4)承包人其他原因引起的暂停施工;

(5)专用合同条款约定由承包人承担的其他暂停施工。

12.2 发包人暂停施工的责任

由于发包人原因引起的暂停施工造成工期延误的,承包人有权要求发包人延长工期和(或)增加费用,并支付合理利润。

属于下列任何一种情况引起的暂停施工,均为发包人的责任:

(1)发包人违约引起的暂停施工;

(2)不可抗力的自然或社会因素引起的暂停施工;

(3)专用合同条款中约定的其他发包人原因引起的暂停施工。

12.3 监理人暂停施工指示

12.3.1 监理人认为有必要时,可向承包人作出暂停施工的指示,承包人应按监理人指示暂停施工。不论何种原因引起的暂停施工,暂停施工期间承包人应负责妥善保护工程并提供安全保障。

12.3.2 由于发包人的原因发生暂停施工的紧急情况,且监理人未及时下达暂停施工指示的,承包人可先暂停施工,并及时向监理人提出暂停施工的书面请求。监理人应在接到书面请求后的24小时内予以答复,逾期未答复的,视为同意承包人的暂停施工请求。

12.4 暂停施工后的复工

12.4.1 暂停施工后,监理人应与发包人和承包人协商,采取有效措施积极消除暂停施工的影响。当工程具备复工条件时,监理人应立即向承包人发出复工通知。承包人收到复工通知后,应在监理人指定的期限内复工。

12.4.2 承包人无故拖延和拒绝复工的,由此增加的费用和工期延误由承包人承担;因发包人原因无法按时复工的,承包人有权要求发包人延长工期和(或)增加费用,并支付合理利润。

12.5 暂停施工持续56天以上

12.5.1 监理人发出暂停施工指示后56天内未向承包人发出复工通知,除该项停工属于第12.1款的情况外,承包人可向监理人提交书面通知,要求监理人在收到书面通知后28天内准许已暂停施工的工程或其中一部分工程继续施工。如监理人逾期不予批准,则承包人可以通知监理人,将工程受影响的部分视为按第15.1(1)项的可取消工作。如暂停施工影响到整个工程,可视为发包人违约,应按第22.2款的规定办理。

12.5.2 由于承包人责任引起的暂停施工,如承包人在收到监理人暂停施工指示后

56 天内不认真采取有效的复工措施，造成工期延误，可视为承包人违约，应按第 22.1 款的规定办理。

13 工程质量

13.1 工程质量要求

13.1.1 工程质量验收按合同约定验收标准执行。

13.1.2 因承包人原因造成工程质量达不到合同约定验收标准的，监理人有权要求承包人返工直至符合合同要求为止，由此造成的费用增加和(或)工期延误由承包人承担。

13.1.3 因发包人原因造成工程质量达不到合同约定验收标准的，发包人应承担由于承包人返工造成的费用增加和(或)工期延误，并支付承包人合理利润。

13.2 承包人的质量管理

13.2.1 承包人应在施工场地设置专门的质量检查机构，配备专职质量检查人员，建立完善的质量检查制度。承包人应按技术标准和要求(合同技术条款)约定的内容和期限，编制工程质量保证措施文件，包括质量检查机构的组织和岗位责任、质量检查人员的组成、质量检查程序和实施细则等，提交监理人审批。监理人应在技术标准和要求(合同技术条款)约定的期限内批复承包人。

13.2.2 承包人应加强对施工人员的质量教育和技术培训，定期考核施工人员的劳动技能，严格执行规范和操作规程。

13.3 承包人的质量检查

承包人应按合同约定对材料、工程设备以及工程的所有部位及其施工工艺进行全过程的质量检查和检验，并作详细记录，编制工程质量报表，报送监理人审查。

13.4 监理人的质量检查

监理人有权对工程的所有部位及其施工工艺、材料和工程设备进行检查和检验。承包人应为监理人的检查和检验提供方便，包括监理人到施工场地，或制造、加工地点，或合同约定的其他地方进行察看和查阅施工原始记录。承包人还应按监理人指示，进行施工场地取样试验、工程复核测量和设备性能检测，提供试验样品、提交试验报告和测量成果以及监理人要求进行的其他工作。监理人的检查和检验，不免除承包人按合同约定应负的责任。

13.5 工程隐蔽部位覆盖前的检查

13.5.1 通知监理人检查

经承包人自检确认的工程隐蔽部位具备覆盖条件后，承包人应通知监理人在约定的期限内检查。承包人的通知应附有自检记录和必要的检查资料。监理人应按时到场检查。经监理人检查确认质量符合隐蔽要求，并在检查记录上签字后，承包人才能进行覆盖。监理人检查确认质量不合格的，承包人应在监理人指示的时间内修整返工后，由监理人重新检查。

13.5.2 监理人未到场检查

监理人未按第 13.5.1 项约定的时间进行检查的，除监理人另有指示外，承包人可自行完成覆盖工作,并作相应记录报送监理人,监理人应签字确认。监理人事后对检查记录有疑问的,可按第13.5.3项的约定重新检查。

13.5.3 监理人重新检查

承包人按第13.5.1项或第13.5.2项覆盖工程隐蔽部位后,监理人对质量有疑问的,可要求承包人对已覆盖的部位进行钻孔探测或揭开重新检验,承包人应遵照执行,并在检验后重新覆盖恢复原状。经检验证明工程质量符合合同要求的,由发包人承担由此增加的费用和(或)工期延误,并支付承包人合理利润;经检验证明工程质量不符合合同要求的,由此增加的费用和(或)工期延误由承包人承担。

13.5.4 承包人私自覆盖

承包人未通知监理人到场检查,私自将工程隐蔽部位覆盖的,监理人有权指示承包人钻孔探测或揭开检查,由此增加的费用和(或)工期延误由承包人承担。

13.6 清除不合格工程

13.6.1 承包人使用不合格材料、工程设备,或采用不适当的施工工艺,或施工不当,造成工程不合格的,监理人可以随时发出指示,要求承包人立即采取措施进行补救,直至达到合同要求的质量标准,由此增加的费用和(或)工期延误由承包人承担。

13.6.2 由于发包人提供的材料或工程设备不合格造成的工程不合格,需要承包人采取措施补救的,发包人应承担由此增加的费用和(或)工期延误,并支付承包人合理利润。

13.7 质量评定

13.7.1 发包人应组织承包人进行工程项目划分,并确定单位工程、主要分部工程、重要隐蔽单元工程和关键部位单元工程。

13.7.2 工程实施过程中,单位工程、主要分部工程、重要隐蔽单元工程和关键部位单元工程的项目划分需要调整时,承包人应报发包人确认。

13.7.3 承包人应在单元(工序)工程质量自评合格后,报监理人核定质量等级并签证认可。

13.7.4 除专用合同条款另有约定外,承包人应在重要隐蔽单元工程和关键部位单元工程质量自评合格以及监理人抽检后,由监理人组织承包人等单位组成的联合小组,共同检查核定其质量等级并填写签证表。发包人按有关规定完成质量结论报工程质量监督机构核备手续。

13.7.5 承包人应在分部工程质量自评合格后,报监理人复核和发包人认定。发包人负责按有关规定完成分部工程质量结论报工程质量监督机构核备(核定)手续。

13.7.6 承包人应在单位工程质量自评合格后,报监理人复核和发包人认定。发包人负责按有关规定完成单位工程质量结论报工程质量监督机构核定手续。

13.7.7 除专用合同条款另有约定外,工程质量等级分为合格和优良,应分别达到约定的标准。

13.8 质量事故处理

13.8.1 发生质量事故时,承包人应及时向发包人和监理人报告。

13.8.2 质量事故调查处理由发包人按相关规定履行手续,承包人应配合。

13.8.3　承包人应对质量缺陷进行备案。发包人委托监理人对质量缺陷备案情况进行监督检查并履行相关手续。

13.8.4　除专用合同条款另有约定外,工程竣工验收时,发包人负责向竣工验收委员会汇报并提交历次质量缺陷处理的备案资料。

14　试验和检验

14.1　材料、工程设备和工程的试验和检验

14.1.1　承包人应按合同约定进行材料、工程设备和工程的试验和检验,并为监理人对上述材料、工程设备和工程的质量检查提供必要的试验资料和原始记录。按合同约定应由监理人与承包人共同进行试验和检验的,由承包人负责提供必要的试验资料和原始记录。

14.1.2　监理人未按合同约定派员参加试验和检验的,除监理人另有指示外,承包人可自行试验和检验,并应立即将试验和检验结果报送监理人,监理人应签字确认。

14.1.3　监理人对承包人的试验和检验结果有疑问的,或为查清承包人试验和检验成果的可靠性要求承包人重新试验和检验的,可按合同约定由监理人与承包人共同进行。重新试验和检验的结果证明该项材料、工程设备或工程的质量不符合合同要求的,由此增加的费用和(或)工期延误由承包人承担;重新试验和检验结果证明该项材料、工程设备和工程符合合同要求,由发包人承担由此增加的费用和(或)工期延误,并支付承包人合理利润。

14.1.4　承包人应按相关规定和标准对水泥、钢材等原材料与中间产品质量进行检验并报监理人复核。

14.1.5　除专用合同条款另有约定外,水工金属结构、启闭机及机电产品进场后,监理人组织发包人按合同进行交货检查和验收。安装前,承包人应检查产品是否有出厂合格证、设备安装说明书及有关技术文件,对在运输和存放过程中发生的变形、受潮、损坏等问题应作好记录,并进行妥善处理。

14.1.6　对专用合同条款约定的试块、试件及有关材料,监理人实行见证取样。见证取样资料由承包人制备,记录应真实齐全,监理人、承包人等参与见证取样人员均应在相关文件上签字。

15　变更

15.1　变更的范围和内容

在履行合同中发生以下情形之一,应按照本款规定进行变更。

(1)取消合同中任何一项工作,但被取消的工作不能转由发包人或其他人实施;

(2)改变合同中任何一项工作的质量或其他特性;

(3)改变合同工程的基线、标高、位置或尺寸;

(4)改变合同中任何一项工作的施工时间或改变已批准的施工工艺或顺序;

(5)为完成工程需要追加的额外工作;

(6)增加或减少专用合同条款中约定的关键项目工程量超过其工程总量的一定数量

百分比。

上述第(1)~(6)目的变更内容引起工程施工组织和进度计划发生实质性变动和影响其原定的价格时,才予调整该项目的单价。第(6)目情形下单价调整方式在专用合同条款中约定。

15.2 **变更权**

在履行合同过程中,经发包人同意,监理人可按第15.3款约定的变更程序向承包人作出变更指示,承包人应遵照执行。没有监理人的变更指示,承包人不得擅自变更。

15.3 **变更程序**

15.3.1 变更的提出

(1)在合同履行过程中,可能发生第15.1款约定情形的,监理人可向承包人发出变更意向书。变更意向书应说明变更的具体内容和发包人对变更的时间要求,并附必要的图纸和相关资料。变更意向书应要求承包人提交包括拟实施变更工作的计划、措施和竣工时间等内容的实施方案。发包人同意承包人根据变更意向书要求提交的变更实施方案的,由监理人按第15.3.3项约定发出变更指示。

(2)在合同履行过程中,发生第15.1款约定情形的,监理人应按照第15.3.3项约定向承包人发出变更指示。

(3)承包人收到监理人按合同约定发出的图纸和文件,经检查认为其中存在第15.1款约定情形的,可向监理人提出书面变更建议。变更建议应阐明要求变更的依据,并附必要的图纸和说明。监理人收到承包人书面建议后,应与发包人共同研究,确认存在变更的,应在收到承包人书面建议后的14天内作出变更指示。经研究后不同意作为变更的,应由监理人书面答复承包人。

(4)若承包人收到监理人的变更意向书后认为难以实施此项变更,应立即通知监理人,说明原因并附详细依据。监理人与承包人和发包人协商后确定撤销、改变或不改变原变更意向书。

15.3.2 变更估价

(1)除专用合同条款对期限另有约定外,承包人应在收到变更指示或变更意向书后的14天内,向监理人提交变更报价书,报价内容应根据第15.4款约定的估价原则,详细开列变更工作的价格组成及其依据,并附必要的施工方法说明和有关图纸。

(2)变更工作影响工期的,承包人应提出调整工期的具体细节。监理人认为有必要时,可要求承包人提交要求提前或延长工期的施工进度计划及相应施工措施等详细资料。

(3)除专用合同条款对期限另有约定外,监理人收到承包人变更报价书后的14天内,根据第15.4款约定的估价原则,按照第3.5款商定或确定变更价格。

15.3.3 变更指示

(1)变更指示只能由监理人发出。

(2)变更指示应说明变更的目的、范围、变更内容以及变更的工程量及其进度和技术要求,并附有关图纸和文件。承包人收到变更指示后,应按变更指示进行变更工作。

15.4 **变更的估价原则**

除专用合同条款另有约定外,因变更引起的价格调整按照本款约定处理。

15.4.1　已标价工程量清单中有适用于变更工作的子目的，采用该子目的单价。

15.4.2　已标价工程量清单中无适用于变更工作的子目，但有类似子目的，可在合理范围内参照类似子目的单价，由监理人按第3.5款商定或确定变更工作的单价。

15.4.3　已标价工程量清单中无适用或类似子目的单价，可按照成本加利润的原则，由监理人按第3.5款商定或确定变更工作的单价。

15.5　承包人的合理化建议

15.5.1　在履行合同过程中，承包人对发包人提供的图纸、技术要求以及其他方面提出的合理化建议，均应以书面形式提交监理人。合理化建议书的内容应包括建议工作的详细说明、进度计划和效益以及与其他工作的协调等，并附必要的设计文件。监理人应与发包人协商是否采纳建议。建议被采纳并构成变更的，应按第15.3.3项约定向承包人发出变更指示。

15.5.2　承包人提出的合理化建议降低了合同价格、缩短了工期或者提高了工程经济效益的，发包人可按国家有关规定在专用合同条款中约定给予奖励。

15.6　暂列金额

暂列金额只能按照监理人的指示使用，并对合同价格进行相应调整。

15.7　计日工

15.7.1　发包人认为有必要时，由监理人通知承包人以计日工方式实施变更的零星工作。其价款按列入已标价工程量清单中的计日工计价子目及其单价进行计算。

15.7.2　采用计日工计价的任何一项变更工作，应从暂列金额中支付，承包人应在该项变更的实施过程中，每天提交以下报表和有关凭证报送监理人审批：

(1)工作名称、内容和数量；

(2)投入该工作所有人员的姓名、工种、级别和耗用工时；

(3)投入该工作的材料类别和数量；

(4)投入该工作的施工设备型号、台数和耗用台时；

(5)监理人要求提交的其他资料和凭证。

15.7.3　计日工由承包人汇总后，按第17.3.2项的约定列入进度付款申请单，由监理人复核并经发包人同意后列入进度付款。

15.8　暂估价

15.8.1　发包人在工程量清单中给定暂估价的材料、工程设备和专业工程属于依法必须招标的范围并达到规定的规模标准的，若承包人不具备承担暂估价项目的能力或具备承担暂估价项目的能力但明确不参与投标的，由发包人和承包人组织招标；若承包人具备承担暂估价项目的能力且明确参与投标的，由发包人组织招标。暂估价项目中标金额与工程量清单中所列金额差以及相应的税金等其他费用列入合同价格。必须招标的暂估价项目招标组织形式、发包人和承包人组织招标时双方的权利义务关系在专用合同条款中约定。

15.8.2　发包人在工程量清单中给定暂估价的材料和工程设备不属于依法必须招标的范围或未达到规定的规模标准的，应由承包人按第5.1款的约定提供。经监理人确认的材料、工程设备的价格与工程量清单中所列的暂估价的金额差以及相应的税金等其他费用列入合同价格。

15.8.3 发包人在工程量清单中给定暂估价的专业工程不属于依法必须招标的范围或未达到规定的规模标准的，由监理人按照第15.4款进行估价，但专用合同条款另有约定的除外。经估价的专业工程与工程量清单中所列的暂估价的金额差以及相应的税金等其他费用列入合同价格。

16 价格调整

16.1 物价波动引起的价格调整

由于物价波动原因引起合同价格需要调整的，其价格调整方式在专用合同条款中约定。

16.1.1 采用价格指数调整价格差额

16.1.1.1 价格调整公式

人工、材料和设备等价格波动影响合同价格时，根据投标函附录中的价格指数和权重表约定的数据，按以下公式计算差额并调整合同价格。

$$\Delta P = P_0 \left[A + \left(B_1 \times \frac{F_{t1}}{F_{01}} + B_2 \times \frac{F_{t2}}{F_{02}} + B_3 \times \frac{F_{t3}}{F_{03}} + \cdots + B_n \times \frac{F_{tn}}{F_{0n}} \right) - 1 \right]$$

式中 ΔP——需调整的价格差额；

P_0——第17.3.3项、第17.5.2项和第17.6.2项约定的付款证书中承包人应得到的已完成工程量的金额，此项金额应不包括价格调整，不计质量保证金的扣留和支付、预付款的支付和扣回，第15条约定的变更及其他金额已按现行价格计价的，也不计在内；

A——定值权重（即不调部分的权重）；

$B_1, B_2, B_3, \cdots, B_n$——各可调因子的变值权重（即可调部分的权重），为各可调因子在投标函投标总报价中所占的比例；

$F_{t1}, F_{t2}, F_{t3}, \cdots, F_{tn}$——各可调因子的现行价格指数，指第17.3.3项、第17.5.2项和第17.6.2项约定的付款证书相关周期最后一天的前42天的各可调因子的价格指数；

$F_{01}, F_{02}, F_{03}, \cdots, F_{0n}$——各可调因子的基本价格指数，指基准日期的各可调因子的价格指数。

以上价格调整公式中的各可调因子、定值和变值权重，以及基本价格指数及其来源在投标函附录价格指数和权重表中约定。价格指数应首先采用有关部门提供的价格指数，缺乏上述价格指数时，可采用有关部门提供的价格代替。

16.1.1.2 暂时确定调整差额

在计算调整差额时得不到现行价格指数的，可暂用上一次价格指数计算，并在以后的付款中再按实际价格指数进行调整。

16.1.1.3 权重的调整

按第15.1款约定的变更导致原定合同中的权重不合理时，由监理人与承包人和发包人协商后进行调整。

16.1.1.4　承包人工期延误后的价格调整

由于承包人原因未在约定的工期内竣工的，则对原约定竣工日期后继续施工的工程，在使用第16.1.1.1目价格调整公式时，应采用原约定竣工日期与实际竣工日期的两个价格指数中较低的一个作为现行价格指数。

16.1.2　采用造价信息调整价格差额

施工期内，因人工、材料、设备和机械台班价格波动影响合同价格时，人工、机械使用费按照国家或省（自治区、直辖市）建设行政管理部门、行业建设管理部门或其授权的工程造价管理机构发布的人工成本信息、机械台班单价或机械使用费系数进行调整；需要进行价格调整的材料，其单价和采购数应由监理人复核，监理人确认需调整的材料单价及数量，作为调整工程合同价格差额的依据。

工程造价信息的来源以及价格调整的项目和系数在专用合同条款中约定。

16.2　法律变化引起的价格调整

在基准日后，法律变化导致承包人在合同履行中所需要的工程费用发生除第16.1款约定以外的增减时，监理人应根据法律，国家或省、自治区、直辖市有关部门的规定，按第3.5款商定或确定需调整的合同价款。

17　计量与支付

17.1　计量

17.1.1　计量单位

计量采用国家法定的计量单位。

17.1.2　计量方法

结算工程量应按工程量清单中约定的方法计量。

17.1.3　计量周期

除专用合同条款另有约定外，单价子目已完成工程量按月计量，总价子目的计量周期按批准的支付分解报告确定。

17.1.4　单价子目的计量

(1)已标价工程量清单中的单价子目工程量为估算工程量。结算工程量是承包人实际完成的，并按合同约定的计量方法进行计量的工程量。

(2)承包人对已完成的工程进行计量，向监理人提交进度付款申请单、已完成工程量报表和有关计量资料。

(3)监理人对承包人提交的工程量报表进行复核的，以确定实际完成的工程量。对数量有异议的，可要求承包人按第8.2款约定进行共同复核和抽样复测。承包人应协助监理人进行复核并按监理人要求提供补充计量资料。承包人未按监理人要求参加复核的，监理人复核或修正的工程量视为承包人实际完成的工程量。

(4)监理人认为有必要时，可通知承包人共同进行联合测量、计量，承包人应遵照执行。

(5)承包人完成工程量清单中每个子目的工程量后，监理人应要求承包人派员共同对每个子目的历次计量报表进行汇总，以核实最终结算工程量。监理人可要求承包人提供补充计量资料，以确定最后一次进度付款的准确工程量。承包人未按监理人要求派员参加的，监理人最终核实的工程量视为承包人完成该子目的准确工程量。

（6）监理人应在收到承包人提交的工程量报表后的 7 天内进行复核，监理人未在约定时间内复核的，承包人提交的工程量报表中的工程量视为承包人实际完成的工程量，据此计算工程价款。

17.1.5　总价子目的计量

总价子目的分解和计量按照下述约定进行。

（1）总价子目的计量和支付应以总价为基础，不因第 16.1 款中的因素而进行调整。承包人实际完成的工程量，是进行工程目标管理和控制进度支付的依据。

（2）承包人应按工程量清单的要求对总价子目进行分解，并在签订协议书后的 28 天内将各子目的总价支付分解表提交监理人审批。分解表应标明其所属子目和分阶段需支付的金额。承包人应按批准的各总价子目支付周期，对已完成的总价子目进行计量，确定分项的应付金额列入进度付款申请单中。

（3）监理人对承包人提交的上述资料进行复核，以确定分阶段实际完成的工程量和工程形象目标。对其有异议的，可要求承包人按第 8.2 款约定进行共同复核和抽样复测。

（4）除按照第 15 条约定的变更外，总价子目的工程量是承包人用于结算的最终工程量。

17.2　预付款

17.2.1　预付款

预付款用于承包人为合同工程施工购置材料、工程设备、施工设备、修建临时设施以及组织施工队伍进场等，分为工程预付款和工程材料预付款。预付款必须专用于合同工程。预付款的额度和预付办法在专用合同条款中约定。

17.2.2　预付款保函（担保）

（1）承包人应在收到第一次工程预付款的同时向发包人提交工程预付款担保，担保金额应与第一次工程预付款金额相同，工程预付款担保在第一次工程预付款被发包人扣回前一直有效。

（2）工程材料预付款的担保在专用合同条款中约定。

（3）预付款担保的担保金额可根据预付款扣回的金额相应递减。

17.2.3　预付款的扣回与还清

预付款在进度付款中扣回，扣回与还清办法在专用合同条款中约定。在颁发合同工程完工证书前，由于不可抗力或其他原因解除合同时，预付款尚未扣清的，尚未扣清的预付款余额应作为承包人的到期应付款。

17.3　工程进度付款

17.3.1　付款周期

付款周期同计量周期。

17.3.2　进度付款申请单

承包人应在每个付款周期末，按监理人批准的格式和专用合同条款约定的份数，向监理人提交进度付款申请单，并附相应的支持性证明文件。除专用合同条款另有约定外，进度付款申请单应包括下列内容：

（1）截至本次付款周期末已实施工程的价款；

(2)根据第15条应增加和扣减的变更金额；

(3)根据第23条应增加和扣减的索赔金额；

(4)根据第17.2款约定应支付的预付款和扣减的返还预付款；

(5)根据第17.4.1项约定应扣减的质量保证金；

(6)根据合同应增加和扣减的其他金额。

17.3.3　进度付款证书和支付时间

(1)监理人在收到承包人进度付款申请单以及相应的支持性证明文件后的14天内完成核查，提出发包人到期应支付给承包人的金额以及相应的支持性材料，经发包人审查同意后，由监理人向承包人出具经发包人签认的进度付款证书。监理人有权扣发承包人未能按照合同要求履行任何工作或义务的相应金额。

(2)发包人应在监理人收到进度付款申请单后的28天内，将进度应付款支付给承包人。发包人不按期支付的，按专用合同条款的约定支付逾期付款违约金。

(3)监理人出具进度付款证书，不应视为监理人已同意、批准或接受了承包人完成的该部分工作。

(4)进度付款涉及政府投资资金的，按照国库集中支付等国家相关规定和专用合同条款的约定办理。

17.3.4　工程进度付款的修正

在对以往历次已签发的进度付款证书进行汇总和复核中发现错、漏或重复的，监理人有权予以修正，承包人也有权提出修正申请。经双方复核同意的修正，应在本次进度付款中支付或扣除。

17.4　质量保证金

17.4.1　监理人应从第一个工程进度付款周期开始，在发包人的进度付款中，按专用合同条款的约定扣留质量保证金，直至扣留的质量保证金总额达到专用合同条款约定的金额或比例为止。质量保证金的计算额度不包括预付款的支付与扣回金额。

17.4.2　合同工程完工证书颁发后14天内，发包人将质量保证金总额的一半支付给承包人。在第1.1.4.5目约定的缺陷责任期(工程质量保修期)满时，发包人将在30个工作日内会同承包人按照合同约定的内容核实承包人是否完成保修责任。如无异议，发包人应当在核实后将剩余的质量保证金支付给承包人。

17.4.3　在第1.1.4.5目约定的缺陷责任期满时，承包人没有完成缺陷责任的，发包人有权扣留与未履行责任剩余工作所需金额相应的质量保证金余额，并有权根据第19.3款约定要求延长缺陷责任期，直至完成剩余工作为止。

17.5　竣工结算(完工结算)

17.5.1　竣工(完工)付款申请单

(1)承包人应在合同工程完工证书颁发后28天内，按专用合同条款约定的份数向监理人提交完工付款申请单，并提供相关证明材料。完工付款申请单应包括下列内容：完工结算合同总价、发包人已支付承包人的工程价款、应扣留的质量保证金、应支付的完工付款金额。

(2)监理人对完工付款申请单有异议的，有权要求承包人进行修正和提供补充资料。

监理人和承包人协商后,由承包人向监理人提交修正后的完工付款申请单。

17.5.2　竣工(完工)付款证书及支付时间

(1)监理人在收到承包人提交的完工付款申请单后的14天内完成核查,提出发包人到期应支付给承包人的价款送发包人审核并抄送承包人。发包人应在收到后14天内审核完毕,由监理人向承包人出具经发包人签认的完工付款证书。监理人未在约定时间内核查,又未提出具体意见的,视为承包人提交的完工付款申请单已经监理人核查同意。发包人未在约定时内审核又未提出具体意见的,监理人提出发包人到期应支付给承包人的价款视为已经发包人同意。

(2)发包人应在监理人出具完工付款证书后的14天内,将应支付款支付给承包人。发包人不按期支付的,按第17.3.3(2)目的约定,将逾期付款违约金支付给承包人。

(3)承包人对发包人签认的完工付款证书有异议的,发包人可出具完工付款申请单中承包人已同意部分的临时付款证书。存在争议的部分,按第24条的约定办理。

(4)完工付款涉及政府投资资金的,按第17.3.3(4)目的约定办理。

17.6　最终结清

17.6.1　最终结清申请单

(1)工程质量保修责任终止证书签发后,承包人应按监理人批准的格式提交最终结清申请单。提交最终结清申请单的份数在专用合同条款中约定。

(2)发包人对最终结清申请单内容有异议的,有权要求承包人进行修正和提供补充资料,由承包人向监理人提交修正后的最终结清申请单。

17.6.2　最终结清证书和支付时间

(1)监理人收到承包人提交的最终结清申请单后的14天内,提出发包人应支付给承包人的价款送发包人审核并抄送承包人。发包人应在收到后14天内审核完毕,由监理人向承包人出具经发包人签认的最终结清证书。监理人未在约定时间内核查,又未提出具体意见的,视为承包人提交的最终结清申请已经监理人核查同意;发包人未在约定时间内审核又未提出具体意见的,监理人提出应支付给承包人的价款视为已经发包人同意。

(2)发包人应在监理人出具最终结清证书后的14天内,将应支付款支付给承包人。发包人不按期支付的,按第17.3.3(2)目的约定,将逾期付款违约金支付给承包人。

(3)承包人对发包人签认的最终结清证书有异议的,按第24条的约定办理。

(4)最终结清付款涉及政府投资资金的,按第17.3.3(4)目的约定办理。

17.7　竣工财务决算

发包人负责编制本工程项目竣工财务决算,承包人应按专用合同条款的约定提供竣工财务决算编制所需的相关材料。

17.8　竣工审计

发包人负责完成本工程竣工审计手续,承包人应完成相关配合工作。

18　竣工验收(验收)

18.1　验收工作分类

本工程验收工作按主持单位分为法人验收和政府验收。法人验收和政府验收的类别在专用合同条款中约定。除专用合同条款另有约定外，法人验收由发包人主持。承包人应完成法人验收和政府验收的配合工作，所需费用应含在已标价工程量清单中。

18.2 分部工程验收

18.2.1 分部工程具备验收条件时，承包人应向发包人提交验收申请报告，发包人应在收到验收申请报告之日起10个工作日内决定是否同意进行验收。

18.2.2 除专用合同条款另有约定外，监理人主持分部工程验收，承包人应派符合条件的代表参加验收工作组。

18.2.3 分部工程验收通过后，发包人向承包人发送分部工程验收鉴定书。承包人应及时完成分部工程验收鉴定书载明应由承包人处理的遗留问题。

18.3 单位工程验收

18.3.1 单位工程具备验收条件时，承包人应向发包人提交验收申请报告，发包人应在收到验收申请报告之日起10个工作日内决定是否同意进行验收。

18.3.2 发包人主持单位工程验收，承包人应派符合条件的代表参加验收工作组。

18.3.3 单位工程验收通过后，发包人向承包人发送单位工程验收鉴定书。承包人应及时完成单位工程验收鉴定书载明应由承包人处理的遗留问题。

18.3.4 需提前投入使用的单位工程在专用合同条款中明确。

18.4 合同工程完工验收

18.4.1 合同工程具备验收条件时，承包人应向发包人提交验收申请报告，发包人应在收到验收申请报告之日起20个工作日内决定是否同意进行验收。

18.4.2 发包人主持合同工程完工验收，承包人应派代表参加验收工作组。

18.4.3 合同工程完工验收通过后，发包人向承包人发送合同工程完工验收鉴定书。承包人应及时完成合同工程完工验收鉴定书载明应由承包人处理的遗留问题。

18.4.4 合同工程完工验收通过后，发包人与承包人应在30个工作日内组织专人负责工程交接，双方交接负责人应在交接记录上签字。承包人应按验收鉴定书约定的时间及时移交工程及其档案资料。工程移交时，承包人应向发包人递交工程质量保修书。在承包人递交了工程质量保修书、完成施工场地清理以及提交有关资料后，发包人应在30个工作日内向承包人颁发合同工程完工证书。

18.5 阶段验收

18.5.1 工程建设具备阶段验收条件时，发包人负责提出阶段验收申请报告。承包人应派代表参加阶段验收，并作为被验收单位在验收鉴定书上签字。阶段验收的具体类别在专用合同条款中约定。

18.5.2 承包人应及时完成阶段验收鉴定书载明应由承包人处理的遗留问题。

18.6 专项验收

18.6.1 发包人负责提出专项验收申请报告。承包人应按专项验收的相关规定参加专项验收。专项验收的具体类别在专用合同条款中约定。

18.6.2 承包人应及时完成专项验收成果性文件载明应由承包人处理的遗留问题。

18.7 竣工验收

18.7.1 申请竣工验收前，发包人组织竣工验收自查，承包人应派代表参加。

18.7.2　竣工验收分为竣工技术预验收和竣工验收两个阶段。发包人应通知承包人派代表参加技术预验收和竣工验收。

18.7.3　专用合同条款约定工程需要进行技术鉴定的,承包人应提交有关资料并完成配合工作。

18.7.4　竣工验收需要进行质量检测的,所需费用由发包人承担,但因承包人原因造成质量不合格的除外。

18.7.5　工程质量保修期满以及竣工验收遗留问题和尾工处理完成并通过验收后,发包人负责将处理情况和验收成果报送竣工验收主持单位,申请领取工程竣工证书,并发送承包人。

18.8　施工期运行

18.8.1　施工期运行是指合同工程尚未全部完工,其中某单位工程或部分工程已完工,需要投入施工期运行的,经发包人按第18.2款或第18.3款的约定验收合格,证明能确保安全后,才能在施工期投入运行。需要在施工期运行的单位工程或部分工程在专用合同条款中约定。

18.8.2　在施工期运行中发现工程或工程设备损坏或存在缺陷的,由承包人按第19.2款约定进行修复。

18.9　试运行

18.9.1　除专用合同条款另有约定外,承包人应按规定进行工程及工程设备试运行,负责提供试运行所需的人员、器材和必要的条件,并承担全部试运行费用。

18.9.2　由于承包人的原因导致试运行失败的,承包人应采取措施保证试运行合格,并承担相应费用。由于发包人的原因导致试运行失败的,承包人应当采取措施保证试运行合格,发包人应承担由此产生的费用,并支付承包人合理利润。

18.10　竣工(完工)清场

18.10.1　工程项目竣工(完工)清场的工作范围和内容在技术标准和要求(合同技术条款)中约定。

18.10.2　承包人未按监理人的要求恢复临时占地,或者场地清理未达到合同约定的,发包人有权委托其他人恢复或清理,所发生的金额从拟支付给承包人的款项中扣除。

18.11　施工队伍的撤离

合同工程完工证书颁发后的56天内,除经监理人同意需在缺陷责任期(工程质量保修期)内继续工作和使用的人员、施工设备和临时工程外,其余的人员、施工设备和临时工程均应撤离施工场地或拆除。除合同另有约定外,缺陷责任期(工程质量保修期)满时,承包人的人员和施工设备应全部撤离施工场地。

19　缺陷责任与保修责任

19.1　缺陷责任期(工程质量保修期)的起算时间

除专用合同条款另有约定外,缺陷责任期(工程质量保修期)从工程通过合同工程完工验收后开始计算。在合同工程完工验收前,已经发包人提前验收的单位工程或部分工程,若未投入使用,其缺陷责任期(工程质量保修期)亦从工程通过合同工程完工验收后开始计算；若已投入使用，其缺陷责任期（工程质量保修期）从通过单位工程或部分工程投入使用验收后开始计算。缺陷责任期（工程质量保修期）的期限在专用合同条款中约定。

19.2 缺陷责任

19.2.1 承包人应在缺陷责任期内对已交付使用的工程承担缺陷责任。

19.2.2 缺陷责任期内，发包人对已接收使用的工程负责日常维护工作。发包人在使用过程中，发现已接收的工程存在新的缺陷或已修复的缺陷部位或部件又遭损坏的，承包人应负责修复，直至检验合格为止。

19.2.3 监理人和承包人应共同查清缺陷和（或）损坏的原因。经查明属承包人原因造成的，应由承包人承担修复和查验的费用。经查验属发包人原因造成的，发包人应承担修复和查验的费用，并支付承包人合理利润。

19.2.4 承包人不能在合理时间内修复缺陷的，发包人可自行修复或委托其他人修复，所需费用和利润的承担，按第19.2.3项约定办理。

19.3 缺陷责任期的延长

由于承包人原因造成某项缺陷或损坏使某项工程或工程设备不能按原定目标使用而需要再次检查、检验和修复的，发包人有权要求承包人相应延长缺陷责任期，但缺陷责任期最长不超过2年。

19.4 进一步试验和试运行

任何一项缺陷或损坏修复后，经检查证明其影响了工程或工程设备的使用性能，承包人应重新进行合同约定的试验和试运行，试验和试运行的全部费用应由责任方承担。

19.5 承包人的进入权

缺陷责任期内承包人为缺陷修复工作需要，有权进入工程现场，但应遵守发包人的保安和保密规定。

19.6 缺陷责任期终止证书（工程质量保修责任终止证书）

合同工程完工验收或投入使用验收后，发包人与承包人应办理工程交接手续，承包人应向发包人递交工程质量保修书。

缺陷责任期（工程质量保修期）满后30个工作日内，发包人应向承包人颁发工程质量保修责任终止证书，并退还剩余的质量保证金，但保修责任范围内的质量缺陷未处理完成的应除外。

19.7 保修责任

合同当事人根据有关法律规定，在专用合同条款中约定工程质量保修范围、期限和责任。保修期自实际竣工日期起计算。在全部工程竣工验收前，已经发包人提前验收的单位工程，其保修期的起算日期相应提前。

20 保险

20.1 工程保险

除专用合同条款另有约定外，承包人应以发包人和承包人的共同名义向双方同意的保险人投保建筑工程一切险、安装工程一切险。其具体的投保内容、保险金额、保险费率、保险期限等有关内容在专用合同条款中约定。

20.2 人员工伤事故的保险

20.2.1 承包人员工伤事故的保险

承包人应依照有关法律规定参加工伤保险，为其履行合同所雇用的全部人员，缴纳工伤保险费，并要求其分包人也进行此项保险。

20.2.2 发包人员工伤事故的保险

发包人应依照有关法律规定参加工伤保险，为其现场机构雇用的全部人员，缴纳工伤保险费，并要求其监理人也进行此项保险。

20.3 人身意外伤害险

20.3.1 发包人应在整个施工期间为其现场机构雇用的全部人员，投保人身意外伤害险，缴纳保险费，并要求其监理人也进行此项保险。

20.3.2 承包人应在整个施工期间为其现场机构雇用的全部人员，投保人身意外伤害险，缴纳保险费，并要求其分包人也进行此项保险。

20.4 第三者责任险

20.4.1 第三者责任系指在保险期内，对工程意外事故造成的、依法应由被保险人负责的工地上及毗邻地区的第三者人身伤亡、疾病或财产损失（本工程除外），以及被保险人因此而支付的诉讼费用和事先经保险人书面同意支付的其他费用等赔偿责任。

20.4.2 在缺陷责任期终止证书颁发前，承包人应以承包人和发包人的共同名义，投保第20.4.1项约定的第三者责任险，其保险费率、保险金额等有关内容在专用合同条款中约定。

20.5 其他保险

除专用合同条款另有约定外，承包人应为其施工设备、进场的材料和工程设备等办理保险。

20.6 对各项保险的一般要求

20.6.1 保险凭证

承包人应在专用合同条款约定的期限内向发包人提交各项保险生效的证据和保险单副本，保险单必须与专用合同条款约定的条件保持一致。

20.6.2 保险合同条款的变动

承包人需要变动保险合同条款时，应事先征得发包人同意，并通知监理人。保险人作出变动的，承包人应在收到保险人通知后立即通知发包人和监理人。

20.6.3 持续保险

承包人应与保险人保持联系，使保险人能够随时了解工程实施中的变动，并确保按保险合同条款要求持续保险。

20.6.4 保险金不足以补偿损失时，应由承包人和发包人各自负责补偿的范围和金额在专用合同条款中约定。

20.6.5 未按约定投保的补救

（1）由于负有投保义务的一方当事人未按合同约定办理保险，或未能使保险持续有效的，另一方当事人可代为办理，所需费用由对方当事人承担。

(2)负有投保义务的一方当事人未按合同约定办理某项保险，导致受益人未能得到保险人的赔偿，原应从该项保险得到的保险金应由负有投保义务的一方当事人支付。

20.6.6　报告义务

当保险事故发生时，投保人应按照保险单规定的条件和期限及时向保险人报告。

20.7　风险责任的转移

工程通过合同工程完工验收并移交给发包人后，原由承包人承担的风险责任，以及保险的责任、权利和义务同时转移给发包人，但承包人在缺陷责任期（工程质量保修期）前造成损失和损坏情形除外。

21　不可抗力

21.1　不可抗力的确认

21.1.1　不可抗力是指承包人和发包人在订立合同时不可预见，在工程施工过程中不可避免发生并不能克服的自然灾害和社会性突发事件，如地震、海啸、瘟疫、水灾、骚乱、暴动、战争和专用合同条款约定的其他情形。

21.1.2　不可抗力发生后，发包人和承包人应及时认真统计所造成的损失，收集不可抗力造成损失的证据。合同双方对是否属于不可抗力或其损失的意见不一致的，由监理人按第3.5款商定或确定。发生争议时，按第24条的约定办理。

21.2　不可抗力的通知

21.2.1　合同一方当事人遇到不可抗力事件，使其履行合同义务受到阻碍时，应立即通知合同另一方当事人和监理人，书面说明不可抗力和受阻碍的详细情况，并提供必要的证明。

21.2.2　如不可抗力持续发生，合同一方当事人应及时向合同另一方当事人和监理人提交中间报告，说明不可抗力和履行合同受阻的情况，并于不可抗力事件结束后28天内提交最终报告及有关资料。

21.3　不可抗力后果及其处理

21.3.1　不可抗力造成损害的责任

除专用合同条款另有约定外，不可抗力导致的人员伤亡、财产损失、费用增加和（或）工期延误等后果，由合同双方按以下原则承担：

(1)永久工程，包括已运至施工场地的材料和工程设备的损害，以及因工程损害造成的第三者人员伤亡和财产损失由发包人承担。

(2)承包人设备的损坏由承包人承担。

(3)发包人和承包人各自承担其人员伤亡和其他财产损失及其相关费用。

(4)承包人的停工损失由承包人承担，但停工期间应监理人要求照管工程和清理、修复工程的金额由发包人承担。

(5)不能按期竣工的，应合理延长工期，承包人不需支付逾期竣工违约金。发包人要求赶工的，承包人应采取赶工措施，赶工费用由发包人承担。

21.3.2　延迟履行期间发生的不可抗力

合同一方当事人延迟履行，在延迟履行期间发生不可抗力的，不免除其责任。

21.3.3　避免和减少不可抗力损失

不可抗力发生后,发包人和承包人均应采取措施尽量避免和减少损失的扩大,任何一方没有采取有效措施导致损失扩大的,应对扩大的损失承担责任。

21.3.4　因不可抗力解除合同

合同一方当事人因不可抗力不能履行合同的,应当及时通知对方解除合同。合同解除后,承包人应按照第22.2.5项约定撤离施工场地。已经订货的材料、设备由订货方负责退货或解除订货合同,不能退还的货款和因退货、解除订货合同发生的费用,由发包人承担,未及时退货造成的损失由责任方承担。合同解除后的付款,参照第22.2.4项约定,由监理人按第3.5款商定或确定。

22　违约

22.1　承包人违约

22.1.1　承包人违约的情形

在履行合同过程中发生的下列情况属承包人违约:

(1)承包人违反第1.8款或第4.3款的约定,私自将合同的全部或部分权利转让给其他人,或私自将合同的全部或部分义务转移给其他人;

(2)承包人违反第5.3款或第6.4款的约定,未经监理人批准,私自将已按合同约定进入施工场地的施工设备、临时设施或材料撤离施工场地;

(3)承包人违反第5.4款的约定使用了不合格材料或工程设备,工程质量达不到标准要求,又拒绝清除不合格工程;

(4)承包人未能按合同进度计划及时完成合同约定的工作,已造成或预期造成工期延误;

(5)承包人在缺陷责任期(工程质量保修期)内,未能对合同工程完工验收鉴定书所列的缺陷清单的内容或缺陷责任期(工程质量保修期)内发生的缺陷进行修复,而又拒绝按监理人指示再进行修补;

(6)承包人无法继续履行或明确表示不履行或实质上已停止履行合同;

(7)承包人不按合同约定履行义务的其他情况。

22.1.2　对承包人违约的处理

(1)承包人发生第22.1.1(6)目约定的违约情况时,发包人可通知承包人立即解除合同,并按有关法律处理。

(2)承包人发生除第22.1.1(6)目约定以外的其他违约情况时,监理人可向承包人发出整改通知,要求其在指定的期限内改正。承包人应承担其违约所引起的费用增加和(或)工期延误。

(3)经检查证明承包人已采取了有效措施纠正违约行为,具备复工条件的,可由监理人签发复工通知复工。

22.1.3　承包人违约解除合同

监理人发出整改通知28天后,承包人仍不纠正违约行为的,发包人可向承包人发出解除合同通知。合同解除后,发包人可派员进驻施工场地,另行组织人员或委托其他承包人施工。发包人因继续完成该工程的需要,有权扣留使用承包人在现场的材料、设备和临时设施。但发包人的这一行动不免除承包人应承担的违约责任,也不影响发包人根据合同约定享有的索赔权利。

22.1.4 合同解除后的估价、付款和结清

(1)合同解除后,监理人按第3.5款商定或确定承包人实际完成工作的价值,以及承包人已提供的材料、施工设备、工程设备和临时工程等的价值。

(2)合同解除后,发包人应暂停对承包人的一切付款,查清各项付款和已扣款金额,包括承包人应支付的违约金。

(3)合同解除后,发包人应按第23.4款的约定向承包人索赔解除合同给发包人造成的损失。

(4)合同双方确认上述往来款项后,出具最终结清付款证书,结清全部合同款项。

(5)发包人和承包人未能就解除合同后的结清达成一致而形成争议的,按第24条的约定办理。

22.1.5 协议利益的转让

因承包人违约解除合同的,发包人有权要求承包人将其为实施合同而签订的材料和设备的订货协议或任何服务协议利益转让给发包人,并在解除合同后的14天内,依法办理转让手续。

22.1.6 紧急情况下无能力或不愿进行抢救

在工程实施期间或缺陷责任期内发生危及工程安全的事件,监理人通知承包人进行抢救,承包人声明无能力或不愿立即执行的,发包人有权雇用其他人员进行抢救。此类抢救按合同约定属于承包人义务的,由此发生的金额和(或)工期延误由承包人承担。

22.2 发包人违约

22.2.1 发包人违约的情形

在履行合同过程中发生的下列情形,属发包人违约:

(1)发包人未能按合同约定支付预付款或合同价款,或拖延、拒绝批准付款申请和支付凭证,导致付款延误的;

(2)发包人原因造成停工的;

(3)监理人无正当理由没有在约定期限内发出复工指示,导致承包人无法复工的;

(4)发包人无法继续履行或明确表示不履行或实质上已停止履行合同的;

(5)发包人不履行合同约定其他义务的。

22.2.2 承包人有权暂停施工

发包人发生除第22.2.1(4)目以外的违约情况时,承包人可向发包人发出通知,要求发包人采取有效措施纠正违约行为。发包人收到承包人通知后的28天内仍不履行合同义务,承包人有权暂停施工,并通知监理人,发包人应承担由此增加的费用和(或)工期延误,并支付承包人合理利润。

22.2.3 发包人违约解除合同

(1)发生第22.2.1(4)目的违约情况时,承包人可书面通知发包人解除合同。

(2)承包人按22.2.2项暂停施工28天后,发包人仍不纠正违约行为的,承包人可向

发包人发出解除合同通知。但承包人的这一行动不免除发包人承担的违约责任,也不影响承包人根据合同约定享有的索赔权利。

22.2.4 解除合同后的付款

因发包人违约解除合同的,发包人应在解除合同后28天内向承包人支付下列金额,承包人应在此期限内及时向发包人提交要求支付下列金额的有关资料和凭证:

(1)合同解除日以前所完成工作的价款;

(2)承包人为该工程施工订购并已付款的材料、工程设备和其他物品的金额,发包人付还后,该材料、工程设备和其他物品归发包人所有;

(3)承包人为完成工程所发生的,而发包人未支付的金额;

(4)承包人撤离施工场地以及遣散承包人人员的金额;

(5)由于解除合同应赔偿的承包人损失;

(6)按合同约定在合同解除日前应支付给承包人的其他金额。

发包人应按本项约定支付上述金额并退还质量保证金和履约担保,但有权要求承包人支付应偿还给发包人的各项金额。

22.2.5 解除合同后的承包人撤离

因发包人违约而解除合同后,承包人应妥善做好已竣工工程和已购材料、设备的保护和移交工作,按发包人要求将承包人设备和人员撤出施工场地。承包人撤出施工场地应遵守第18.11款的约定,发包人应为承包人撤出提供必要条件。

22.3 第三人造成的违约

在履行合同过程中,一方当事人因第三人的原因造成违约的,应当向对方当事人承担违约责任。一方当事人和第三人之间的纠纷,依照法律规定或者按照约定解决。

23 索赔

23.1 承包人索赔的提出

根据合同约定,承包人认为有权得到追加付款和(或)延长工期的,应按以下程序向发包人提出索赔:

(1)承包人应在知道或应当知道索赔事件发生后28天内,向监理人递交索赔意向通知书,并说明发生索赔事件的事由。承包人未在前述28天内发出索赔意向通知书的,丧失要求追加付款和(或)延长工期的权利。

(2)承包人应在发出索赔意向通知书后28天内,向监理人正式递交索赔通知书。索赔通知书应详细说明索赔理由以及要求追加的付款金额和(或)延长的工期,并附必要的记录和证明材料。

(3)索赔事件具有连续影响的,承包人应按合理时间间隔继续递交延续索赔通知,说明连续影响的实际情况和记录,列出累计的追加付款金额和(或)工期延长天数。

(4)在索赔事件影响结束后的28天内,承包人应向监理人递交最终索赔通知书,说明最终要求索赔的追加付款金额和延长的工期,并附必要的记录和证明材料。

23.2 承包人索赔处理程序

23.2.1 监理人收到承包人提交的索赔通知书后,应及时审查索赔通知书的内容、查验承包人的记录和证明材料,必要时监理人可要求承包人提交全部原始记录副本。

23.2.2 监理人应按第3.5款商定或确定追加的付款和(或)延长的工期,并在收到上述索赔通知书或有关索赔的进一步证明材料后的42天内,将索赔处理结果答复承包人。

23.2.3 承包人接受索赔处理结果的,发包人应在作出索赔处理结果答复后28天内完成赔付。承包人不接受索赔处理结果的,按第24条的约定办理。

23.3 承包人提出索赔的期限

23.3.1 承包人按第17.5款的约定接受了完工付款证书后,应被认为已无权再提出在合同工程完工证书颁发前所发生的任何索赔。

23.3.2 承包人按第17.6款的约定提交的最终结清申请单中,只限于提出合同工程完工证书颁发后发生的索赔。提出索赔的期限自接受最终结清证书时终止。

23.4 发包人的索赔

23.4.1 发生索赔事件后,监理人应及时书面通知承包人,详细说明发包人有权得到的索赔金额和(或)延长缺陷责任期的细节和依据。发包人提出索赔的期限和要求与第23.3款的约定相同,延长缺陷责任期的通知应在缺陷责任期届满前发出。

23.4.2 监理人按第3.5款商定或确定发包人从承包人处得到赔付的金额和(或)缺陷责任期的延长期。承包人应付给发包人的金额可从拟支付给承包人的合同价款中扣除,或由承包人以其他方式支付给发包人。

23.4.3 承包人对监理人按第23.4.1项发出的索赔书面通知内容持异议时,应在收到书面通知后的14天内,将持有异议的书面报告及其证明材料提交监理人。监理人应在收到承包人书面报告后的14天内,将异议的处理意见通知承包人,并按第23.4.2项的约定执行赔付。若承包人不接受监理人的索赔处理意见,可按本合同第24条的规定办理。

24 争议的解决

24.1 争议的解决方式

发包人和承包人在履行合同中发生争议的,可以友好协商解决或者提请争议评审组评审。合同当事人友好协商解决不成、不愿提请争议评审或者不接受争议评审组意见的,可在专用合同条款中约定下列一种方式解决。

(1)向约定的仲裁委员会申请仲裁;

(2)向有管辖权的人民法院提起诉讼。

24.2 友好解决

在提请争议评审、仲裁或者诉讼前,以及在争议评审、仲裁或诉讼过程中,发包人和承包人均可共同努力友好协商解决争议。

24.3 争议评审

24.3.1 采用争议评审的,发包人和承包人应在开工日后的28天内或在争议发生后,协商成立争议评审组。争议评审组由有合同管理和工程实践经验的专家组成。

24.3.2 合同双方的争议,应首先由申请人向争议评审组提交一份详细的评审申请报告,并附必要的文件、图纸和证明材料,申请人还应将上述报告的副本同时提交给被申请人和监理人。

24.3.3 被申请人在收到申请人评审申请报告副本后的28天内,向争议评审组提交一份答辩报告,并附证明材料。被申请人应将答辩报告的副本同时提交给申请人和监理人。

24.3.4 除专用合同条款另有约定外,争议评审组在收到合同双方报告后的14天内,邀请双方代表和有关人员举行调查会,向双方调查争议细节;必要时争议评审组可要求双方进一步提供补充材料。

24.3.5 除专用合同条款另有约定外,在调查会结束后的14天内,争议评审组应在不受任何干扰的情况下进行独立、公正的评审,作出书面评审意见,并说明理由。在争议评审期间,争议双方暂按总监理工程师的确定执行。

24.3.6 发包人和承包人接受评审意见的,由监理人根据评审意见拟定执行协议,经争议双方签字后作为合同的补充文件,并遵照执行。

24.3.7 发包人或承包人不接受评审意见,并要求提交仲裁或提起诉讼的,应在收到评审意见后的14天内将仲裁或起诉意向书面通知另一方,并抄送监理人,但在仲裁或诉讼结束前应暂按总监理工程师的确定执行。

24.4 仲裁

24.4.1 若合同双方商定直接向仲裁机构申请仲裁,应签订仲裁协议并约定仲裁机构。

24.4.2 若合同双方未能达成仲裁协议,则本合同的仲裁条款无效,任一方均有权向人民法院提起诉讼。

第2节 专用合同条款

1 一般约定

1.1 词语定义

1.1.2 合同当事人和人员

1.1.2.2 发包人:__(填入发包人的名称)__。

1.1.2.3 承包人:__(签约后填入承包人的名称)__。

1.1.2.5 分包人:__(签约后填入分包人的名称)__。

1.1.2.6 监理人:__(填入监理人名称)__。

1.1.4 日期

1.1.4.5 缺陷责任期(工程质量保修期):________。

1.4 合同文件的优先顺序

进入合同文件的各项文件及其优先顺序是________。

1.7 联络

1.7.2 来往函件均应按技术标准和要求(合同技术条款)约定的期限送达(填写文件送达地点)。

2 发包人义务

2.3 提供施工场地

发包人提供的施工场地范围为:________________________。

承包人自行勘察的施工场地范围为:________________________。

2.8 其他义务

(根据发包人的合同管理要求补充)

(1)……

(2)……

3 监理人

3.1 监理人的职责和权力

3.1.1 监理人须根据发包人事先批准的权力范围行使权力,发包人批准的权力范围(填写监理人须经发包人批准才能行使的权力,以下示例供参考):

(1)按第4.3款约定,批准工程的分包;

(2)按第11.3款约定,确定延长完工期限;

(3)按第15.6款约定,批准暂列金额的使用;

(4)……

4 承包人

4.1 承包人的一般义务

4.1.10 其他义务

(1)……

(2)……

4.3 分包

4.3.2 允许承包人分包的工程项目、工作内容与分包金额限额为:

(1)工程项目:________________________。

(2)工作内容:________________________。

(3)分包金额限额:________________________。

4.3.10 分包人项目管理机构的设立:________________________。

4.11 不利物质条件

4.11.1 不利物质条件的范围:________________________。

5 材料和工程设备

5.2 发包人提供的材料和工程设备

5.2.1 发包人提供的材料和工程设备见下表:

发包人提供的材料表（参考格式）

序号	材料名称	材料规格	数量	交货地点	交货方式	计划交货日期	备注

发包人提供的工程设备表（参考格式）

序号	工程设备名称	型号及规格	数量	交货地点	交货方式	计划交货日期	备注

6　施工设备和临时设施

6.2　发包人提供的施工设备和临时设施

（1）发包人提供的施工设备见下表：

发包人提供的施工设备表（参考格式）

序号	施工设备名称	型号及规格	设备状况	数量	移交地点	计划移交日期	备注

注：设备状况栏内填写该设备的新旧程度、购进时间、已使用小时数和最近一次的大修时间。

（2）发包人提供的临时设施：________________。

7　交通运输

7.1　道路通行权和场外设施

道路通行权和场外设施的约定：________________。

8　测量放线

8.1　施工控制网

8.1.1　施工控制网的约定：________________。

9　施工安全、治安保卫和环境保护

9.1　发包人的施工安全责任

9.1.4　发包人提供________________资料，其余资料由承包人负责收集。

9.2 承包人的施工安全责任

9.2.12 下列工程应编制专项施工方案：________________。其中________________应组织专家论证和审查。

9.7 文明工地

9.7.1 本合同文明工地的约定：________________。

11 开工和竣工（完工）

11.4 异常恶劣的气候条件

11.4.3 本合同工程界定异常恶劣气候条件的范围为：

(1)日降雨量大于________mm 的雨日超过________天；

(2)风速大于________m/s 的________级以上台风灾害；

(3)日气温超过________℃的高温大于________天；

(4)日气温低于________℃的严寒大于________天；

(5)造成工程损坏的冰雹和大雪灾害：________；

(6)其他异常恶劣气候灾害：________。

11.5 承包人工期延误

(1)逾期完工违约金表(参考格式)。

序号	项目及其说明	要求完工日期	违约金(元/天)

(2)全部逾期完工违约金的总限额为____（不超过签约合同价的 %）。

11.6 工期提前

工期提前的奖金约定：________________。

12 暂停施工

12.1 承包人暂停施工的责任

(5)承包人承担暂停施工责任的其他情形：________________。

12.2 发包人暂停施工的责任

(3)发包人承担暂停施工责任的其他情形：________________。

13 工程质量

13.7 质量评定

13.7.4 重要隐蔽单元工程和关键部位单元工程质量评定的约定：________。

13.7.7 工程合格标准为________；优良标准为：________。达到优良的奖金为：________。

13.8 质量事故处理

13.8.4 工程竣工验收时，________向竣工验收委员会汇报并提交历次质量缺陷处理的备案资料。

14 试验和检验

14.1 材料、工程设备和工程的试验和检验

14.1.5 水工金属结构、启闭机及机电产品进场后的交货检查和验收中，承包人负责________。

14.1.6 本工程实行见证取样的试块、试件及有关材料：________。

15 变更

15.1 变更的范围和内容

(6)增加或减少合同中关键项目的工程量超过其工程总量的________%，关键项目：________，单价调整方式：________。

15.5 承包人的合理化建议

15.5.2 承包人实现合理化建议的奖励金额为：________。

15.8 暂估价

15.8.1 (1)发包人和承包人组织招标的暂估价项目：（签约后填入）；发包人组织招标的暂估价项目：（签约后填入）。

(2)发包人和承包人以招标方式选择暂估价项目供应商或分包人时，双方的权利义务关系：________。

16 价格调整

16.1 物价波动引起的价格调整

物价波动引起的价格调整方式：________。

16.1.2 采用造价信息调整价格差额

工程造价信息的来源：________。

价格调整的项目和系数：________。

17 计量与支付

17.2 预付款

17.2.1 预付款：

(1)工程预付款的总金额为签约合同价的________%,分________次支付给承包人。

各次预付款的支付额度和付款时间为:

1)第一次预付款金额为工程预付款总金额的________%。付款时间应在合同协议书签订后,由承包人向发包人提交了发包人认可的工程预付款担保,并经监理人出具付款证书报送发包人批准后14天内予以支付。

2)第二次预付款金额为工程预付款总金额的________%。付款时间需待承包人主要设备进入工地后,其估算价值已达到本次预付款金额时,由承包人提出书面申请,经监理人核实后出具付款证书报送发包人批准后14天内予以支付。

3)第三次预付款……

……

(2)工程材料预付款的额度和预付办法约定为:________。

17.2.2　预付款保函(担保)

(2)工程材料预付款的担保约定为:________。

17.2.3　预付款的扣回与还清

(1)工程预付款在合同累计完成金额达到签约合同价的________%时开始扣款,直至合同累计完成金额达到签约合同价的________%时全部扣清。

$$R = \frac{A}{(F_2 - F_1)S}(C - F_1 S)$$

式中　R——每次进度付款中累计扣回的金额;

A——工程预付款总金额;

S——签约合同价;

C——合同累计完成金额;

F_1——开始扣款时合同累计完成金额达到签约合同价的比例;

F_2——全部扣清时合同累计完成金额达到签约合同价的比例。

上述合同累计完成金额均指价格调整前未扣质量保证金的金额。

(2)工程材料预付款的扣回与还清约定为:________。

17.4　质量保证金

17.4.1　每个付款周期扣留的质量保证金为工程进度付款的________%,扣留的质量保证金总额为签约合同价的________%。

17.5　竣工(完工)结算

17.5.1　竣工(完工)付款申请单

(1)承包人应提交完工付款申请单一式________份。

17.6　最终结清

17.6.1　最终结清申请单

(1)承包人应提交最终结清申请单一式________份。

17.7　竣工财务决算

承包人应为竣工财务决算编制提供的资料:________。

18 竣工验收(验收)

18.1 验收工作分类

本工程法人验收包括:__________;政府验收包括:__________。验收条件为:__________,验收程序为:__________。

18.2 分部工程验收

18.2.2 本工程由发包人主持的分部工程验收为__________,其余由监理人主持。

18.3 单位工程验收

18.3.4 提前投入使用的单位工程包括:__________、__________、__________。

18.5 阶段验收

18.5.1 本合同工程阶段验收类别包括:__________、__________、__________。

18.6 专项验收

18.6.2 本合同工程专项验收类别包括:__________、__________、__________。

18.7 竣工验收

18.7.3 本工程__________(需要/不需要)竣工验收技术鉴定(蓄水安全鉴定)。

18.8 施工期运行

18.8.1 需要在施工期运行的单位工程或工程设备为:__________、__________、__________。

18.9 试运行

18.9.1 试运行的组织:__________;费用承担:__________。

19 缺陷责任与保修责任

19.1 缺陷责任期(工程质量保修期)的起算时间

本工程缺陷责任期(工程质量保修期)计算如下:__________。

20 保险

20.1 工程保险

建筑工程一切险和(或)安装工程一切险投保人:__________;

投保内容:__________;

保险金额、保险费率和保险期限:__________。

20.4 第三者责任险

20.4.2 第三者责任险保险费率:__________;

第三者责任险保险金额:__________。

20.5 其他保险

需要投保的其他内容:__________;保险金额、保险费率和保险期限:__________。

20.6 对各项保险的一般要求

20.6.1 保险凭证

承包人提交保险凭证的期限:__________。

保险条件：____________________；

20.6.4 保险金不足的补偿

承包人负责补偿的范围与金额：__________；

发包人负责补偿的范围与金额：__________。

24 争议的解决

24.1 争议的解决方式

合同当事人友好协商解决不成、不愿提请争议评审或不接受争议评审组意见的，约定的合同争议解决方式：____________________。

参考文献

[1] 王胜源,张身壮,赵旭升. 水利工程合同管理[M]. 郑州:黄河水利出版社,2009.
[2] 国际咨询工程师联合会. 施工合同条件[M]. 中国工程咨询协会,译. 北京:机械工业出版社,2002.
[3] 中国水利工程协会. 水利工程建设合同管理[M]. 北京:中国水利水电出版社,2007.
[4] 中国水利工程协会. 水利工程建设投资控制[M]. 北京:中国水利水电出版社,2007.
[5] 中国水利工程协会. 水利工程建设质量控制[M]. 北京:中国水利水电出版社,2007.
[6] 中国水利工程协会. 水利工程建设进度控制[M]. 北京:中国水利水电出版社,2007.
[7] 水利部. 水利水电工程标准施工招标文件(2009 年版)[S]. 北京:中国水利水电出版社, 2010.
[8] 水利部. 水利水电工程标准施工招标资格预审文件(2009 年版)[S]. 北京:中国水利水电出版社, 2010.
[9] 水利部. 水利水电工程标准施工招标文件技术标准和要求(合同技术条款)(2009 年版)[S]. 北京:中国水利水电出版社, 2010.
[10] 佘立中. 建设工程合同管理[M]. 广州:华南理工大学出版社,2005.
[11] 李武伦. 建设工程招标投标与合同管理实务[M]. 郑州:黄河水利出版社,2005.
[12] 郭颖. 水利水电工程概预算与招标投标管理手册[M]. 北京:中国商业出版社,2002.
[13] 朱永祥. 工程招投标与合同管理[M]. 武汉:武汉理工大学出版社,2004.
[14] 丁晓欣. 建设工程合同管理[M]. 北京:化学工业出版社,2005.
[15] 丰景春. 水利水电工程合同条件应用与合同管理实务[M]. 北京:中国水利水电出版社,2005.
[16] 水利部. SL 288—2003 水利工程建设项目施工监理规范[S]. 北京:中国致公出版社,2004.